Z-KAI

ハイスコア！共通テスト攻略

数学II・B・C

Z会編集部 編

HIGH SCORE

はじめに

　共通テストは，大学入学を志願する多くの受験生にとって最初の関門といえる存在である。教科書を中心とする基礎的な学習に基づく思考力・判断力・表現力を判定する試験であるが，教科書の内容を復習するだけでは高得点をとることはできない。共通テストの背景にある大学入試改革において，各教科で育成を目指す資質・能力を理解した上で対策をしていくことが必要である。

　数学では，「事象を数理的に捉え，数学の問題を見いだし，問題を自立的，協働的に解決することができる」ことが求められている。そのためには，基本事項を確実に押さえておくことはもちろんであるが，「日常生活や社会の事象を数理的に捉え，数学的に処理して問題を解決する力」や「数学の事象について統合的・発展的に考え，問題を解決する力」が必要になる。

　本書は，これまでに実施された共通テストだけでなく，共通テストに先駆けて実施された試行調査やそれらに基づくオリジナル問題の演習を通じて，このような真の学力を身につけることを目的としている。

　そのため，基本から確実に学習していけるよう分野別の章構成としている。各章は，最初に「例題」を解き進めながら，「基本事項の確認」によって知識・技能を習得し，「解答・解説」や「POINT」によって思考力・判断力の土台となる力を身につけていく流れで構成している。そして，次に「演習問題」を通じて思考力・判断力を高めていく流れで構成している。

　また，ひと通り学習したあとの総仕上げとして取り組める模擬試験1回分を掲載している。本書を十分活用して，共通テストでのハイスコアをぜひとも獲得してほしい。

Z会編集部

目次

共通テスト 数学II・B・Cの"ハイスコア獲得法"

基本事項の習得が第一歩

　共通テストで問われるのは，決して難しい事柄ではない。教科書の内容をしっかり理解して活用できるようになっていれば解ける問題がほとんどである。しかし，公式や定理を覚えているだけでは得点できないことに注意してほしい。公式や定理は，数学において「知識・技能」にあたるものであるが，公式や定理の導出過程やもとになる考え方をしっかり身につけたうえで，活用できるようにしておかなければならない。公式や定理の導出過程を振り返るなどして考察を進めていったり，公式や定理のもとになる概念を広げたり深めたりすることで課題を解決していくような問題も共通テストでは出題される。

　本書の「例題」で紹介している「基本事項の確認」で，重要な公式や定理を確認し，「解答・解説」でそれらの活用の仕方をしっかり確認しておいてほしい。

思考力・判断力を高めていく

　課題を解決していくような問題を解き進めるためには，「課題は何か」「その課題を解決するためにはどんな方法があるか」「いくつかある方法のうち，最適なものは何か」などを考える必要があり，そのための思考力・判断力が必要不可欠である。これらは一朝一夕で身につけられるものではなく，様々な問題演習を通じて高められるものである。とはいえ，いたずらに多くの問題を解けばよいわけではなく，課題解決の筋道をしっかり身につけられる問題に多く取り組む必要がある。

　本書の「例題」と「演習問題」では，思考力・判断力を高めていくために必要な問題を優先して取り上げているので，「解答・解説」や「POINT」も確認しながら，しっかり取り組んでおいてほしい。

苦手分野を作らないこと

　共通テストでは，さまざまな分野からまんべんなく出題される。したがって，数学IIの「式と証明・方程式」，「三角関数」，「指数関数・対数関数」，「図形と方程式」，「微分・積分」の全分野について，苦手な分野があってはならない。また，数学Bの「数列」，「統計的な推測」，数学Cの「ベクトル」，「平面上の曲線と複素数平面」の中で選択する予定の分野についても同様である。

　本書の「例題」「演習問題」と「模擬試験」では，これまでの共通テストで出題されていた内容はもちろん，これからの共通テストで出題されると思われる内容も扱っているのでしっかり取り組んでおいてほしい。

本書の構成と利用法

本書は分野ごとの章と1回分の模擬テストで構成しているので，苦手な分野や学校で習っている分野を扱っている章から優先して取り組んでもよい。分野ごとの章は以下のような構成としている。

①例題

例題は，「共通テストの過去問題」，「共通テストの試行調査問題」，「共通テストの過去問題や試行調査をもとに作成したオリジナル問題」である。まずは，時間は気にせず，例題を自力で解いてみてほしい。はじめは最後まで解けなくてもよい。解けるところまで取り組んだら「解答・解説」を確認しよう。正答に至るまでの解法は1通りとは限らないので，「解答・解説」と違う解き方をしているところがあれば，「解答・解説」や「POINT」を参考にしながら，自分の解き方と何が違うのかをしっかりと確認して，「解答・解説」の解き方も身につけるようにしよう。共通テストでは，1つの問題に対する複数の解法を比較・検証することを題材とした問題が出題されることもあるため，自分の解法で解けるだけでなく，いろいろな解法について理解を深めておくことが大切である。

苦手意識がある人は，「基本事項の確認」で分野ごとの基本的な定理や公式などを最初に確認するのもよいだろう。定理や公式はただ覚えるだけでなく，活用できることが重要であるため，ここで扱っている定理や公式は例題でどのように使われているかも確認しておこう。

また，「POINT」では，「解答・解説」の補足や共通テストならではの傾向と対策について説明している。問題文中に　　　で示した部分は，共通テストらしさを象徴する箇所であり，「POINT」の　　と対応しているので，しっかり確認しておいてほしい。

②演習問題

　演習問題は，例題で学習した解法や考え方がしっかり身についているかを確認するためのオリジナル問題である。何も見ないで最後まで解けるようになることが目標ではあるが，途中でわからなくなってしまったら，いきなり「解答・解説」を見るのではなく，まずは例題を確認しよう。すぐに「解答・解説」に頼るのではなく，なるべく自力で考えることで，思考力・判断力を高めていくことが可能になる。例題と同じように，自分の解き方と「解答・解説」の解き方の違いを確認しながら，演習問題の「解答・解説」の解法もしっかり身につけることが大切である。

③模擬試験

　模擬試験は，実際の共通テストを想定した構成にしている。ここでは，70分という時間配分を意識して取り組んでみてほしい。このような試験を70分で解ききることが最終的な目標になる。

　時間配分の感覚は，このような模擬試験形式の問題に多く取り組むことで身につけられるものである。時間配分に不安がある場合は，模擬試験形式の問題集にも取り組んでみてほしい。

共通テスト本番で "ハイスコア" 獲得！

第1章　式と証明・方程式

先生と太郎さんと花子さんは，次の問題とその解答について話している。三人の会話を読んで，下の問いに答えよ。

【問題】

x, y を正の実数とするとき，$\left(x+\dfrac{1}{y}\right)\left(y+\dfrac{4}{x}\right)$ の最小値を求めよ。

【解答A】

$x>0$，$\dfrac{1}{y}>0$ であるから，相加平均と相乗平均の関係により

$$x+\frac{1}{y}\geqq 2\sqrt{x\cdot\frac{1}{y}}=2\sqrt{\frac{x}{y}} \quad\cdots\cdots\cdots\cdots\cdots\cdots ①$$

$y>0$，$\dfrac{4}{x}>0$ であるから，相加平均と相乗平均の関係により

$$y+\frac{4}{x}\geqq 2\sqrt{y\cdot\frac{4}{x}}=4\sqrt{\frac{y}{x}} \quad\cdots\cdots\cdots\cdots\cdots\cdots ②$$

である。①，②の両辺は正であるから，

$$\left(x+\frac{1}{y}\right)\left(y+\frac{4}{x}\right)\geqq 2\sqrt{\frac{x}{y}}\cdot 4\sqrt{\frac{y}{x}}=8$$

よって，求める最小値は 8 である。

【解答B】

$$\left(x+\frac{1}{y}\right)\left(y+\frac{4}{x}\right)=xy+\frac{4}{xy}+5$$

であり，$xy>0$ であるから，相加平均と相乗平均の関係により

$$xy+\frac{4}{xy}\geqq 2\sqrt{xy\cdot\frac{4}{xy}}=4$$

である。すなわち，

$$xy+\frac{4}{xy}+5\geqq 4+5=9$$

よって，求める最小値は 9 である。

先生 「同じ問題なのに，解答Aと解答Bで答えが違っていますね。」

太郎 「計算が間違っているのかな。」

花子 「いや，どちらも計算は間違えていないみたい。」

太郎 「答えが違うということは，どちらかは正しくないということだよね。」

先生 「なぜ解答Aと解答Bで違う答えが出てしまったのか，考えてみましょう。」

1

式と証明・方程式

花子 「実際に x と y に値を代入して調べてみよう。」

太郎 「例えば $x=1$, $y=1$ を代入してみると，$\left(x+\dfrac{1}{y}\right)\left(y+\dfrac{4}{x}\right)$ の値は 2×5 だから 10 だ。」

花子 「$x=2$, $y=2$ のときの値は $\dfrac{5}{2}\times4=10$ になった。」

太郎 「$x=2$, $y=1$ のときの値は $3\times3=9$ になる。」

（太郎と花子，いろいろな値を代入して計算する）

花子 「先生，ひょっとして 　ア　 ということですか。」

先生 「そのとおりです。よく気づきましたね。」

花子 「正しい最小値は 　イ　 ですね。」

 （1）　　ア　 に当てはまるものを，次の ⓪～③ のうちから一つ選べ。

> ⓪　$xy+\dfrac{4}{xy}=4$ を満たす x, y の値がない
>
> ①　$x+\dfrac{1}{y}=2\sqrt{\dfrac{x}{y}}$ かつ $xy+\dfrac{4}{xy}=4$ を満たす x, y の値がある
>
> ②　$x+\dfrac{1}{y}=2\sqrt{\dfrac{x}{y}}$ かつ $y+\dfrac{4}{x}=4\sqrt{\dfrac{y}{x}}$ を満たす x, y の値がない
>
> ③　$x+\dfrac{1}{y}=2\sqrt{\dfrac{x}{y}}$ かつ $y+\dfrac{4}{x}=4\sqrt{\dfrac{y}{x}}$ を満たす x, y の値がある

（2）　　イ　 に当てはまる数を答えよ。

基本事項の確認

■ 相加平均と相乗平均

2 つの数 a, b に対して $\dfrac{a+b}{2}$ を a と b の**相加平均**といい，2 つの正の数 a, b に対して $\sqrt{ab}$ を a と b の**相乗平均**という。

■ 相加平均と相乗平均の関係

$a>0$, $b>0$ のとき

$$\dfrac{a+b}{2}\geqq\sqrt{ab}$$

であり，等号は $a=b$ のときに成り立つ。

（1）【解答 A】より，①の不等式で等号が成立するのは

$$x=\frac{1}{y} \quad \text{すなわち} \quad xy=1$$

のときであり，②の不等式で等号が成立するのは

$$y=\frac{4}{x} \quad \text{すなわち} \quad xy=4$$

のときであるから

$$x+\frac{1}{y}=2\sqrt{\frac{x}{y}} \quad \text{と} \quad y+\frac{4}{x}=4\sqrt{\frac{y}{x}}$$

を同時にみたす x，y の値の組が存在しないことがわかる。（②） ◀◀答

（2）【解答 B】より

$$\left(x+\frac{1}{y}\right)\left(y+\frac{4}{x}\right)$$

$$=xy+x\cdot\frac{4}{x}+\frac{1}{y}\cdot y+\frac{4}{xy}$$

$$=xy+\frac{4}{xy}+5$$

であり，$xy>0$ より $\frac{4}{xy}>0$ であるから，相加平均と相乗平均の関係より

$$xy+\frac{4}{xy}\geqq 2\sqrt{xy\cdot\frac{4}{xy}}=2\cdot 2=4$$

である。よって

$$xy+\frac{4}{xy}+5\geqq 4+5=9$$

であり，等号は $xy=2$ のときに成立し，【解答 B】は正しい。

　よって，正しい最小値は 9 である。◀◀答

（右側の注釈）

$a>0$，$b>0$ のとき
$$a+b\geqq 2\sqrt{ab}$$
で等号が成立するのは
$$a=b$$
のときである。

$xy=1$ と $xy=4$ を同時にみたすことはない。

$xy>0$ と $\frac{4}{xy}>0$ より，相加平均と相乗平均の関係を使うことができる。

$xy=\frac{4}{xy}$ より
$$(xy)^2=4$$

✔ POINT

❗ 解決過程を振り返る

　本問は，違う答えが出た原因を究明するところに共通テストらしさがある。
ア の⓪～⑨の選択肢について，条件をみたす x, y の値が存在するかどうか
を調べるのではなく，問題文を読み進める中で，【解答 A】は誤りで，【解答
B】は正しいことに気づき，そこから正解を選べるようにしなければならない。

■ 相加平均と相乗平均の関係における等号成立条件

　相加平均と相乗平均の関係を利用して最大値や最小値を求めるときは，等号
が成り立つ値が存在するかを確認する必要がある。とくに，本問の【解答 A】
のような方法で複数の式に対して相加平均と相乗平均の関係を利用するときは，
すべての式について同時に等号が成り立つ値が存在するかを確認しなければな
らない。このような間違いは非常に多いので注意してほしい。

k を実数とする。x の整式 $P(x)$ を

$$P(x) = x^4 + kx^3 + (5 - 2k^2)x^2 + 5kx - 10k^2$$

とし，方程式 $P(x) = 0$ の解について考えよう。

（1）$k = 0$ のとき

$$P(x) = x^2 \left(x^2 + \boxed{} \right)$$

であるから，$k = 0$ のときの方程式 $P(x) = 0$ の解は

$$x = \boxed{}, \quad \pm \sqrt{\boxed{}}\, i$$

である。

（2）$k = 2$ のとき，$P(x)$ を $x^2 + \boxed{}$ で割ると，商は

$$x^2 + \boxed{}\, x - 8$$

であり，$k = 2$ のときの $P(x)$ は $x^2 + \boxed{}$ で割り切れる。

（3）（1），（2）の考察から，$P(x)$ は k の値に関係なく $x^2 + \boxed{}$ で割り切れることが予想できる。

そこで，実際に $P(x)$ を整理すると

$$P(x) = \left(x^2 + \boxed{} \right)\left(x^2 + kx - \boxed{}\, k^2 \right)$$

となるため，$P(x)$ は k の値に関係なく $x^2 + \boxed{}$ で割り切れることが確かめられる。

したがって，$k \neq 0$ のときの方程式 $P(x) = 0$ の解は $\boxed{}$ である。

| カ | の解答群

⓪　異なる実数解二つと異なる虚数解二つ

①　重解を含む実数解と異なる虚数解二つ

②　$k>0$ のとき異なる実数解二つと異なる虚数解二つであり，$k<0$ のとき異なる虚数解四つ

③　$k>0$ のとき異なる実数解二つと異なる虚数解二つであり，$k<0$ のとき重解を含む虚数解のみ

④　$k>0$ のとき重解を含む実数解と異なる虚数解二つであり，$k<0$ のとき異なる虚数解四つ

⑤　$k>0$ のとき重解を含む実数解と異なる虚数解二つであり，$k<0$ のとき重解を含む虚数解のみ

基本事項の確認

■ 除法の原理

整式 A を整式 B で割ったときの商を Q，余りを R とすると

$$A = BQ + R \quad ((R \text{の次数}) < (B \text{の次数}) \text{ または } R = 0)$$

■ 恒等式の性質

x の値に関係なく $ax^2 + bx + c = a'x^2 + b'x + c'$ が成り立つとき

$$a = a', \quad b = b', \quad c = c'$$

$ax^2 + bx + c = 0$ が x についての恒等式であるとき

$$a = 0, \quad b = 0, \quad c = 0$$

$$P(x) = x^4 + kx^3 + (5 - 2k^2)x^2 + 5kx - 10k^2$$

$$\cdots\cdots\cdots ①$$

（1）$k = 0$ のとき，①より

$$\boldsymbol{P(x) = x^4 + 5x^2 = x^2(x^2 + 5)} \blacktriangleleft 答$$

であるから，$k = 0$ のときの方程式 $P(x) = 0$ の解は

$$x^2(x^2 + 5) = 0$$

より

$$\boldsymbol{x = 0, \ \pm \sqrt{5}\, i} \blacktriangleleft 答$$

（2）$k = 2$ のとき，①より

$$P(x) = x^4 + 2x^3 - 3x^2 + 10x - 40$$

であり，$P(x)$ を $x^2 + 5$ で割ると

$$P(x) = (x^2 + 5)(x^2 + 2x - 8)$$

より，商は $\boldsymbol{x^2 + 2x - 8}$，余りは $\boldsymbol{0}$ であるから，$k = 2$ のときの $P(x)$ は $x^2 + 5$ で割り切れる。$\blacktriangleleft 答$

整式の除法によって余りが0であることが求められる。

（3）$P(x) = (x^2 + 5)(x^2 + ax + b)$（$a$, bは実数）とおくと，右辺は

$$x^4 + ax^3 + (5 + b)x^2 + 5ax + 5b$$

であるから，各項の係数を①と比較すると

$$a = k, \ 5 + b = 5 - 2k^2, \ 5a = 5k, \ 5b = -10k^2$$

より

$$a = k, \ b = -2k^2$$

よって

$$\boldsymbol{P(x) = (x^2 + 5)(x^2 + kx - 2k^2)} \blacktriangleleft 答$$

である。

ここで，2次方程式 $x^2 + kx - 2k^2 = 0$ の判別式を D とおくと

$$D = k^2 - 4 \cdot 1 \cdot (-2k^2) = 9k^2$$

であり，$k \neq 0$ のとき

$$D = 9k^2 > 0$$

であるから，$k \neq 0$ のときの方程式 $P(x) = 0$ の解は

異なる実数解二つと $x = \pm \sqrt{5}\, i$

すなわち，異なる実数解二つと異なる虚数解二つである。（◎）$\blacktriangleleft 答$

$P(x)$ が $x^2 + 5$ で割り切れるという予想から，このように因数分解できると仮定して右辺を展開する。

これらは上の4つの条件式をすべてみたしている。

方程式 $P(x) = 0$ の解は，$x^2 + 5 = 0$ と $x^2 + kx - 2k^2 = 0$ の解を合わせたものである。

$$x^2 + kx - 2k^2$$
$$= (x + 2k)(x - k)$$

と因数分解して考察を進めてもよい。

✔ POINT

■ **仮定が正しいことを確かめる**

　本問は，（1）で $k=0$ のとき，（2）で $k=2$ のときに，$P(x)$ が x^2+5 で割り切れることを確かめ，これらの考察をもとに，$P(x)$ は k の値に関係なく x^2+5 で割り切れると仮定し，実際にそのことを証明する流れになっている。このように，具体的な値を用いて考えることで予想されることがらについて，一般に正しいかを考えさせる問題に慣れておこう。

■ **方程式 $P(x)=0$ の一般解**

　（3）では，$P(x)=(x^2+5)(x^2+kx-2k^2)$ と因数分解されることを利用して，$k \neq 0$ のときの方程式 $P(x)=0$ の解について問われている。（1）で $k=0$ のときの方程式 $P(x)=0$ の解について考察しているので，（1），（3）の考察により，k のとり得るすべての値において方程式 $P(x)=0$ の解についての考察ができたことになる。（1），（3）の考察によって，方程式 $P(x)=0$ の解は

$k=0$ のとき

　　重解$(x=0)$と異なる虚数解二つ$(x=\pm\sqrt{5}\,i)$

$k \neq 0$ のとき

　　異なる実数解二つ$(x=k,\ -2k)$と異なる虚数解二つ$(x=\pm\sqrt{5}\,i)$

のようにまとめることができる。

（1）二つの方程式

$$x^4 - x^3 + x^2 - x + 12 = 0 \quad \cdots\cdots\cdots\cdots\cdots\cdots\cdots ①$$

$$x^4 - 4x^3 + 10x^2 - 13x + 12 = 0 \quad \cdots\cdots\cdots\cdots\cdots ②$$

に共通する虚数解が存在するかどうかを調べよう。

①，②の左辺をそれぞれ $P(x)$，$Q(x)$ とすると

$$P(x) - Q(x) = \boxed{\text{ア}}\, x \left(x^2 - \boxed{\text{イ}}\, x + \boxed{\text{ウ}} \right)$$

であるから，①，②に共通する虚数解 α が存在するならば

$$\alpha = \frac{\boxed{\text{エ}} \pm \sqrt{\boxed{\text{オ}}}\, i}{\boxed{\text{カ}}}$$

である。

ここで，$P(\alpha) = Q(\alpha) = 0$ であれば，α は二つの方程式①，②に共通する虚数解であり，$P(\alpha) - Q(\alpha) = \boxed{\text{キ}}$ であることを利用すれば，$P(\alpha) = 0$ を示すことで $Q(\alpha) = 0$ も示すことができる。

実際，$P(x)$ は

$$P(x) = \left(x^2 - \boxed{\text{イ}}\, x + \boxed{\text{ウ}} \right)\left(x^2 + \boxed{\text{ク}}\, x + \boxed{\text{ケ}} \right)$$

のように因数分解できるので，$P(\alpha) = 0$ を示すことができ，α は①，②に共通する虚数解であることがわかる。

（2）$(a) \sim (c)$ の二つの方程式の組について，共通する虚数解が存在する組は $\boxed{\text{コ}}$ である。

(a) $\quad x^4 - 5x^3 + 5x^2 + 5x - 6 = 0,\ x^4 + 5x^3 + 5x^2 - 5x - 6 = 0$

(b) $\quad x^4 + 6x^2 + 3x + 10 = 0,\ x^4 - x^3 + 5x^2 + x + 10 = 0$

(c) $\quad x^4 + 5x^3 + 7x^2 - 6 = 0,\ x^4 - 5x^3 + 7x^2 - 6 = 0$

$\boxed{\text{コ}}$ の解答群

⓪ (a) のみ	① (b) のみ	② (c) のみ
③ (a) と (b) の 2 組	④ (a) と (c) の 2 組	⑤ (b) と (c) の 2 組
⑥ (a)，(b)，(c) の 3 組すべて		

基本事項の確認

■ **因数定理**

整式 $f(x)$ に対して
$$f(a)=0 \iff f(x) \text{ は } x-a \text{ を因数にもつ}$$

■ **虚数解**

$a,\ b$ を実数とし，$b \neq 0$ とする。実数係数の方程式が虚数 $a+bi$ を解にもつとき，共役な複素数 $a-bi$ もこの方程式の解である。

■ **方程式の解の個数**

n 次の方程式の解の個数は，重解を別々に数えると全部で n 個である。

解答・解説

（ 1 ） $P(x)=x^4-x^3+x^2-x+12$

$\qquad Q(x)=x^4-4x^3+10x^2-13x+12$

より

$$\boldsymbol{P(x)-Q(x)}=3x^3-9x^2+12x$$
$$=3x(x^2-3x+4) \quad \blacktriangleleft 答$$

よって，①，②に共通する虚数解 α が存在するならば，α は方程式 $x^2-3x+4=0$ の解であり，その解は

$$x=\frac{3\pm\sqrt{7}\,i}{2}$$

であるから

$$\boldsymbol{\alpha}=\frac{3\pm\sqrt{7}\,\boldsymbol{i}}{2} \quad \blacktriangleleft 答$$

ここで

$$P(\alpha)-Q(\alpha)=3\alpha(\alpha^2-3\alpha+4)$$

において，$\alpha^2-3\alpha+4=0$ であるから

$$\boldsymbol{P(\alpha)-Q(\alpha)=0} \quad \blacktriangleleft 答$$

である。よって，$P(\alpha)=0$ を示すことで $Q(\alpha)=0$ も示すことができる。

実際，$P(x)$ を x^2-3x+4 で割ると，商は x^2+2x+3，余りは 0 であるから

$$\boldsymbol{P(x)=(x^2-3x+4)(x^2+2x+3)} \quad \blacktriangleleft 答$$

$x=0$ と $x^2-3x+4=0$ の解が候補になるが，0 は虚数ではないため，$x^2-3x+4=0$ の解を調べる。

$P(\alpha)-Q(\alpha)=0$ より
$\qquad P(\alpha)=Q(\alpha)$
であるから，$P(\alpha)=0$ ならば $Q(\alpha)=0$ である。

（2）（*a*）
$$P(x) = x^4 - 5x^3 + 5x^2 + 5x - 6$$
$$Q(x) = x^4 + 5x^3 + 5x^2 - 5x - 6$$
とおくと
$$P(x) - Q(x) = -10x^3 + 10x = -10x(x^2 - 1)$$
であるから，二つの方程式 $P(x) = 0$ と $Q(x) = 0$ に
共通する解が存在するならば，それらは
$$x = 0 \quad または \quad x^2 - 1 = 0$$
の解であり，実際に解を求めると
$$x = 0 \quad または \quad x = \pm 1$$
である。したがって，共通する虚数解は存在しない。

（*b*）$P(x) = x^4 + 6x^2 + 3x + 10$
$$Q(x) = x^4 - x^3 + 5x^2 + x + 10$$
とおくと
$$P(x) - Q(x) = x^3 + x^2 + 2x = x(x^2 + x + 2)$$
であるから，二つの方程式 $P(x) = 0$ と $Q(x) = 0$ に
共通する解が存在するならば，それらは
$$x = 0 \quad または \quad x^2 + x + 2 = 0$$
の解であり，実際に解を求めると
$$x = 0 \quad または \quad x = \frac{-1 \pm \sqrt{7}\,i}{2}$$
である。$P(x)$ を $x^2 + x + 2$ で割ると，商は $x^2 - x + 5$，
余りは 0 であるから，共通する虚数解は存在する。

（*c*）$P(x) = x^4 + 5x^3 + 7x^2 - 6$
$$Q(x) = x^4 - 5x^3 + 7x^2 - 6$$
とおくと
$$P(x) - Q(x) = 10x^3$$
であるから，二つの方程式 $P(x) = 0$ と $Q(x) = 0$ に
共通する解が存在するならば，それらは
$$x^3 = 0$$
の解であり，実際に解を求めると
$$x = 0$$
である。したがって，共通する虚数解は存在しない。

　以上より，求める組は（*b*）のみ（⓪）である。◀◀ 答

$P(x) - Q(x) = 0$ をみたす
虚数解が存在するかどうか
を調べて，虚数解が存在す
れば，それが $P(x) = 0$ ま
たは $Q(x) = 0$ の解である
ことを調べる。

$\alpha = \dfrac{-1 \pm \sqrt{7}\,i}{2}$ とし，
$P(\alpha) - Q(\alpha) = 0$ かつ
$P(\alpha) = 0$ を示すことで，
$Q(\alpha) = 0$ も示される。

✔ POINT

■ （1）の考察を利用する

本問は，（1）で二つの方程式に共通する虚数解が存在するかどうかを誘導にそって調べ，（2）でそれを活用する問題である。共通テストへの対策として，考察の過程を活用する問題に慣れておこう。

■ $P(x) - Q(x) = 0$ の解と，$P(x) = 0$ と $Q(x) = 0$ の共通解

一般に，$P(x) - Q(x) = 0$ の解が $P(x) = 0$ と $Q(x) = 0$ に共通する解とは限らない。たとえば，（1）の $P(x)$，$Q(x)$ において

$$P'(x) = P(x) + 1, \quad Q'(x) = Q(x) + 1$$

とすると

$$P'(x) - Q'(x) = P(x) - Q(x) = 3x(x^2 - 3x + 4)$$

より $P'(\alpha) - Q'(\alpha) = 0$ であるが

$$P'(\alpha) = P(\alpha) + 1 = 1 \ (\neq 0), \quad Q'(\alpha) = Q(\alpha) + 1 = 1 \ (\neq 0)$$

より，α は $P'(x) = 0$ と $Q'(x) = 0$ に共通する解ではないことが確かめられる。

本問は

$$P(\alpha) - Q(\alpha) = 0 \Longrightarrow P(\alpha) = 0 \ \text{かつ} \ Q(\alpha) = 0$$
$$P(\alpha) - Q(\alpha) = 0 \Longleftarrow P(\alpha) = 0 \ \text{かつ} \ Q(\alpha) = 0$$

であることに注意して解き進める必要がある。

（解答は2ページ）

太郎さんと花子さんは，不等式

$$x^3+y^3+z^3-3xyz \geqq 0 \quad \cdots\cdots\cdots\cdots\cdots\cdots①$$

が成り立つときに，実数 x, y, z が満たすべき必要十分条件を次のように予想した。

太郎さんの予想

①の左辺を変形すると

$$x^3+y^3+z^3-3xyz = \frac{1}{2}(x+y+z) \boxed{\text{ア}}$$

であり， $\boxed{\text{ア}} \geqq 0$ であるから

不等式①が成り立つ条件は $x+y+z \geqq 0$ のとき

花子さんの予想

$x>0$, $y>0$, $z>0$ のとき，$x^3+y^3+z^3=3p$ とすると，相加平均と相乗平均の関係より

$$x^3+y^3 \geqq 2\sqrt{x^3y^3}, \quad z^3+p \geqq 2\sqrt{z^3p}$$

であり，$X=\sqrt{x^3y^3}$, $Y=\sqrt{z^3p}$ とおくと，さらに，相加平均と相乗平均の関係より

$$2X+2Y \geqq 4\sqrt{XY}$$

であるから

$$\boxed{\text{イ}}$$

より，$x^3+y^3+z^3 \geqq 3xyz$ である。よって

不等式①が成り立つ条件は x, y, z が正の実数のとき

（1） $\boxed{\text{ア}}$, $\boxed{\text{イ}}$ に当てはまる式を，次の各解答群のうちから一つずつ選べ。

$\boxed{\text{ア}}$ の解答群

⓪ $(2x+2y+2z-xyz)^2$	① $(2x+2y+2z-3xyz)^2$
② $\{(x-2y)^2+(y-2z)^2+(z-2x)^2\}$	③ $\{(x-y)^2+(y-z)^2+(z-x)^2\}$

$\boxed{\text{イ}}$ の解答群

⓪ $p \leqq \sqrt{XY}$	① $p \geqq \sqrt{XY}$	② $p \leqq 4\sqrt{XY}$	③ $p \geqq 4\sqrt{XY}$

（2）不等式①が成り立つ条件について，太郎さんの予想では「$x+y+z \geqq 0$ の とき」であり，花子さんの予想では「x, y, z が正の実数のとき」であるた め，2人の予想が異なっている。次の⓪～⑤のうち，2人の予想について正 しく述べているものは ウ である。

ウ の解答群

⓪ 2人の予想はどちらも十分条件であるが必要条件ではない。
① 太郎さんの予想は必要十分条件であり，花子さんの予想は十分条件で あるが必要条件ではない。
② 太郎さんの予想は必要十分条件であり，花子さんの予想は必要条件で あるが十分条件ではない。
③ 花子さんの予想は必要十分条件であり，太郎さんの予想は十分条件で あるが必要条件ではない。
④ 花子さんの予想は必要十分条件であり，太郎さんの予想は必要条件で あるが十分条件ではない。
⑤ 2人の予想はどちらも必要条件であるが十分条件ではない。

（3）太郎さんや花子さんの予想をもとに，不等式①の等号が成立するような x, y, z の値の組が満たす条件として正しいものを，次の⓪～③のうちから二つ 選べ。 エ ， オ

の解答群（解答の順序は問わない。）

⓪ $x+y+z=0$	① $xy+yz+zx=0$	② $xyz=0$	③ $x=y=z$

（解答は4ページ）

$a,\ b$ を実数とし，x の整式 $A,\ B$ を

$$A = x^3 - 2ax^2 + (b+2)x + a - 1$$
$$B = x^3 - 2(a+1)x^2 - (2a-3b-6)x + 2ab + 5a - 1$$

とする。このとき，$A - B = \boxed{\ \text{ア}\ }(x+a)\left(x - b - \boxed{\ \text{イ}\ }\right)$ である。

（1）A を $x-1$ で割ったときの余りは $\boxed{\ \text{ウ}\ }a + b + \boxed{\ \text{エ}\ }$ であり，B を

$x-1$ で割ったときの余りは

$$\boxed{\ \text{オ}\ }ab + a + \boxed{\ \text{カ}\ }b + \boxed{\ \text{キ}\ }$$

であるから，$A,\ B$ がともに $x-1$ で割り切れるのは

$$(a,\ b) = \left(\boxed{\ \text{ク}\ },\ \boxed{\ \text{ケコ}\ }\right)\ \text{または}\ \left(\boxed{\ \text{サシ}\ },\ \boxed{\ \text{スセ}\ }\right)$$

のときである。また，このとき

$$A - B = \boxed{\ \text{ア}\ }(x-1)\left(x + \boxed{\ \text{ソ}\ }\right)$$

であるから，$A - B$ も $x-1$ で割り切れる。

（2）$A - B$ が $x-1$ で割り切れることは $A,\ B$ がともに $x-1$ で割り切れるための $\boxed{\ \text{タ}\ }$。

$\boxed{\ \text{タ}\ }$ の解答群

⓪ 必要十分条件である

① 必要条件であるが，十分条件ではない

② 十分条件であるが，必要条件ではない

③ 必要条件でも十分条件でもない

演習3 (解答は5ページ)

a, b, c, d を実数とする。x の 4 次方程式
$$x^4 + ax^3 + bx^2 + cx + d = 0 \quad \cdots\cdots\cdots\cdots\cdots\cdots\cdots ①$$
が $x = 1 + 2i$ を解にもつときの残りの解について考えよう。

（1）$x = 1 + 2i$ のとき
$$x^2 - \boxed{\text{ア}}\, x + \boxed{\text{イ}} = 0$$

が成り立つ。

　　そして，方程式①の左辺は
$$\left(x^2 - \boxed{\text{ア}}\, x + \boxed{\text{イ}}\right)\left\{x^2 + \left(a + \boxed{\text{ウ}}\right)x\right.$$
$$\left. + \boxed{\text{エ}}\, a + b - \boxed{\text{オ}}\right\}$$

と因数分解でき，方程式①は $x = \boxed{\text{カ}}$ を必ず解にもつ。

　　$\boxed{\text{カ}}$ の解答群

⓪ $1 - 2i$	① $-1 + 2i$	② $-1 - 2i$	③ 0

（2）方程式①が a の値に関係なく実数解をもつ条件を考えよう。このとき
$$b \boxed{\text{キ}} \frac{1}{\boxed{\text{ク}}}\left(a^2 - \boxed{\text{ケ}}\, a + \boxed{\text{コ}}\right)$$

であるから，求める条件は
$$b \boxed{\text{キ}} \boxed{\text{サ}}$$

である。

　　$\boxed{\text{キ}}$ の解答群

⓪ $<$	① $\leqq$	② $=$	③ $\geqq$	④ $>$

（3）方程式①の解が重解を含めて $x = 1 + 2i$ と $x = \boxed{\text{カ}}$ のみとなるのは
$$a = \boxed{\text{シス}},\ b = \boxed{\text{セソ}},\ c = \boxed{\text{タチツ}},\ d = \boxed{\text{テト}}$$
のときである。

【MEMO】

26

第2章　三角関数

（1）下の図の点線は $y=\sin x$ のグラフである。(i), (ii)の三角関数のグラフが実線で正しくかかれているものを，下の⓪〜⑨のうちから一つずつ選べ。ただし，同じものを選んでもよい。

（i） $y=\sin 2x$ 　⬚ア⬚　　　　（ii） $y=\sin\left(x+\dfrac{3}{2}\pi\right)$ 　⬚イ⬚

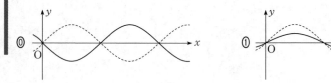

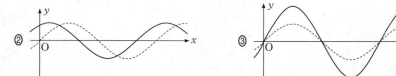

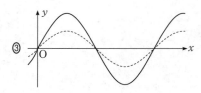

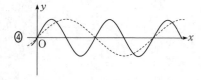

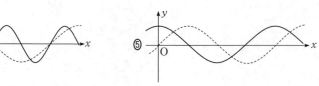

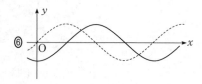

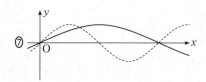

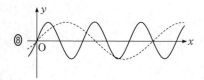

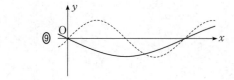

（2）次の図はある三角関数のグラフである。その関数の式として正しいもの
を，下の⓪〜⑦のうちから三つ選べ。$\boxed{\ \text{ウ}\ }$，$\boxed{\ \text{エ}\ }$，$\boxed{\ \text{オ}\ }$

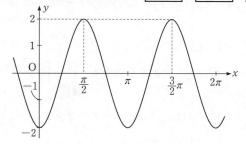

$\boxed{\ \text{ウ}\ }$〜$\boxed{\ \text{オ}\ }$の解答群（解答の順序は問わない。）

⓪ $y=2\sin\left(2x+\dfrac{\pi}{2}\right)$	① $y=2\sin\left(2x-\dfrac{\pi}{2}\right)$
② $y=2\sin 2\left(x+\dfrac{\pi}{2}\right)$	③ $y=\sin 2\left(2x-\dfrac{\pi}{2}\right)$
④ $y=2\cos\left(2x+\dfrac{\pi}{2}\right)$	⑤ $y=2\cos 2\left(x-\dfrac{\pi}{2}\right)$
⑥ $y=2\cos 2\left(x+\dfrac{\pi}{2}\right)$	⑦ $y=\cos 2\left(2x-\dfrac{\pi}{2}\right)$

基本事項の確認

■ 三角関数のグラフ

a が正の定数のとき，$y=\sin\theta$ のグラフに対し

・$y=a\sin\theta$ のグラフは，θ 軸を基準にして，y 軸方向に a 倍に拡大（縮
　小）したもの

・$y=\sin a\theta$ のグラフは，y 軸を基準にして，θ 軸方向に $\dfrac{1}{a}$ 倍に縮小（拡
　大）したもの

・$y=\sin(\theta-p)$（p は定数）のグラフは，θ 軸方向に p だけ平行移動した
　もの

になる。$y=\cos\theta$，$y=\tan\theta$ のグラフについても同様である。

（1）(i) $y=\sin 2x$ のグラフは，$y=\sin x$ のグラフを，y 軸をもとにして

$$x \text{ 軸方向に } \frac{1}{2} \text{ 倍に縮小}$$

したものであるから，正しいグラフは④である。

◀◀答

(ii) $y=\sin\left(x+\dfrac{3}{2}\pi\right)$ のグラフは，$y=\sin x$ のグラフを

$$x \text{ 軸方向に } -\frac{3}{2}\pi \text{ すなわち } \frac{\pi}{2} \text{ だけ平行移動}$$

したものであるから，正しいグラフは⑥である。

◀◀答

（2）問題のグラフは，$y=\sin x$ のグラフを，y 軸をもとにして

$$x \text{ 軸方向に } \frac{1}{2} \text{ 倍に縮小}$$

し，x 軸をもとにして

$$y \text{ 軸方向に } 2 \text{ 倍に拡大}$$

したあとに

$$x \text{ 軸方向に } \frac{\pi}{4} \text{ だけ平行移動}$$

したものであるから，グラフの式は

$$y=2\sin 2\left(x-\frac{\pi}{4}\right)$$

すなわち

$$y=2\sin\left(2x-\frac{\pi}{2}\right)$$

となり，①が正しい式である。

　また，問題のグラフは，$y=\cos x$ のグラフを，y 軸をもとにして

$$x \text{ 軸方向に } \frac{1}{2} \text{ 倍に縮小}$$

し，x 軸をもとにして

$$y \text{ 軸方向に } 2 \text{ 倍に拡大}$$

したあとに

x 軸方向に縮小したグラフは他に⑧があるが，⑧は x 軸方向に $\dfrac{2}{5}$ 倍に縮小したものであるから，誤り。

問題のグラフに，$y=\sin x$ のグラフを点線で重ねると図のようになる。

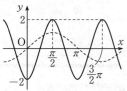

周期が π，最大値が 2，最小値が -2 である。

x 軸方向に $\dfrac{\pi}{2}$ または $-\dfrac{\pi}{2}$ だけ平行移動

したものであるから，グラフの式は

$$y=2\cos 2\left(x-\dfrac{\pi}{2}\right) \text{ または } y=2\cos 2\left(x+\dfrac{\pi}{2}\right)$$

となり，⑤，⑥ が正しい式である。

　以上より，関数の式として正しいものは ①，⑤，⑥ である。◀◀答

2
三角関数

✔ POINT

■ 三角関数のグラフ

　三角関数の式からグラフの形を考えたり，グラフの形から式を考える問題では

$$y=\sin x, \quad y=\cos x, \quad y=\tan x$$

などのグラフをもとにして

　　x 軸方向の拡大・縮小

　　y 軸方向の拡大・縮小

　　x 軸方向や y 軸方向にどれだけ平行移動したか

について調べると考えやすい。

❗ 同値な式

　(2)のような問題では，それぞれの選択肢について正しいか正しくないかを短時間で判断することが求められる。正しい式を1つ見つけて，それと同値かどうかを調べればよいのだが，一つひとつの式について同値かどうかを確かめようとするのではなく

> ⓪，②：①のグラフを x 軸方向にそれぞれ $-\dfrac{\pi}{2}$，$-\dfrac{3}{4}\pi$ だけ
>
> 　　　　平行移動したもの
>
> ④　　：⑤のグラフを x 軸方向に $-\dfrac{3}{4}\pi$ だけ平行移動したもの
>
> ③，⑦：$y=\sin x$ や $y=\cos x$ のグラフを，y 軸をもとにして
>
> 　　　　x 軸方向に $\dfrac{1}{4}$ 倍に縮小したもの
>
> 　　　　（あるいは，y 軸方向に拡大していないもの）

より，同値にならないと短時間で判断できるようにしてほしい。

■ 正しいものの絞り込み

たとえば，問題の図のグラフが点 $(0, -2)$ を通ることから，正しいものを絞り込む方法もある。⓪～⑦の関数の式に $x=0$ を代入すると

$$⓪:y=2 \quad ①:y=-2 \quad ②:y=0 \quad ③:y=0$$
$$④:y=0 \quad ⑤:y=-2 \quad ⑥:y=-2 \quad ⑦:y=-1$$

となり，①，⑤，⑥以外は正しくないことがわかる。

ただし，厳密には，ここで残った①，⑤，⑥の選択肢がすべて正しいとは限らないので，正しいかどうかをさらに考察する必要があることに注意してほしい。

例題 2 オリジナル問題

　水面上のある地点 A に波を起こす装置 X があり，装置 X が起こした波は毎秒 2m の速さで伝わる。以下，波が起きていない状態との水面の高さの差を「水面の高さ」として表すものとする。地点 A と地点 P は 48m 離れており，地点 A と地点 Q は 80m 離れている。このとき，装置 X を起動させてから t 秒後の地点 P における水面の高さ h_P (m) と地点 Q における水面の高さ h_Q (m) は，波の伝わる速さを考慮するとそれぞれ次の式で表されるものとする。

$$\begin{cases} 0 \leqq t \leqq 24 \ \text{のとき} & h_P = 0 \\ 24 \leqq t \ \text{のとき} & h_P = \sin\dfrac{\pi}{4}(t-24) \end{cases}$$

$$\begin{cases} 0 \leqq t \leqq 40 \ \text{のとき} & h_Q = 0 \\ 40 \leqq t \ \text{のとき} & h_Q = \sin\dfrac{\pi}{4}(t-40) \end{cases}$$

　これらの式をもとに，次のような状況において，水面の高さがどのように変化するかを考えよう。

　水面上の 2 地点 B，C があり，地点 R からはそれぞれ 48m，80m 離れているとする。2 地点 B，C にそれぞれ装置 X があり，装置 X を同時に起動させてから t 秒後の地点 R における水面の高さを h_R (m) とすると，$h_R = h_P + h_Q$ となる。たとえば，$t = 26$ のときは，$h_P = \boxed{\text{ア}}$，$h_Q = \boxed{\text{イ}}$ より $h_R = \boxed{\text{ウ}}$ である。よって，h_R を表すグラフは $\boxed{\text{エ}}$ である。

$\boxed{\text{エ}}$ については，最も適当なものを，次の ⓪〜⑤ のうちから一つ選べ。

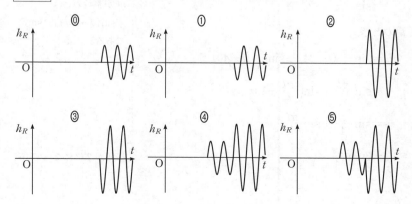

33

また，地点 B はそのままに，地点 C だけを動かして装置 X を同時に起動させたところ，装置 X を同時に起動させてからしばらくすると，地点 R における水面の高さは $h_R = 0$ (m) で一定になった。このとき，地点 C と地点 R の距離 x (m)（ただし，$x > 0$ とする）は，装置 X が起こした波の伝わる速さが毎秒 2m であるから，自然数 n を用いて

$$x = \boxed{\text{オカ}}\, n - \boxed{\text{キ}}$$

で表すことができる。

$t = 26$ のとき

$$h_P = \sin\frac{\pi}{4}(26-24) = \sin\frac{\pi}{2} = 1 \quad ◀\text{答}$$

$$h_Q = 0 \quad ◀\text{答}$$

より

$$h_R = h_P + h_Q = 1 + 0 = 1 \quad ◀\text{答}$$

そして，$h_R = h_P + h_Q$ より，$0 \leqq t \leqq 24$ のとき

$$h_R = 0 + 0 = 0$$

t の範囲によって場合分けが必要である。

$24 \leqq t \leqq 40$ のとき

$$h_R = \sin\frac{\pi}{4}(t-24) + 0$$

$$= \sin\frac{\pi}{4}(t-24)$$

$$= \sin\left(\frac{\pi t}{4} - 6\pi\right)$$

$$= \sin\frac{\pi t}{4}$$

m が整数のとき

$$\sin(\theta + 2m\pi) = \sin\theta$$

である。

$40 \leqq t$ のとき

$$h_R = \sin\frac{\pi}{4}(t-24) + \sin\frac{\pi}{4}(t-40)$$

$$= \sin\frac{\pi t}{4} + \sin\left(\frac{\pi t}{4} - 10\pi\right)$$

$$= \sin\frac{\pi t}{4} + \sin\frac{\pi t}{4}$$

$$= 2\sin\frac{\pi t}{4}$$

振幅が 2 倍になっている。

であるから，h_R を表すグラフは ④ のようになる。

◀◀答

　また，しばらくして $h_R=0$ で一定となるのは，m を整数として，地点Cから出ている波による水面の高さが

$$-\sin\frac{\pi t}{4} = \sin\left\{\frac{\pi t}{4}+(2m+1)\pi\right\}$$
$$= \sin\frac{\pi}{4}\{t+4(2m+1)\}$$

になるときであり，地点Cから出ている波は

　　地点Bから出ている波と
　　$4(2m+1)$ 秒ずれていればよい

ことがわかる。よって，地点Cと地点Rの距離 x は，波の速さが毎秒 $2\mathrm{m}$ であることより

$$x=48+2\cdot4(2m+1)$$
$$=16(m+4)-8$$
$$=16n-8 \quad ◀◀答$$

で表すことができる。

$\sin\dfrac{\pi t}{4}+h_Q=0$ より。

m が整数のとき

　$\sin\{\theta+(2m+1)\pi\}$

$=-\sin\theta$

である。

$m+4$ は整数であり，

$x>0$ すなわち

　$16(m+4)-8>0$

とするには，$m+4$ を n （自然数）にすればよい。

✔ **POINT**

■　日常の事象と三角関数のグラフ

　水面における波や音波などは，三角関数を用いて表すことができる。共通テストでは，このような日常の事象を題材とした問題が出題されることもある。

　海上で沖から来る波と陸地からの反射波が重なってできる三角波といわれる峰の尖った波により船舶が大破したり，津波の襲来時には波の重ね合わせによって予想外の大きな被害が起きることもある。防災の観点から波の解析と予測は重要であり，三角関数が役立っている。

（1）次の**問題 A** について考えよう。

問題 A 関数 $y = \sin\theta + \sqrt{3}\cos\theta \ \left(0 \leq \theta \leq \dfrac{\pi}{2}\right)$ の最大値を求めよ。

$$\sin\frac{\pi}{\boxed{\text{ア}}} = \frac{\sqrt{3}}{2}, \quad \cos\frac{\pi}{\boxed{\text{ア}}} = \frac{1}{2}$$

であるから，三角関数の合成により

$$y = \boxed{\text{イ}}\ \sin\left(\theta + \frac{\pi}{\boxed{\text{ア}}}\right)$$

と変形できる。よって，y は $\theta = \dfrac{\pi}{\boxed{\text{ウ}}}$ で最大値 $\boxed{\text{エ}}$ をとる。

（2）p を定数とし，次の**問題 B** について考えよう。

問題 B 関数 $y = \sin\theta + p\cos\theta \ \left(0 \leq \theta \leq \dfrac{\pi}{2}\right)$ の最大値を求めよ。

（ⅰ）$p = 0$ のとき，y は $\theta = \dfrac{\pi}{\boxed{\text{オ}}}$ で最大値 $\boxed{\text{カ}}$ をとる。

（ⅱ）$p > 0$ のときは，加法定理

$$\cos(\theta - \alpha) = \cos\theta\cos\alpha + \sin\theta\sin\alpha$$

を用いると

$$y = \sin\theta + p\cos\theta = \sqrt{\boxed{\text{キ}}}\ \cos(\theta - \alpha)$$

と表すことができる。ただし，α は

$$\sin\alpha = \frac{\boxed{\text{ク}}}{\sqrt{\boxed{\text{キ}}}}, \quad \cos\alpha = \frac{\boxed{\text{ケ}}}{\sqrt{\boxed{\text{キ}}}}, \quad 0 < \alpha < \frac{\pi}{2}$$

を満たすものとする。このとき，y は $\theta = \boxed{\text{コ}}$ で最大値 $\sqrt{\boxed{\text{サ}}}$ をとる。

（ⅲ）$p < 0$ のとき，y は $\theta = \boxed{\text{シ}}$ で最大値 $\boxed{\text{ス}}$ をとる。

$\boxed{キ} \sim \boxed{ケ}$, $\boxed{サ}$, $\boxed{ス}$ の解答群(同じものを繰り返し選んでもよい。)

⓪ -1	① 1	② $-p$
③ p	④ $1-p$	⑤ $1+p$
⑥ $-p^2$	⑦ p^2	⑧ $1-p^2$
⑨ $1+p^2$	ⓐ $(1-p)^2$	ⓑ $(1+p)^2$

$\boxed{コ}$, $\boxed{シ}$ の解答群(同じものを繰り返し選んでもよい。)

⓪ 0	① α	② $\dfrac{\pi}{2}$

基本事項の確認

■ 三角関数の合成

$$a\sin\theta + b\cos\theta = \sqrt{a^2+b^2}\,\sin(\theta+\alpha)$$

ただし，$\cos\alpha = \dfrac{a}{\sqrt{a^2+b^2}}$，$\sin\alpha = \dfrac{b}{\sqrt{a^2+b^2}}$

解答・解説

（1）$0 \leqq \theta \leqq \dfrac{\pi}{2}$ より

$$\sin\frac{\pi}{3} = \frac{\sqrt{3}}{2} \ \text{◀◀答}, \quad \cos\frac{\pi}{3} = \frac{1}{2}$$

であるから，三角関数の合成により

$$\begin{aligned}
y &= \sin\theta + \sqrt{3}\,\cos\theta \\
&= 2\left(\frac{1}{2}\sin\theta + \frac{\sqrt{3}}{2}\cos\theta\right) \\
&= 2\left(\sin\theta\cos\frac{\pi}{3} + \cos\theta\sin\frac{\pi}{3}\right) \\
&= 2\sin\left(\theta + \frac{\pi}{3}\right) \ \text{◀◀答}
\end{aligned}$$

と変形できる。

よって，$0 \leqq \theta \leqq \dfrac{\pi}{2}$ のとき

$$\frac{\pi}{3} \leqq \theta + \frac{\pi}{3} \leqq \frac{5}{6}\pi$$

$\sqrt{1^2 + (\sqrt{3})^2} = 2$ より，
2 でくくる。

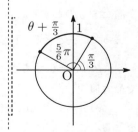

であるから，y は

$$\theta + \frac{\pi}{3} = \frac{\pi}{2} \ \text{すなわち} \ \boldsymbol{\theta = \frac{\pi}{6}} \ \blacktriangleleft\text{答}$$

で最大値

$$2\sin\frac{\pi}{2} = 2 \ \blacktriangleleft\text{答}$$

をとる。

（2）（ⅰ）$p = 0$ のとき，$y = \sin\theta$ であるから，

$0 \leqq \theta \leqq \dfrac{\pi}{2}$ において，y は

$$\boldsymbol{\theta = \frac{\pi}{2}} \ \text{で最大値} \ 1 \ \blacktriangleleft\text{答}$$

をとる。

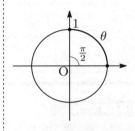

（ⅱ）$p > 0$ のとき，加法定理

$$\cos(\theta - \alpha) = \cos\theta\cos\alpha + \sin\theta\sin\alpha$$

を用いた三角関数の合成により

$$
\begin{aligned}
y &= \sin\theta + p\cos\theta \\
&= \sqrt{1+p^2}\left(\frac{1}{\sqrt{1+p^2}}\sin\theta + \frac{p}{\sqrt{1+p^2}}\cos\theta\right) \\
&= \sqrt{1+p^2}\,(\sin\alpha\sin\theta + \cos\alpha\cos\theta) \\
&= \sqrt{1+p^2}\,(\cos\theta\cos\alpha + \sin\theta\sin\alpha) \\
&= \sqrt{1+p^2}\,\boldsymbol{\cos(\theta - \alpha)} \ (⑨) \ \blacktriangleleft\text{答}
\end{aligned}
$$

と表すことができる。ただし，α は

$$\boldsymbol{\sin\alpha = \frac{1}{\sqrt{1+p^2}}} \quad (⓪) \ \blacktriangleleft\text{答}$$

$$\boldsymbol{\cos\alpha = \frac{p}{\sqrt{1+p^2}}} \quad (③) \ \blacktriangleleft\text{答}$$

$$0 < \alpha < \frac{\pi}{2}$$

を満たすものとする。

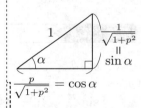

$\dfrac{p}{\sqrt{1+p^2}} = \cos\alpha$

$\cos(\theta - \alpha)$ の加法定理より。

よって，$-\alpha \leqq \theta - \alpha \leqq \dfrac{\pi}{2} - \alpha$ であるから，y は

$$\theta - \alpha = 0 \ \text{すなわち} \ \boldsymbol{\theta = \alpha} \quad (①) \ \blacktriangleleft\text{答}$$

で最大値

$$\sqrt{1+p^2} \quad (⑨) \ \blacktriangleleft\text{答}$$

をとる。

（ⅲ）$p<0$ のとき，$0\leqq\theta\leqq\dfrac{\pi}{2}$ において，$\sin\theta$ と $p\cos\theta$ は，θ が増加するとともに増加するので，$\sin\theta+p\cos\theta$ も，θ が増加するとともに増加する。よって，y は

$$\boldsymbol{\theta=\frac{\pi}{2}} \quad (②) \quad ◀◀\text{答}$$

で最大値

$$\sin\frac{\pi}{2}+p\cos\frac{\pi}{2}=1+0=1 \quad (⓪) \quad ◀◀\text{答}$$

をとる。

θ が増加すると値が増加するものどうしの和である。

✔ **POINT**

❗ 拡張・一般化の問題

　本問は，$y=\sin\theta+p\cos\theta\left(0\leqq\theta\leqq\dfrac{\pi}{2}\right)$ の最大値を求める 問題 B の考察において，(ⅰ) $p=0$ のとき，(ⅱ) $p>0$ のとき，(ⅲ) $p<0$ のときのそれぞれについて考えるところに共通テストらしさがある。(ⅲ)は(ⅱ)と同じように三角関数の合成を用いて解くこともできるが，$p<0$ のとき $p\cos\theta$ が $0\leqq\theta\leqq\dfrac{\pi}{2}$ において増加関数であることに気づくと，処理量を少なくすることができる。

■ (2)(ⅲ) を三角関数の合成を用いて解く

　(2)(ⅲ)を(ⅱ)を用いて解くと，次のようになる。

　$p<0$ のとき，(ⅱ)と同様に

$$y=\sqrt{1+p^2}\cos(\theta-\alpha)$$

と表すことができ，このとき

$$\sin\alpha=\frac{1}{\sqrt{1+p^2}}>0,\ \cos\alpha=\frac{p}{\sqrt{1+p^2}}<0$$

より

$$\frac{\pi}{2}<\alpha<\pi$$

とおくことができ

$$-\alpha\leqq\theta-\alpha\leqq\frac{\pi}{2}-\alpha$$

において

$$-\pi < -\alpha < -\frac{\pi}{2}, \quad -\frac{\pi}{2} < \frac{\pi}{2} - \alpha < 0$$

であるから，y は θ が増加するとともに増加する。したがって，$\theta = \dfrac{\pi}{2}$ で最大値

$$\sqrt{1+p^2}\cos\left(\frac{\pi}{2}-\alpha\right) = \sqrt{1+p^2}\sin\alpha$$

$$= \sqrt{1+p^2}\cdot\frac{1}{\sqrt{1+p^2}}$$

$$= 1$$

をとることがわかる。

　ただし，この方法では時間がかかるので，「**解答・解説**」のように効率よく処理できる方法を考えることが大切である。

例題 4 2022年度追試

θ は $-\dfrac{\pi}{2}<\theta<\dfrac{\pi}{2}$ を満たすとする。

（1）$\tan\theta=-\sqrt{3}$ のとき，$\theta=\boxed{}$ であり

$$\cos\theta=\boxed{}, \quad \sin\theta=\boxed{}$$

である。

　一般に，$\tan\theta=k$ のとき

$$\cos\theta=\boxed{}, \quad \sin\theta=\boxed{}$$

である。

$\boxed{}$ の解答群

| ⓪ $-\dfrac{\pi}{3}$ | ① $-\dfrac{\pi}{4}$ | ② $-\dfrac{\pi}{6}$ | ③ $\dfrac{\pi}{6}$ | ④ $\dfrac{\pi}{4}$ | ⑤ $\dfrac{\pi}{3}$ |

$\boxed{}$，$\boxed{}$ の解答群（同じものを繰り返し選んでもよい。）

⓪ 0	① 1	② -1
③ $\dfrac{\sqrt{3}}{2}$	④ $-\dfrac{\sqrt{3}}{2}$	⑤ $\dfrac{\sqrt{2}}{2}$
⑥ $-\dfrac{\sqrt{2}}{2}$	⑦ $\dfrac{1}{2}$	⑧ $-\dfrac{1}{2}$

$\boxed{}$，$\boxed{}$ の解答群（同じものを繰り返し選んでもよい。）

⓪ $\dfrac{1}{1+k^2}$	① $-\dfrac{1}{1+k^2}$	② $\dfrac{k}{1+k^2}$	③ $-\dfrac{k}{1+k^2}$
④ $\dfrac{2}{1+k^2}$	⑤ $-\dfrac{2}{1+k^2}$	⑥ $\dfrac{2k}{1+k^2}$	⑦ $-\dfrac{2k}{1+k^2}$
⑧ $\dfrac{1}{\sqrt{1+k^2}}$	⑨ $-\dfrac{1}{\sqrt{1+k^2}}$	ⓐ $\dfrac{k}{\sqrt{1+k^2}}$	ⓑ $-\dfrac{k}{\sqrt{1+k^2}}$

（2）花子さんと太郎さんは，関数のとり得る値の範囲について話している。

花子：$-\dfrac{\pi}{2}<\theta<\dfrac{\pi}{2}$ の範囲で θ を動かすとき，$\tan\theta$ のとり得る値の範囲は実数全体だよね。

太郎：$\tan\theta=\dfrac{\sin\theta}{\cos\theta}$ だけど，<u>分子を少し変えるとどうなるかな。</u>

$\dfrac{\sin 2\theta}{\cos\theta}=p$，$\dfrac{\sin\left(\theta+\dfrac{\pi}{7}\right)}{\cos\theta}=q$ とおく。

$-\dfrac{\pi}{2}<\theta<\dfrac{\pi}{2}$ の範囲で θ を動かすとき，p のとり得る値の範囲は $\boxed{\text{カ}}$ であり，q のとり得る値の範囲は $\boxed{\text{キ}}$ である。

$\boxed{\text{カ}}$ の解答群

⓪ $-1<p<1$	① $0<p<1$
② $-2<p<2$	③ $0<p<2$
④ 実数全体	⑤ 正の実数全体

$\boxed{\text{キ}}$ の解答群

⓪ $-1<q<1$	① $0<q<1$
② $-2<q<2$	③ $0<q<2$
④ 実数全体	⑤ 正の実数全体
⑥ $-\sin\dfrac{\pi}{7}<q<\sin\dfrac{\pi}{7}$	⑦ $0<q<\sin\dfrac{\pi}{7}$
⑧ $-\cos\dfrac{\pi}{7}<q<\cos\dfrac{\pi}{7}$	⑨ $0<q<\cos\dfrac{\pi}{7}$

（3）α は $0\leqq\alpha<2\pi$ を満たすとし

$$\frac{\sin(\theta+\alpha)}{\cos\theta}=r$$

とおく。$\alpha=\dfrac{\pi}{7}$ の場合，r は（2）で定めた q と等しい。

α の値を一つ定め，$-\dfrac{\pi}{2}<\theta<\dfrac{\pi}{2}$ の範囲で θ のみを動かすとき，r のとり得る値の範囲を考える。

<u>r のとり得る値の範囲が q のとり得る値の範囲と異なるような α</u>
<u>$(0\leqq\alpha<2\pi)$</u> は $\boxed{\text{ク}}$。

ク の解答群

⓪ 存在しない	① ちょうど1個存在する
② ちょうど2個存在する	③ ちょうど3個存在する
④ ちょうど4個存在する	⑤ 5個以上存在する

基本事項の確認

■ 三角関数の相互関係

$$\tan\theta = \frac{\sin\theta}{\cos\theta}, \quad \sin^2\theta + \cos^2\theta = 1, \quad 1 + \tan^2\theta = \frac{1}{\cos^2\theta}$$

■ 加法定理

$$\sin(\alpha \pm \beta) = \sin\alpha\cos\beta \pm \cos\alpha\sin\beta$$

$$\cos(\alpha \pm \beta) = \cos\alpha\cos\beta \mp \sin\alpha\sin\beta$$

$$\tan(\alpha \pm \beta) = \frac{\tan\alpha \pm \tan\beta}{1 \mp \tan\alpha\tan\beta} \qquad （以上，複号同順）$$

解答・解説

（1） $-\dfrac{\pi}{2} < \theta < \dfrac{\pi}{2}$ より，$\tan\theta = -\sqrt{3}$ のとき

$$\boldsymbol{\theta = -\frac{\pi}{3}} \quad （⓪） \blacktriangleleft 答$$

であり

$$\boldsymbol{\cos\theta} = \cos\left(-\frac{\pi}{3}\right) = \cos\frac{\pi}{3}$$

$$= \frac{1}{2} \quad （⑦） \blacktriangleleft 答$$

$$\boldsymbol{\sin\theta} = \sin\left(-\frac{\pi}{3}\right) = -\sin\frac{\pi}{3}$$

$$= -\frac{\sqrt{3}}{2} \quad （④） \blacktriangleleft 答$$

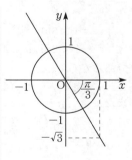

一般に，$\tan\theta = k$ のとき

$$1 + \tan^2\theta = \frac{1}{\cos^2\theta}$$

より

$$\cos^2\theta = \frac{1}{1 + \tan^2\theta} = \frac{1}{1 + k^2}$$

であり，$-\dfrac{\pi}{2} < \theta < \dfrac{\pi}{2}$ より $\cos\theta > 0$ だから

$$\boldsymbol{\cos\theta} = \frac{1}{\sqrt{1 + k^2}} \quad (\text{⑧}) \quad \blacktriangleleft \text{答}$$

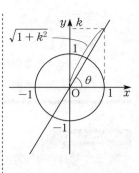

$\tan\theta = \dfrac{\sin\theta}{\cos\theta}$ より

$$\boldsymbol{\sin\theta} = \tan\theta\cos\theta = k \cdot \frac{1}{\sqrt{1 + k^2}}$$

$$= \frac{\boldsymbol{k}}{\sqrt{1 + k^2}} \quad (\text{⑨}) \quad \blacktriangleleft \text{答}$$

（2）$\dfrac{\sin 2\theta}{\cos\theta} = p$ より

$$p = \frac{2\sin\theta\cos\theta}{\cos\theta} = 2\sin\theta$$

sin の 2 倍角の公式より。

$-\dfrac{\pi}{2} < \theta < \dfrac{\pi}{2}$ より

$$-1 < \sin\theta < 1$$
$$-2 < 2\sin\theta < 2$$

であるから

$$-2 < p < 2 \quad (\text{②}) \quad \blacktriangleleft \text{答}$$

また

$$q = \frac{\sin\left(\theta + \dfrac{\pi}{7}\right)}{\cos\theta}$$

$$= \frac{\sin\theta\cos\dfrac{\pi}{7} + \cos\theta\sin\dfrac{\pi}{7}}{\cos\theta}$$

sin の加法定理より。

$$= \cos\frac{\pi}{7}\tan\theta + \sin\frac{\pi}{7}$$

$-\dfrac{\pi}{2}<\theta<\dfrac{\pi}{2}$ より $\tan\theta$ のとり得る値の範囲は実数

全体で, $\cos\dfrac{\pi}{7}\tan\theta+\sin\dfrac{\pi}{7}$ のとり得る値の範囲も

実数全体であるから, q のとり得る値の範囲は

 実数全体 (④) ◀◀答

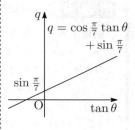

（3）（2）より, r のとり得る値の範囲が実数全体と

ならない場合を考える。

$$
\begin{aligned}
r &= \frac{\sin(\theta+\alpha)}{\cos\theta} \\
&= \frac{\sin\theta\cos\alpha+\cos\theta\sin\alpha}{\cos\theta} \\
&= \cos\alpha\tan\theta+\sin\alpha
\end{aligned}
$$

$\sin$ の加法定理より。

$-\dfrac{\pi}{2}<\theta<\dfrac{\pi}{2}$ より $\tan\theta$ のとり得る値の範囲は実数

全体であり, $\cos\alpha\neq0$ のとき, r のとり得る値の範

囲は実数全体であるが, $\cos\alpha=0$ のとき, $r=\sin\alpha$

は定数であり, q のとり得る値の範囲（実数全体）と異

なる。

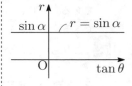

 よって, r のとり得る値の範囲が q のとり得る値の

範囲と異なる $\alpha\,(0\leqq\alpha<2\pi)$ は, $\cos\alpha=0$ のとき,

すなわち

$$
\alpha=\frac{\pi}{2},\ \frac{3}{2}\pi
$$

のちょうど2個存在する。（②） ◀◀答

✓ POINT

❗ 解決の過程を振り返る問題

 本問は,（3）において（2）での考察を振り返り, r のとり得る値の範囲が q のとり得る値の範囲（（2）の考察の結果）と異なるように定数 α を設定させるところに共通テストらしさがある。

 $r=\cos\alpha\tan\theta+\sin\alpha$ において, $\tan\theta$ のとり得る値の範囲が実数全体であることから, $\cos\alpha=0$ に着目できるかどうかがポイントとなる。

座標平面上の原点を中心とする半径1の円周上に3点 P $(\cos\theta,\ \sin\theta)$, Q $(\cos\alpha,\ \sin\alpha)$, R $(\cos\beta,\ \sin\beta)$ がある。ただし，$0 \leqq \theta < \alpha < \beta < 2\pi$ とする。このとき，s と t を次のように定める。

$$s = \cos\theta + \cos\alpha + \cos\beta,\quad t = \sin\theta + \sin\alpha + \sin\beta$$

（1）△PQR が正三角形や二等辺三角形のときの s と t の値について考察しよう。

考察 1

△PQR が正三角形である場合を考える。

この場合，α, β を θ で表すと

$$\alpha = \theta + \frac{\boxed{\text{ア}}}{3}\pi,\quad \beta = \theta + \frac{\boxed{\text{イ}}}{3}\pi$$

であり，加法定理により

$$\cos\alpha = \boxed{\text{ウ}},\quad \sin\alpha = \boxed{\text{エ}}$$

である。同様に，$\cos\beta$ および $\sin\beta$ を，$\sin\theta$ と $\cos\theta$ を用いて表すことができる。

 これらのことから，$s = t = \boxed{\text{オ}}$ である。

$\boxed{\text{ウ}}$，$\boxed{\text{エ}}$ の解答群（同じものを繰り返し選んでもよい。）

⓪ $\dfrac{1}{2}\sin\theta + \dfrac{\sqrt{3}}{2}\cos\theta$ ① $\dfrac{\sqrt{3}}{2}\sin\theta + \dfrac{1}{2}\cos\theta$

② $\dfrac{1}{2}\sin\theta - \dfrac{\sqrt{3}}{2}\cos\theta$ ③ $\dfrac{\sqrt{3}}{2}\sin\theta - \dfrac{1}{2}\cos\theta$

④ $-\dfrac{1}{2}\sin\theta + \dfrac{\sqrt{3}}{2}\cos\theta$ ⑤ $-\dfrac{\sqrt{3}}{2}\sin\theta + \dfrac{1}{2}\cos\theta$

⑥ $-\dfrac{1}{2}\sin\theta - \dfrac{\sqrt{3}}{2}\cos\theta$ ⑦ $-\dfrac{\sqrt{3}}{2}\sin\theta - \dfrac{1}{2}\cos\theta$

――考察2――

△PQR が PQ＝PR となる二等辺三角形である場合を考える。

例えば，点 P が直線 $y=x$ 上にあり，点 Q，R が直線 $y=x$ に関して対称であるときを考える。このとき，$\theta = \dfrac{\pi}{4}$ である。また，α は $\alpha < \dfrac{5}{4}\pi$，β は $\dfrac{5}{4}\pi < \beta$ を満たし，点 Q，R の座標について，$\sin\beta = \cos\alpha$，$\cos\beta = \sin\alpha$ が成り立つ。よって

$$s = t = \frac{\sqrt{\boxed{カ}}}{\boxed{キ}} + \sin\alpha + \cos\alpha$$

である。

ここで，三角関数の合成により

$$\sin\alpha + \cos\alpha = \sqrt{\boxed{ク}}\,\sin\left(\alpha + \frac{\pi}{\boxed{ケ}}\right)$$

である。したがって

$$\alpha = \frac{\boxed{コサ}}{12}\pi, \quad \beta = \frac{\boxed{シス}}{12}\pi$$

のとき，$s = t = 0$ である。

（2）次に，s と t の値を定めたときの θ，α，β の関係について考察しよう。

――考察3――

$s = t = 0$ の場合を考える。

この場合，$\sin^2\theta + \cos^2\theta = 1$ により，α と β について考えると

$$\cos\alpha\cos\beta + \sin\alpha\sin\beta = \frac{\boxed{セソ}}{\boxed{タ}}$$

である。

同様に，θ と α について考えると

$$\cos\theta\cos\alpha + \sin\theta\sin\alpha = \frac{\boxed{セソ}}{\boxed{タ}}$$

であるから，θ，α，β の範囲に注意すると

$$\beta - \alpha = \alpha - \theta = \frac{\boxed{チ}}{\boxed{ツ}}\pi$$

という関係が得られる。

(3) これまでの考察を振り返ると，次の⓪～③のうち，正しいものは $\boxed{テ}$ であることがわかる。

$\boxed{テ}$ の解答群

⓪ $\triangle$PQR が正三角形ならば $s=t=0$ であり，$s=t=0$ ならば $\triangle$PQR は正三角形である。

① $\triangle$PQR が正三角形ならば $s=t=0$ であるが，$s=t=0$ であっても $\triangle$PQR が正三角形でない場合がある。

② $\triangle$PQR が正三角形であっても $s=t=0$ でない場合があるが，$s=t=0$ ならば $\triangle$PQR は正三角形である。

③ $\triangle$PQR が正三角形であっても $s=t=0$ でない場合があり，$s=t=0$ であっても $\triangle$PQR が正三角形でない場合がある。

基本事項の確認

■ 単位円の周上の点

座標平面上の原点 O を中心とする半径 1 の円を単位円といい，単位円の周上の点 P の座標は $(\cos\alpha,\ \sin\alpha)$ $(0 \leqq \alpha < 2\pi)$ で表せる。

解答・解説

（1）△PQR が正三角形であるとき

$$\alpha = \theta + \frac{2}{3}\pi, \quad \beta = \theta + \frac{4}{3}\pi \quad \blacktriangleleft\text{答}$$

である。

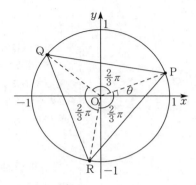

よって，加法定理により

$$\begin{aligned}
\cos\alpha &= \cos\left(\theta + \frac{2}{3}\pi\right) \\
&= \cos\theta\cos\frac{2}{3}\pi - \sin\theta\sin\frac{2}{3}\pi \\
&= \cos\theta\cdot\left(-\frac{1}{2}\right) - \sin\theta\cdot\frac{\sqrt{3}}{2} \\
&= -\frac{\sqrt{3}}{2}\sin\theta - \frac{1}{2}\cos\theta \quad (\text{⑦}) \quad \blacktriangleleft\text{答}
\end{aligned}$$

$$\begin{aligned}
\sin\alpha &= \sin\left(\theta + \frac{2}{3}\pi\right) \\
&= \sin\theta\cos\frac{2}{3}\pi + \cos\theta\sin\frac{2}{3}\pi \\
&= \sin\theta\cdot\left(-\frac{1}{2}\right) + \cos\theta\cdot\frac{\sqrt{3}}{2} \\
&= -\frac{1}{2}\sin\theta + \frac{\sqrt{3}}{2}\cos\theta \quad (\text{④}) \quad \blacktriangleleft\text{答}
\end{aligned}$$

である。同様に

$$\begin{aligned}
\cos\beta &= \cos\left(\theta + \frac{4}{3}\pi\right) \\
&= \cos\theta\cos\frac{4}{3}\pi - \sin\theta\sin\frac{4}{3}\pi \\
&= \cos\theta\cdot\left(-\frac{1}{2}\right) - \sin\theta\cdot\left(-\frac{\sqrt{3}}{2}\right) \\
&= \frac{\sqrt{3}}{2}\sin\theta - \frac{1}{2}\cos\theta
\end{aligned}$$

原点 O が △PQR の重心（外心）であることに着目する。

$$\angle POQ = \angle QOR$$
$$= \angle ROP = \frac{2}{3}\pi$$

である。

$$\sin\beta = \sin\left(\theta + \frac{4}{3}\pi\right)$$
$$= \sin\theta\cos\frac{4}{3}\pi + \cos\theta\sin\frac{4}{3}\pi$$
$$= \sin\theta\cdot\left(-\frac{1}{2}\right) + \cos\theta\cdot\left(-\frac{\sqrt{3}}{2}\right)$$
$$= -\frac{1}{2}\sin\theta - \frac{\sqrt{3}}{2}\cos\theta$$

であるから
$$s = \cos\theta + \cos\alpha + \cos\beta$$
$$= \cos\theta + \left(-\frac{\sqrt{3}}{2}\sin\theta - \frac{1}{2}\cos\theta\right)$$
$$\qquad + \left(\frac{\sqrt{3}}{2}\sin\theta - \frac{1}{2}\cos\theta\right)$$
$$= 0$$
$$t = \sin\theta + \sin\alpha + \sin\beta$$
$$= \sin\theta + \left(-\frac{1}{2}\sin\theta + \frac{\sqrt{3}}{2}\cos\theta\right)$$
$$\qquad + \left(-\frac{1}{2}\sin\theta - \frac{\sqrt{3}}{2}\cos\theta\right)$$
$$= 0$$

より, $s = t = 0$ である。◀(答)

　次に, △PQR が PQ＝PR となる二等辺三角形であり, 点 P が直線 $y=x$ 上にあり, 点 Q, R が直線 $y=x$ に関して対称であるとき
$$\theta = \frac{\pi}{4}$$
であり, $\beta < 2\pi$ に注意すると
$$\frac{\pi}{2} < \alpha < \frac{5}{4}\pi, \quad \frac{5}{4}\pi < \beta < 2\pi$$
を満たす。

解答のように計算してもよいが, 原点 O が △PQR の重心であることから, 重心の座標に着目して
$$\frac{\cos\theta + \cos\alpha + \cos\beta}{3} = 0$$
かつ
$$\frac{\sin\theta + \sin\alpha + \sin\beta}{3} = 0$$
より
$$s = t = 0$$
を求められると時間短縮になる。

直線 $y=x$ の傾きは 1 であり, 直線 $y=x$ と x 軸 とのなす角は $\frac{\pi}{4}$ である。

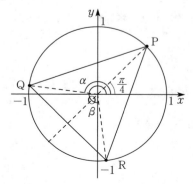

また，点 Q$(\cos\alpha, \sin\alpha)$，R$(\cos\beta, \sin\beta)$ が直線 $y=x$ に関して対称なので

$$\sin\beta = \cos\alpha, \quad \cos\beta = \sin\alpha$$

が成り立つ。よって

$$s = \cos\frac{\pi}{4} + \cos\alpha + \cos\beta$$

$$= \frac{\sqrt{2}}{2} + \cos\alpha + \sin\alpha$$

$$t = \sin\frac{\pi}{4} + \sin\alpha + \sin\beta$$

$$= \frac{\sqrt{2}}{2} + \sin\alpha + \cos\alpha$$

より

$$s = t = \frac{\sqrt{2}}{2} + \sin\alpha + \cos\alpha \quad ◀\text{答}$$

である。ここで，三角関数の合成により

$$\sin\alpha + \cos\alpha$$

$$= \sqrt{2}\left(\frac{1}{\sqrt{2}}\sin\alpha + \frac{1}{\sqrt{2}}\cos\alpha\right)$$

$$= \sqrt{2}\left(\sin\alpha\cos\frac{\pi}{4} + \cos\alpha\sin\frac{\pi}{4}\right)$$

$$= \sqrt{2}\sin\left(\alpha + \frac{\pi}{4}\right) \quad ◀\text{答}$$

であるから

$$s = t = \frac{\sqrt{2}}{2} + \sqrt{2}\sin\left(\alpha + \frac{\pi}{4}\right)$$

したがって，$s = t = 0$ のとき

$$\sqrt{2}\sin\left(\alpha + \frac{\pi}{4}\right) = -\frac{\sqrt{2}}{2}$$

$$\sin\left(\alpha + \frac{\pi}{4}\right) = -\frac{1}{2}$$

ここで，$\dfrac{\pi}{2} < \alpha < \dfrac{5}{4}\pi$ より

$$\frac{3}{4}\pi < \alpha + \frac{\pi}{4} < \frac{3}{2}\pi$$

であるから

$$\alpha + \frac{\pi}{4} = \frac{7}{6}\pi$$

すなわち

$$\alpha = \frac{11}{12}\pi \quad ◀\text{答}$$

また，動径 OR と OQ は $\dfrac{5}{4}\pi$ の動径に関して対称だから

- ✅ **POINT** 参照。

$\sqrt{1^2+1^2} = \sqrt{2}$ より，$\sqrt{2}$ でくくる。

原点 O が △PQR の外心であることに着目し，図形の対称性を利用する。

$$\beta - \frac{5}{4}\pi = \frac{5}{4}\pi - \alpha$$

より

$$\beta = 2 \cdot \frac{5}{4}\pi - \frac{11}{12}\pi = \frac{19}{12}\pi \quad \blacktriangleleft \text{答}$$

である。

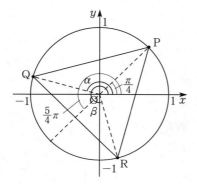

（2） $s = t = 0$ のとき

$$\begin{cases} \cos\theta + \cos\alpha + \cos\beta = 0 \\ \sin\theta + \sin\alpha + \sin\beta = 0 \end{cases}$$

すなわち

$$\begin{cases} \cos\theta = -\cos\alpha - \cos\beta \\ \sin\theta = -\sin\alpha - \sin\beta \end{cases}$$

であるから，$\sin^2\theta + \cos^2\theta = 1$ に代入して整理すると

$$(-\sin\alpha - \sin\beta)^2 + (-\cos\alpha - \cos\beta)^2 = 1$$
$$(\sin\alpha + \sin\beta)^2 + (\cos\alpha + \cos\beta)^2 = 1$$
$$(\sin^2\alpha + \cos^2\alpha) + (\sin^2\beta + \cos^2\beta)$$
$$+ 2(\cos\alpha\cos\beta + \sin\alpha\sin\beta) = 1$$
$$1 + 1 + 2(\cos\alpha\cos\beta + \sin\alpha\sin\beta) = 1$$

ゆえに

$$\boldsymbol{\cos\alpha\cos\beta + \sin\alpha\sin\beta = \frac{-1}{2}} \quad \blacktriangleleft \text{答}$$

$$\cdots\cdots ①$$

> α と β について考えるので，θ を消去する。

である。同様に，θ と α について考えると

$$\cos\theta\cos\alpha + \sin\theta\sin\alpha = -\frac{1}{2} \qquad \cdots\cdots ②$$

であり，①において加法定理より

> ①において，α を θ に，β を α に置き換えればよい。

52

$$\cos(\beta-\alpha)=-\frac{1}{2}$$

②において加法定理より

$$\cos(\alpha-\theta)=-\frac{1}{2}$$

したがって，$\beta-\alpha$ と $\alpha-\theta$ は $\frac{2}{3}\pi$ または $\frac{4}{3}\pi$ が考えられる。このとき

$$\beta-\theta=(\beta-\alpha)+(\alpha-\theta)$$

の値は

$$\frac{2}{3}\pi+\frac{2}{3}\pi=\frac{4}{3}\pi$$

$$\frac{2}{3}\pi+\frac{4}{3}\pi=2\pi$$

$$\frac{4}{3}\pi+\frac{4}{3}\pi=\frac{8}{3}\pi$$

より，$\frac{4}{3}\pi$，2π，$\frac{8}{3}\pi$ のいずれかであるが，$0<\beta-\theta<2\pi$ を満たすことから

$$\beta-\theta=\frac{4}{3}\pi$$

である。よって

$$\beta-\alpha=\alpha-\theta=\frac{2}{3}\pi \quad ◀\boxed{答}$$

という関係が得られる。

（3）（1）より

　　　$\triangle$PQR が正三角形ならば $s=t=0$

（2）より

　　　$s=t=0$ ならば $\triangle$PQR は正三角形

であるから，$\triangle$PQR が正三角形ならば $s=t=0$ であり，$s=t=0$ ならば $\triangle$PQR は正三角形である。（◎）

◀$\boxed{答}$

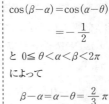

$\cos(\beta-\alpha)=\cos(\alpha-\theta)$
$$=-\frac{1}{2}$$

と $0\leqq\theta<\alpha<\beta<2\pi$ によって

$$\beta-\alpha=\alpha-\theta=\frac{2}{3}\pi$$

が得られる。

🛑 解決の過程を振り返り，新たな性質を発見する

本問は，（1）で $\triangle$PQR が正三角形である場合，（2）で $s=t=0$ の場合について考察し，それぞれの場合において成り立つ性質から，（3）で新たな性質を見つけるところに共通テストらしさがある。

（3）を解くにあたっては，（1）より

$\qquad$ $\triangle$PQR が正三角形ならば，$s=t=0$

（2）より

$$s=t=0ならば，\ \beta-\alpha=\alpha-\theta=\frac{2}{3}\pi$$

すなわち

$\qquad$ $s=t=0ならば，\ \triangle$PQR が正三角形

であることを使えばよい。（1），（2）の考察で何が得られたかを意識しながら問題を解く姿勢を身につけてほしい。

■ 原点 O について

OP $=$ OQ $=$ OR より，点 O は $\triangle$PQR の外心である。このことから

$\qquad$ $\triangle$PQR が正三角形のとき，$\beta-\alpha=\alpha-\theta=\dfrac{2}{3}\pi$

$\qquad$ $\triangle$PQR が PQ $=$ PR の二等辺三角形のとき，OP は $\angle$QPR の二等分線

といった図形の性質に気づいてほしい。このような図形の見方をできるようにしておくと，本問が解きやすくなる。

【MEMO】

演習1 （解答は7ページ）

（1）下の図の点線は $y=\cos 2x$ のグラフである。(i), (ii)の三角関数のグラフが実線で正しくかかれているものとして最も適当なものを，下の ⑩〜⑧ のうちから一つずつ選べ。ただし，同じものを繰り返し選んでもよい。

（i）$y=\cos 4x$ 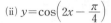 ア

（ii）$y=\cos\left(2x-\dfrac{\pi}{4}\right)$ イ

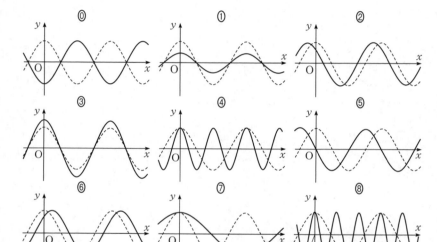

（2）下の図はある三角関数のグラフである。その関数の式として正しいものを，次の ⑩〜⑦ のうちから二つ選べ。 ウ ， エ

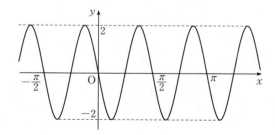

$\boxed{\text{ウ}}$, $\boxed{\text{エ}}$の解答群（解答の順序は問わない。）

⓪ $y = \cos\left(2x - \dfrac{\pi}{2}\right)$	① $y = -\sin\left(2x - \dfrac{\pi}{2}\right)$
② $y = 2\cos 2\left(x - \dfrac{\pi}{2}\right)$	③ $y = 2\cos\left(2x - \dfrac{\pi}{2}\right)$
④ $y = 2\sin 4\left(x + \dfrac{\pi}{4}\right)$	⑤ $y = 2\cos(4x + \pi)$
⑥ $y = 2\cos 4\left(x + \dfrac{\pi}{8}\right)$	⑦ $y = 2\cos\left(4x - \dfrac{\pi}{8}\right)$

（3）（2）の関数の式を $y = f(x)$ とする。$0 \leqq x \leqq \pi$ において，方程式 $f(x) = \cos 2x$ の解は $\boxed{\text{オ}}$ 個である。

$p>0$ とする。2つの装置 X，Y から出される音波がそれぞれ

$$x=p\sin 2\pi f_1 t, \quad y=p\sin 2\pi f_2 t$$

で表されるとする。ただし，t は音波を発生させてからの時刻，f_1，f_2 は周波数を表すものとする。以下，$t\geqq 0$，$f_1>0$，$f_2>0$ とする。

（1）$f_1=f_2$ のとき，$x+y$ の振れ幅（最大値と最小値の差）は $\boxed{\ \text{ア}\ }$ である。

$\boxed{\ \text{ア}\ }$ の解答群

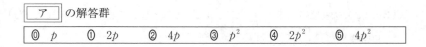

| ⓪ p | ① $2p$ | ② $4p$ | ③ p^2 | ④ $2p^2$ | ⑤ $4p^2$ |

（2）$f_1>f_2$ のとき，$x+y$ の振れ幅は $f_1=f_2$ のときの振れ幅よりも大きくなることはないが，自然数 n を用いて

$$f_2=\dfrac{1}{\boxed{\ \text{イ}\ }\,n+\boxed{\ \text{ウ}\ }}\,f_1$$

と表されるとき，$x+y$ の振れ幅は $f_1=f_2$ のときの振れ幅に等しくなる。

（3）また，装置 Y から出される音波を $y=p\sin 2\pi f_1\!\left(t-\boxed{\ \text{エ}\ }\right)$ に変えると，$x+y$ の振れ幅は0になる。

$\boxed{\ \text{エ}\ }$ の解答群

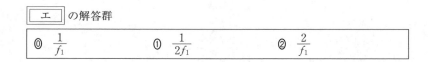

| ⓪ $\dfrac{1}{f_1}$ | ① $\dfrac{1}{2f_1}$ | ② $\dfrac{2}{f_1}$ |

演習3 （解答は10ページ）

a を定数とする。$0 \leqq \theta \leqq a$ のときの関数
$$y = 2\sqrt{3}\sin 2\theta - 2\cos 2\theta - 4\sqrt{3}\sin\theta - 4\cos\theta + 4$$
の最大値について考えよう。

（1）$a = \pi$ のときを考える。$t = \sqrt{3}\sin\theta + \cos\theta$ とおくと
$$t = \boxed{\ \mathstrut ア\ }\sin\left(\theta + \dfrac{\pi}{\boxed{\ イ\ }}\right)$$

であるから，t のとり得る値の範囲は
$$\boxed{\ ウエ\ } \leqq t \leqq \boxed{\ オ\ }$$

である。また
$$t^2 = \sqrt{\boxed{\ カ\ }}\sin 2\theta - \cos 2\theta + \boxed{\ キ\ }$$

であるから
$$y = \boxed{\ ク\ }\,t^2 - \boxed{\ ケ\ }\,t$$

である。したがって，y は
$$t = \boxed{\ コサ\ } \text{ すなわち } \theta = \boxed{\ シ\ } \text{ のとき，最大値 } \boxed{\ ス\ }$$

をとる。

$\boxed{\ シ\ }$ の解答群

⓪ 0	① $\dfrac{\pi}{6}$	② $\dfrac{\pi}{4}$	③ $\dfrac{\pi}{3}$	④ $\dfrac{\pi}{2}$
⑤ $\dfrac{2}{3}\pi$	⑥ $\dfrac{3}{4}\pi$	⑦ $\dfrac{5}{6}\pi$	⑧ π	

（2）a を $0 < a \leqq \pi$ を満たす定数とする。$\theta = a$ において y が最大値をとるときの a のとり得る値の範囲は $\boxed{\ セ\ }$ である。

$\boxed{\ セ\ }$ の解答群

⓪ $0 < a \leqq \dfrac{\pi}{3}$　　　① $0 < a \leqq \dfrac{2}{3}\pi$　　　② $\dfrac{5}{6}\pi \leqq a \leqq \pi$

③ $0 < a \leqq \dfrac{\pi}{3}$ または $\dfrac{5}{6}\pi \leqq a \leqq \pi$

④ $0 < a \leqq \dfrac{2}{3}\pi$ または $\dfrac{5}{6}\pi \leqq a \leqq \pi$

a を $0<a\leqq1$ を満たす定数とする。$0\leqq x<2\pi$ とし，$f(x)$ を
$$f(x)=\cos 2x-4a\cos x+2$$
とする。

このとき，x についての方程式 $f(x)=0$ の解の個数について調べよう。

まず，$f(x)$ を $\cos x$ を用いて表すと
$$f(x)=\boxed{\text{ア}}(\cos x-a)^2+\boxed{\text{イ}}-\boxed{\text{ウ}}a^2$$
である。

次に関数 $f(x)$ の最小値と最大値を求めると，最小値は $\boxed{\text{エ}}-\boxed{\text{オ}}a^2$ であり，最大値は $\boxed{\text{カ}}+\boxed{\text{キ}}a$ である。

そして，方程式 $f(x)=0$ の解の個数について調べると，方程式 $f(x)=0$ がちょうど 4 個の解をもつのは $\dfrac{\boxed{\text{ク}}}{\sqrt{\boxed{\text{ケ}}}}<a<\dfrac{\boxed{\text{コ}}}{\boxed{\text{サ}}}$ のときであり，ちょうど 3 個の解をもつのは $a=\dfrac{\boxed{\text{シ}}}{\boxed{\text{ス}}}$ のときである。

第3章　指数関数・対数関数

二つの関数 $f(x) = \dfrac{2^x + 2^{-x}}{2}$, $g(x) = \dfrac{2^x - 2^{-x}}{2}$ について考える。

(1) $f(0) = \boxed{\text{ア}}$, $g(0) = \boxed{\text{イ}}$ である。また, $f(x)$ は相加平均と相乗

平均の関係から, $x = \boxed{\text{ウ}}$ で最小値 $\boxed{\text{エ}}$ をとる。$g(x) = -2$ となる

x の値は $\log_2 \left(\sqrt{\boxed{\text{オ}}} - \boxed{\text{カ}} \right)$ である。

(2) 次の①〜④は, x にどのような値を代入してもつねに成り立つ。

$$f(-x) = \boxed{\text{キ}} \quad \cdots\cdots\cdots\cdots\cdots\cdots ①$$

$$g(-x) = \boxed{\text{ク}} \quad \cdots\cdots\cdots\cdots\cdots\cdots ②$$

$$\{f(x)\}^2 - \{g(x)\}^2 = \boxed{\text{ケ}} \quad \cdots\cdots\cdots\cdots\cdots\cdots ③$$

$$g(2x) = \boxed{\text{コ}} \, f(x) \, g(x) \quad \cdots\cdots\cdots\cdots\cdots\cdots ④$$

$\boxed{\text{キ}}$, $\boxed{\text{ク}}$ の解答群(同じものを繰り返し選んでもよい。)

⓪ $f(x)$	① $-f(x)$	② $g(x)$	③ $-g(x)$

(3) 花子さんと太郎さんは, $f(x)$ と $g(x)$ の性質について話している。

花子:①〜④は三角関数の性質に似ているね。

太郎:三角関数の加法定理に類似した式(A)〜(D)を考えてみたけど, つ
　　　ねに成り立つ式はあるだろうか。

花子:成り立たない式を見つけるために, 式(A)〜(D)の β に何か具体
　　　な値を代入して調べてみたらどうかな。

太郎さんが考えた式

$$f(\alpha - \beta) = f(\alpha) g(\beta) + g(\alpha) f(\beta) \quad \cdots\cdots\cdots\cdots (A)$$

$$f(\alpha + \beta) = f(\alpha) f(\beta) + g(\alpha) g(\beta) \quad \cdots\cdots\cdots\cdots (B)$$

$$g(\alpha - \beta) = f(\alpha) f(\beta) + g(\alpha) g(\beta) \quad \cdots\cdots\cdots\cdots (C)$$

$$g(\alpha + \beta) = g(\alpha) g(\beta) - g(\alpha) f(\beta) \quad \cdots\cdots\cdots\cdots (D)$$

（1），（2）で示されたことのいくつかを利用すると，式(A)〜(D)のうち，$\boxed{\text{サ}}$ 以外の三つは成り立たないことがわかる。$\boxed{\text{サ}}$ は左辺と右辺をそれぞれ計算することによって成り立つことが確かめられる。

$\boxed{\text{サ}}$ の解答群

⓪ (A)	① (B)	② (C)	③ (D)

基本事項の確認

■ 指数法則

$a > 0$，$b > 0$ で m，n が実数のとき

$$a^m a^n = a^{m+n}, \quad \frac{a^m}{a^n} = a^{m-n}$$

$$(a^m)^n = a^{mn}, \quad (ab)^n = a^n b^n, \quad \left(\frac{a}{b}\right)^n = \frac{a^n}{b^n}$$

解答・解説

（1） $f(0) = \dfrac{2^0 + 2^0}{2} = \dfrac{1+1}{2} = 1$ ◀◀答

$g(0) = \dfrac{2^0 - 2^0}{2} = \dfrac{1-1}{2} = 0$ ◀◀答

である。

また，$2^x > 0$，$2^{-x} > 0$ より，相加平均と相乗平均の関係から

$$f(x) \geqq \sqrt{2^x \cdot 2^{-x}} = 1$$

であり，等号は $2^x = 2^{-x}$ すなわち $x = 0$ のときに成り立つので，$f(x)$ は

$x = 0$ で最小値 1 ◀◀答

をとる。

$g(x) = -2$ のとき

$$\frac{2^x - 2^{-x}}{2} = -2$$

$$2^x - 2^{-x} + 4 = 0$$

$a > 0$，$b > 0$ のとき

$$\frac{a+b}{2} \geqq \sqrt{ab}$$

等号は $a = b$ のときに成り立つ。

であり，この式の両辺を2^x倍すると
$$(2^x)^2+4\cdot2^x-1=0$$
これを2^xについて解くと
$$2^x=-2\pm\sqrt{2^2-1\cdot(-1)}$$
すなわち
$$2^x=-2\pm\sqrt{5}$$
$2^x>0$ より
$$2^x=\sqrt{5}-2$$
両辺の2を底とする対数をとると
$$\log_2 2^x=\log_2(\sqrt{5}-2)$$
$$x=\log_2(\sqrt{5}-2) \blacktriangleleft \text{答}$$
である。

（2）$f(-x)=\dfrac{2^{-x}+2^{-(-x)}}{2}=\dfrac{2^x+2^{-x}}{2}$
$\qquad\qquad =f(x) \ (⓪) \blacktriangleleft \text{答}$

$\quad g(-x)=\dfrac{2^{-x}-2^{-(-x)}}{2}=-\dfrac{2^x-2^{-x}}{2}$
$\qquad\qquad =-g(x) \ (③) \blacktriangleleft \text{答}$

$\quad \{f(x)\}^2-\{g(x)\}^2$
$=\{f(x)+g(x)\}\{f(x)-g(x)\}$
$=2^x\cdot2^{-x}$
$=1 \ \blacktriangleleft \text{答}$

$\quad g(2x)=\dfrac{2^{2x}-2^{-2x}}{2}=\dfrac{(2^x)^2-(2^{-x})^2}{2}$
$\qquad\quad =\dfrac{(2^x+2^{-x})(2^x-2^{-x})}{2}$
$\qquad\quad =2\cdot\dfrac{2^x+2^{-x}}{2}\cdot\dfrac{2^x-2^{-x}}{2}$
$\qquad\quad =2f(x)g(x) \ \blacktriangleleft \text{答}$

（3）ある値において成り立たない場合があることを確かめられればよいので，$\beta=0$ として，式(A)〜(D)について調べる。

(A) $f(\alpha)=f(\alpha)g(0)+g(\alpha)f(0)$ について
$f(0)=1,\ g(0)=0$ より
$$f(\alpha)=g(\alpha)$$
一方，$\alpha=0$ のときに $f(\alpha)\neq g(\alpha)$ となるので，$\alpha=0$ かつ $\beta=0$ のとき，(A)は成り立たない。

（右段）

$X=2^x$ とおき
$$X^2+4X-1=0$$
としてもよい。

対数の定義から
$$x=\log_2(\sqrt{5}-2)$$
としてもよい。

$\{f(x)\}^2=\dfrac{2^{2x}+2+2^{-2x}}{4}$,
$\{g(x)\}^2=\dfrac{2^{2x}-2+2^{-2x}}{4}$
より
$\quad\{f(x)\}^2-\{g(x)\}^2$
$=\dfrac{2}{4}-\left(-\dfrac{2}{4}\right)=1$
と求めることもできる。

$f(x)g(x)$
$=\dfrac{2^x+2^{-x}}{2}\cdot\dfrac{2^x-2^{-x}}{2}$
$=\dfrac{2^{2x}-2^{-2x}}{4}$
$=\dfrac{1}{2}\cdot\dfrac{2^{2x}-2^{-2x}}{2}$
$=\dfrac{1}{2}g(2x)$
から求めることもできる。

（1）より
$f(0)=1,\ g(0)=0$

(B) $f(\alpha)=f(\alpha)f(0)+g(\alpha)g(0)$ について

$\qquad f(\alpha)=f(\alpha)$ ……………………………… $f(0)=1$, $g(0)=0$ より。

すべての α で $f(\alpha)=f(\alpha)$ となるので，$\beta=0$ のとき，
(B)は成り立つ。

(C) $g(\alpha)=f(\alpha)f(0)+g(\alpha)g(0)$ について

$\qquad g(\alpha)=f(\alpha)$ ……………………………… $f(0)=1$, $g(0)=0$ より。

(A)と同様に，$\alpha=0$ かつ $\beta=0$ のとき，(C)は成り立たない。

(D) $g(\alpha)=f(\alpha)g(0)-g(\alpha)f(0)$ について

$\qquad g(\alpha)=-g(\alpha)$ ……………………………… $f(0)=1$, $g(0)=0$ より。

$\qquad g(\alpha)=0$

一方，$\alpha=1$ のとき，$g(1)=\dfrac{3}{4}\neq 0$ であるから，

$\alpha=1$ かつ $\beta=0$ のとき，(D)は成り立たない。

以上より，(B)(⓪)以外の三つは成り立たないことがわかる。◀◀答

✓ POINT

❗ 拡張・一般化の問題

（3）の　サ　を求めるにあたって，花子さんの発言などから

　　・式(A)〜(D)の β に何か具体的な値を代入する

　　・（1），（2）で示されたことのいくつかを利用する

ことに気づけるかどうかがポイントになる。太郎さんが考えた式という新たな性質について考察するところに共通テストらしさが見られる問題である。

■ （3）の(B)がつねに成り立つことの確認

　解答では，$\beta=0$ のとき(B)以外は成り立たない場合があることを確認したが，(B)がつねに成り立つことは，次のように右辺を変形して確かめられる。

$$f(\alpha)f(\beta)+g(\alpha)g(\beta)=\frac{2^{\alpha}+2^{-\alpha}}{2}\cdot\frac{2^{\beta}+2^{-\beta}}{2}+\frac{2^{\alpha}-2^{-\alpha}}{2}\cdot\frac{2^{\beta}-2^{-\beta}}{2}$$

$$=\frac{2(2^{\alpha}\cdot 2^{\beta}+2^{-\alpha}\cdot 2^{-\beta})}{4}=\frac{2^{\alpha+\beta}+2^{-(\alpha+\beta)}}{2}$$

$$=f(\alpha+\beta)$$

a を 1 でない正の実数とする。(i)～(iii)のそれぞれの式について，正しいものを，下の⓪～③のうちから一つずつ選べ。

(i) $\sqrt[4]{a^3} \times a^{\frac{2}{3}} = a^2$ 　　　| ア |

(ii) $\dfrac{(2a)^6}{(4a)^2} = \dfrac{a^3}{2}$ 　　| イ |

(iii) $4(\log_2 a - \log_4 a) = \log_{\sqrt{2}} a$ 　| ウ |

| ア |～| ウ | の解答群（同じものを繰り返し選んでもよい。）

⓪ 式を満たす a の値は存在しない。

① 式を満たす a の値はちょうど一つである。

② 式を満たす a の値はちょうど二つである。

③ どのような a の値を代入しても成り立つ式である。

基本事項の確認

■ **底の変換公式**

$a > 0$, $a \neq 1$, $b > 0$, $c > 0$, $c \neq 1$ のとき

$$\log_a b = \frac{\log_c b}{\log_c a}$$

解答・解説

(i) 　$\sqrt[4]{a^3} \times a^{\frac{2}{3}} = a^2$

　　　$a^{\frac{3}{4}} \times a^{\frac{2}{3}} = a^2$

　　　$a^{\frac{3}{4} + \frac{2}{3} - 2} = 1$

　　　$a^{-\frac{7}{12}} = 1$

　$a > 0$ より両辺を a^2 で割った。

この式を満たすのは $a = 1$ のみであるが，a は 1 でない正の実数であるから

　　　式を満たす a の値は存在しない。（⓪） ◀◀ 答

(ii) 　$\dfrac{(2a)^6}{(4a)^2} = \dfrac{a^3}{2}$

　　　$\dfrac{2^6 \cdot a^6}{2^4 \cdot a^2} = \dfrac{a^3}{2}$

　　　$4a^4 = \dfrac{a^3}{2}$

$$a = \frac{1}{8}$$

であり，a は 1 でない正の実数なので

式を満たす a の値はちょうど一つである。（⓪）

◀◀答

3

指数関数・対数関数

(iii)　$4(\log_2 a - \log_4 a) = \log_{\sqrt{2}} a$

$$4\left(\log_2 a - \frac{\log_2 a}{\log_2 4}\right) = \frac{\log_2 a}{\log_2 \sqrt{2}}$$

$$4\left(\log_2 a - \frac{\log_2 a}{2}\right) = \frac{\log_2 a}{\log_2 2^{\frac{1}{2}}}$$

$$4 \cdot \frac{\log_2 a}{2} = \frac{\log_2 a}{\frac{1}{2}}$$

$$2\log_2 a = 2\log_2 a$$

であり，この式は

どのような a の値を代入しても成り立つ式
である。（③）　◀◀答

（欄外）

$a > 0$ より両辺を $4a^3$ で
割った。

底の変換公式を利用して，
底を 2 にそろえる。

恒等式である。

✔ POINT

■　指数・対数の式変形の基本

　指数・対数の式変形の基本は，指数や対数を一つにまとめることである。(i)，(ii)では，$a^{\bullet} = \square$ の形にすることを意識して式を変形し，(iii)では，対数の底を 2 にそろえて $\log_2 a = \square$ の形にすることを意識して式を変形した。その結果，(i)，(ii)は a についての方程式であることがわかり，(iii)は a についての恒等式であることがわかるというのが本問の特徴である。

　指数・対数の問題であるが，「式と証明・方程式」の内容と融合しているところに共通テストらしさが見られる。

（1）$\log_{10} 2 = 0.3010$ とする。このとき，$10^{\boxed{ア}} = 2$，$2^{\boxed{イ}} = 10$ となる。
$\boxed{\text{ア}}$，$\boxed{\text{イ}}$ に当てはまるものを，次の⓪～⑧のうちから一つずつ選べ。
ただし，同じものを選んでもよい。

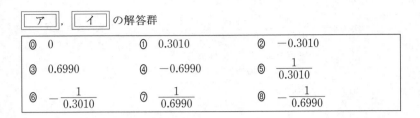

$\boxed{\text{ア}}$，$\boxed{\text{イ}}$ の解答群

⓪ 0	① 0.3010	② -0.3010
③ 0.6990	④ -0.6990	⑤ $\dfrac{1}{0.3010}$
⑥ $-\dfrac{1}{0.3010}$	⑦ $\dfrac{1}{0.6990}$	⑧ $-\dfrac{1}{0.6990}$

（2）次のようにして**対数ものさし A** を作る。

対数ものさし A

　2以上の整数 n のそれぞれに対して，1の目盛りから右に $\log_{10} n$ だけ離れた場所に n の目盛りを書く。

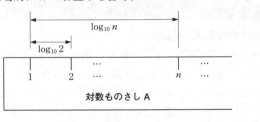

対数ものさし A

（ⅰ）対数ものさし A において，3の目盛りと4の目盛りの間隔は，1の目盛りと2の目盛りの間隔 $\boxed{\text{ウ}}$。$\boxed{\text{ウ}}$ に当てはまるものを，次の⓪～②のうちから一つ選べ。

$\boxed{\text{ウ}}$ の解答群

⓪ より大きい	① に等しい	② より小さい

また，次のようにして対数ものさし B を作る。

┌─ **対数ものさし B** ─────────────────────

2 以上の整数 n のそれぞれに対して，1 の目盛りから左に $\log_{10} n$ だけ離れた場所に n の目盛りを書く。

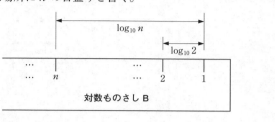

└───────────────────────────────

（ⅱ）次の図のように，**対数ものさし A** の 2 の目盛りと**対数ものさし B** の 1 の目盛りを合わせた。このとき，**対数ものさし B** の b の目盛りに対応する**対数ものさし A** の目盛りは a になった。

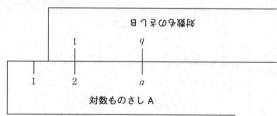

a と b の関係について，いつでも成り立つ式を，次の⓪～③のうちから一つ選べ。 ┃ エ ┃

┃ エ ┃ の解答群

⓪ $a = b + 2$		① $a = 2b$
② $a = \log_{10}(b + 2)$		③ $a = \log_{10} 2b$

さらに，次のようにしてものさし C を作る。

ものさし C ─────

　自然数 n のそれぞれに対して，0 の目盛りから左に $n\log_{10}2$ だけ離れた場所に n の目盛りを書く。

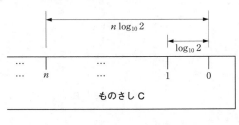

（iii）次の図のように対数ものさし A の 1 の目盛りとものさし C の 0 の目盛りを合わせた。このとき，ものさし C の c の目盛りに対応する対数ものさし A の目盛りは d になった。

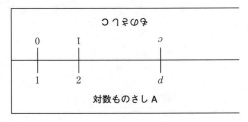

　　c と d の関係について，いつでも成り立つ式を，次の⓪～③のうちから一つ選べ。　オ

オ の解答群

⓪　$d = 2c$　　　　　　　　　　①　$d = c^2$

②　$d = 2^c$　　　　　　　　　　③　$c = \log_{10}d$

（iv）対数ものさし A と対数ものさし B の目盛りを一度だけ合わせるか，対数ものさし A とものさし C の目盛りを一度だけ合わせることにする。このとき，適切な箇所の目盛りを読み取るだけで実行できるものを，次の⓪～⑤のうちから四つ選べ。　カ ，　キ ，　ク ，　ケ

3

指数関数・対数関数

　カ ～ ケ の解答群（解答の順序は問わない。）

⓪　17に 9 を足すこと。

①　23から15を引くこと。

②　13に 4 をかけること。

③　63を 9 で割ること。

④　 2 を 4 乗すること

⑤　$\log_2 64$ の値を求めること。

基本事項の確認

■ 対数の性質

$a > 0$，$a \neq 1$，$M > 0$，$N > 0$ のとき

$$\log_a MN = \log_a M + \log_a N$$

$$\log_a \frac{M}{N} = \log_a M - \log_a N$$

$$\log_a M^r = r \log_a M \quad （r \text{は任意の実数}）$$

（1）$\log_{10} 2 = 0.3010$ より

$$10^{0.3010} = 2 \quad (\text{⓪}) \quad \blacktriangleleft\text{答}$$

両辺を $\dfrac{1}{0.3010}$ 乗すると

$$2^{\frac{1}{0.3010}} = 10 \quad (\text{⑤}) \quad \blacktriangleleft\text{答}$$

である。

（2）（ⅰ）$\dfrac{4}{3} < \dfrac{2}{1}$ より

$$\log_{10} 4 - \log_{10} 3 < \log_{10} 2 - \log_{10} 1$$

なので，3 の目盛りと 4 の目盛りの間隔は，1 の目盛りと 2 の目盛りの間隔より小さい。 （②） $\blacktriangleleft\text{答}$

（ⅱ）$\log_{10} b - \log_{10} 1 = \log_{10} a - \log_{10} 2$

$$\log_{10} b = \log_{10} \dfrac{a}{2}$$

よって

$$a = 2b \ (\text{⓪}) \quad \blacktriangleleft\text{答}$$

である。

（ⅲ）$c\log_{10} 2 - 0 = \log_{10} d - \log_{10} 1$

$$\log_{10} 2^c = \log_{10} d$$

よって

$$d = 2^c \quad (\text{②}) \quad \blacktriangleleft\text{答}$$

である。

（ⅳ）（ⅱ）の最初の図の対数ものさし A の目盛り 2 を x に変えた図で考えると

$$\log_{10} b - \log_{10} 1 = \log_{10} a - \log_{10} x$$

$$\log_{10} b = \log_{10} \dfrac{a}{x}$$

よって，$a = bx$ の関係から，b と x に対して a を読み取れば積が求まり，$b = \dfrac{a}{x}$ の関係から，a と x に対して b を読み取れば商が求まる。

また，（ⅲ）より

$$d = 2^c, \ c = \log_2 d$$

である。

$$(10^{0.3010})^{\frac{1}{0.3010}} = 2^{\frac{1}{0.3010}}$$

底が10の対数関数は増加関数だから

$$\log_{10} 4 - \log_{10} 3 = \log_{10} \dfrac{4}{3},$$

$$\log_{10} 2 - \log_{10} 1 = \log_{10} \dfrac{2}{1}$$

より $\dfrac{4}{3}$ と $\dfrac{2}{1}$ の大小に着目する。

　よって，$d=2^c$ の関係から，d に対して c を読み取れば 2 のべきの値が求まり，$c=\log_2 d$ の関係から，d に対して c を読み取れば底が 2 の対数の値が求まる。

　和と差を求めることはできない。(②，③，④，⑤)

◀◀答

✔ POINT

❗ 解決の過程を振り返る問題

　本問は (2)(ⅰ)〜(ⅲ) で，対数ものさし A，B，C について成り立つことを考察したあとに，(2)(ⅳ) で対数ものさし A，B，C を組み合わせて実行できるものを考察するところに共通テストらしさがある問題である。

　(2)(ⅳ) の②〜⑤は次のようにして実行できる。

②：13 に 4 をかけること

　対数ものさし A の 4 の目盛りと対数ものさし B の 1 の目盛りを合わせ，対数ものさし B の13の目盛りに対応する対数ものさし A の目盛り a を調べると

$$\log_{10}13 - \log_{10}1 = \log_{10}a - \log_{10}4$$

$$13 = \frac{a}{4} \quad \text{ゆえに} \quad a = 52$$

③：63 を 9 で割ること

　対数ものさし A の 9 の目盛りと対数ものさし B の 1 の目盛りを合わせ，対数ものさし A の63の目盛りに対応する対数ものさし B の目盛り b を調べると

$$\log_{10}b - \log_{10}1 = \log_{10}63 - \log_{10}9$$

$$b = \frac{63}{9} \quad \text{ゆえに} \quad b = 7$$

④：2 を 4 乗すること

　対数ものさし A の 1 の目盛りとものさし C の 0 の目盛りを合わせ，ものさし C の 4 の目盛りに対応する対数ものさし A の目盛り d を調べると

$$d = 2^4 \quad \text{ゆえに} \quad d = 16$$

⑤：$\log_2 64$ の値を求めること

　対数ものさし A の 1 の目盛りとものさし C の 0 の目盛りを合わせ，対数ものさし A の64の目盛りに対応するものさし C の目盛り c を調べると

$$c = \log_2 64$$

$$c = \log_2 2^6 \quad \text{ゆえに} \quad c = 6$$

a, bは正の実数であり，$a \neq 1$，$b \neq 1$を満たすとする。太郎さんは$\log_a b$と$\log_b a$の大小関係を調べることにした。

（1）太郎さんは次のような考察をした。

まず，$\log_3 9 = \boxed{\quad ア \quad}$，$\log_9 3 = \dfrac{1}{\boxed{\quad ア \quad}}$である。この場合

$$\log_3 9 > \log_9 3$$

が成り立つ。

一方，$\log_{\frac{1}{4}} \boxed{\quad イ \quad} = -\dfrac{3}{2}$，$\log_{\boxed{イ}} \dfrac{1}{4} = -\dfrac{2}{3}$ である。この場合

$$\log_{\frac{1}{4}} \boxed{\quad イ \quad} < \log_{\boxed{イ}} \dfrac{1}{4}$$

が成り立つ。

（2）ここで

$$\log_a b = t \qquad\qquad\qquad \cdots\cdots\cdots\cdots\cdots\cdots ①$$

とおく。

（1）の考察をもとにして，太郎さんは次の式が成り立つと推測し，それが正しいことを確かめることにした。

$$\log_b a = \dfrac{1}{t} \qquad\qquad\qquad \cdots\cdots\cdots\cdots\cdots\cdots ②$$

①により，$\boxed{\quad ウ \quad}$である。このことにより$\boxed{\quad エ \quad}$が得られ，②が成り立つことが確かめられる。

$\boxed{\quad ウ \quad}$ の解答群

⓪ $a^b = t$	① $a^t = b$	② $b^a = t$
③ $b^t = a$	④ $t^a = b$	⑤ $t^b = a$

$\boxed{\quad エ \quad}$ の解答群

⓪ $a = t^{\frac{1}{b}}$	① $a = b^{\frac{1}{t}}$	② $b = t^{\frac{1}{a}}$
③ $b = a^{\frac{1}{t}}$	④ $t = b^{\frac{1}{a}}$	⑤ $t = a^{\frac{1}{b}}$

（3）次に，太郎さんは（2）の考察をもとにして

$$t > \frac{1}{t}$$

$\cdots\cdots\cdots\cdots\cdots\cdots\cdots$ ③

を満たす実数 t $(t \neq 0)$ の値の範囲を求めた。

太郎さんの考察

$t > 0$ ならば，③の両辺に t を掛けることにより，$t^2 > 1$ を得る。このような t $(t > 0)$ の値の範囲は $1 < t$ である。

$t < 0$ ならば，③の両辺に t を掛けることにより，$t^2 < 1$ を得る。このような t $(t < 0)$ の値の範囲は $-1 < t < 0$ である。

この考察により，③を満たす t $(t \neq 0)$ の値の範囲は

$$-1 < t < 0, \ 1 < t$$

であることがわかる。

ここで，a の値を一つ定めたとき，不等式

$$\log_a b > \log_b a$$

$\cdots\cdots\cdots\cdots\cdots\cdots\cdots$ ④

を満たす実数 b $(b > 0, \ b \neq 1)$ の値の範囲について考える。

④を満たす b の値の範囲は，$a > 1$ のときは $\boxed{\text{オ}}$ であり，$0 < a < 1$ のときは $\boxed{\text{カ}}$ である。

$\boxed{\text{オ}}$ の解答群

⓪ $0 < b < \dfrac{1}{a}, 1 < b < a$	① $0 < b < \dfrac{1}{a}, a < b$
② $\dfrac{1}{a} < b < 1, 1 < b < a$	③ $\dfrac{1}{a} < b < 1, a < b$

$\boxed{\text{カ}}$ の解答群

⓪ $0 < b < a, 1 < b < \dfrac{1}{a}$	① $0 < b < a, \dfrac{1}{a} < b$
② $a < b < 1, 1 < b < \dfrac{1}{a}$	③ $a < b < 1, \dfrac{1}{a} < b$

（4）$p = \dfrac{12}{13}$, $q = \dfrac{12}{11}$, $r = \dfrac{14}{13}$ とする。

次の⓪～③のうち，正しいものは　キ　である。

　キ　の解答群

⓪　$\log_p q > \log_q p$ かつ $\log_p r > \log_r p$

①　$\log_p q > \log_q p$ かつ $\log_p r < \log_r p$

②　$\log_p q < \log_q p$ かつ $\log_p r > \log_r p$

③　$\log_p q < \log_q p$ かつ $\log_p r < \log_r p$

基本事項の確認

■ 対数関数の大小関係

$a > 1$ のとき

$$0 < p < q \iff \log_a p < \log_a q$$

$0 < a < 1$ のとき

$$0 < p < q \iff \log_a p > \log_a q$$

解答・解説

（1）$\log_3 9 = \log_3 3^2 = 2$　◀◀答

$$\log_9 3 = \frac{\log_3 3}{\log_3 9} = \frac{1}{2}$$

より

$$\log_3 9 > \log_9 3$$

が成り立つ。

一方，$\log_{\frac{1}{4}} x = -\dfrac{3}{2}$ とおくと

$$x = \left(\frac{1}{4}\right)^{-\frac{3}{2}} = (2^{-2})^{-\frac{3}{2}} = 2^3 = 8$$

より

$$\log_{\frac{1}{4}} 8 = -\frac{3}{2}$$　◀◀答

であり

$$\log_8 \frac{1}{4} = \frac{\log_{\frac{1}{4}} \frac{1}{4}}{\log_{\frac{1}{4}} 8} = \frac{1}{-\dfrac{3}{2}} = -\frac{2}{3}$$

より

$$\log_{\frac{1}{4}} 8 < \log_8 \frac{1}{4}$$

が成り立つ。

（2） $\log_a b = t$ .... ①

とおく。①により

$$a^t = b \; (①) \quad ◀\text{答}$$

両辺を $\frac{1}{t}$ 乗して

$$a = b^{\frac{1}{t}} \; (①) \quad ◀\text{答}$$

が得られ，b を底とする両辺の対数をとると

$$\log_b a = \frac{1}{t} \quad .... ②$$

が成り立つことが確かめられる。

（3） $t > \frac{1}{t}$ .... ③

において，$t > 0$ のとき

$$t^2 > 1$$
$$(t+1)(t-1) > 0$$

より

$$t > 1$$

$t < 0$ のとき

$$t^2 < 1$$
$$(t+1)(t-1) < 0$$

より

$$-1 < t < 0$$

であるから，③を満たす $t \; (t \neq 0)$ の値の範囲は

$$-1 < t < 0, \; 1 < t \quad .... (*)$$

ここで，$a \; (a > 0, \; a \neq 1)$ の値を一つ定めたとき，
不等式

$$\log_a b > \log_b a \quad .... ④$$

を満たす実数 $b \; (b > 0, b \neq 1)$ の値の範囲について考える。

①，②より，④は $t > \frac{1}{t}$ に他ならないから，(*)において $t = \log_a b$ とすると

対数の定義より。

対数の定義より求めてもよい。

$t > \frac{1}{t}$ の両辺を t 倍した。

不等号の向きに注意。

$$-1 < \log_a b < 0, \quad 1 < \log_a b$$

$$\log_a a^{-1} < \log_a b < \log_a a^0, \quad \log_a a^1 < \log_a b$$

$$\log_a \frac{1}{a} < \log_a b < \log_a 1, \quad \log_a a < \log_a b$$

であるから，$a > 1$ のときは

$$\frac{1}{a} < b < 1, \quad a < b \quad (\textcircled{3}) \quad \blacktriangleleft\!\blacktriangleleft\boxed{答}$$

であり，$0 < a < 1$ のときは

$$\frac{1}{a} > b > 1, \quad a > b$$

不等号の向きに注意。

すなわち

$$0 < b < a, \quad 1 < b < \frac{1}{a} \quad (\textcircled{0}) \quad \blacktriangleleft\!\blacktriangleleft\boxed{答}$$

である。

（4）$p = \dfrac{12}{13}$，$q = \dfrac{12}{11}$，$r = \dfrac{14}{13}$ とする。

（i）$\log_p q$ と $\log_q p$ の大小を比べる。

（3）より

$$a = q = \frac{12}{11}, \quad b = p = \frac{12}{13}$$

$a > 1$

とすると

$$b - \frac{1}{a} = \frac{12}{13} - \frac{11}{12} = \left(1 - \frac{1}{13}\right) - \left(1 - \frac{1}{12}\right)$$

$$= \frac{1}{12} - \frac{1}{13} > 0$$

より

$$a > 1 \text{ のとき，} \frac{1}{a} < b < 1 \text{ または } a < b$$

が成り立つので

$$\log_a b > \log_b a$$

$$\log_q p > \log_p q$$

すなわち

$$\log_p q < \log_q p$$

が成り立つ。

ここでは，$a > 1$ のとき，

$\dfrac{1}{a} < b < 1$ が成り立っている。

（3）の④が成り立つ。

$a = q$，$b = p$ より。

（ⅱ）$\log_p r$ と $\log_r p$ の大小を比べる。

（3）より

$$a = p = \frac{12}{13}, \ b = r = \frac{14}{13}$$

とすると

$$\frac{1}{a} - b = \frac{13}{12} - \frac{14}{13} = \left(1 + \frac{1}{12}\right) - \left(1 + \frac{1}{13}\right)$$
$$= \frac{1}{12} - \frac{1}{13} > 0$$

より

$0 < a < 1$ のとき，

$0 < b < a$ または $1 < b < \dfrac{1}{a}$

が成り立つので

$$\log_a b > \log_b a$$
$$\log_p r > \log_r p$$

が成り立つ。

以上より，正しいものは

$$\log_p q < \log_q p \ \text{かつ} \ \log_p r > \log_r p \ (\textcircled{2})$$

◀◀ 答

である。

> $0 < a < 1$
>
> ここでは，$0 < a < 1$ のとき，$1 < b < \dfrac{1}{a}$ が成り立っている。
>
> （3）の④が成り立つ。
>
> $a = p, \ b = r$ より。

✔ POINT

❗ 数学事象の活用

　本問は最初に「$\log_a b$ と $\log_b a$ の大小関係を調べることにした」とあり，（1）〜（3）の考察において，$\log_a b > \log_b a$　$(a > 0, \ a \neq 1, \ b > 0, \ b \neq 1)$ をみたすのは

$a > 1$ のとき，$\dfrac{1}{a} < b < 1$ または $a < b$

$0 < a < 1$ のとき，$0 < b < a$ または $1 < b < \dfrac{1}{a}$

が成り立つことを求めている。そして，このことを（4）で活用しているところに共通テストらしさが見られる問題である。

（1）$\log_{10}10 = \boxed{\quad ア \quad}$ である。また，$\log_{10}5$，$\log_{10}15$ をそれぞれ $\log_{10}2$ と $\log_{10}3$ を用いて表すと

$$\log_{10}5 = \boxed{\quad イ \quad} \log_{10}2 + \boxed{\quad ウ \quad}$$

$$\log_{10}15 = \boxed{\quad エ \quad} \log_{10}2 + \log_{10}3 + \boxed{\quad オ \quad}$$

となる。

（2）太郎さんと花子さんは，15^{20} について話している。

以下では，$\log_{10}2 = 0.3010$，$\log_{10}3 = 0.4771$ とする。

> 太郎：15^{20} は何桁の数だろう。
>
> 花子：15 の 20 乗を求めるのは大変だね。$\log_{10}15^{20}$ の整数部分に着目
> してみようよ。

$\log_{10}15^{20}$ は

$$\boxed{\quad カキ \quad} < \log_{10}15^{20} < \boxed{\quad カキ \quad} + 1$$

を満たす。よって，15^{20} は $\boxed{\quad クケ \quad}$ 桁の数である。

> 太郎：15^{20} の最高位の数字も知りたいね。だけど，$\log_{10}15^{20}$ の整数部
> 分にだけ着目してもわからないな。
>
> 花子：$N \cdot 10^{\boxed{カキ}} < 15^{20} < (N+1) \cdot 10^{\boxed{カキ}}$ を満たすような正の整数
> N に着目してみたらどうかな。

$\log_{10}15^{20}$ の小数部分は $\log_{10}15^{20} - \boxed{\quad カキ \quad}$ であり

$$\log_{10}\boxed{\quad コ \quad} < \log_{10}15^{20} - \boxed{\quad カキ \quad} < \log_{10}\left(\boxed{\quad コ \quad} + 1\right)$$

が成り立つので，15^{20} の最高位の数字は $\boxed{\quad サ \quad}$ である。

基本事項の確認

■ 常用対数

$N = a \times 10^n$（$1 \leqq a < 10$，n は整数）について

$$\log_{10}N = n + \log_{10}a$$

であり，$0 \leqq \log_{10}a < 1$ をみたす。n が正の整数であるとき，N の整数部分の桁数は $n+1$ となる。

解答・解説

（1）$\log_{10}10 = 1$ ◀◀答

$\log_{10}5 = \log_{10}\dfrac{10}{2} = \log_{10}10 - \log_{10}2$

$\qquad = -\log_{10}2 + 1$ ◀◀答

$\log_{10}15 = \log_{10}(5 \cdot 3) = \log_{10}5 + \log_{10}3$

$\qquad = (-\log_{10}2 + 1) + \log_{10}3$

$\qquad = -\log_{10}2 + \log_{10}3 + 1$ ◀◀答

となる。

（2）15^{20} は何桁の数であるかを調べる。（1）より

$\log_{10}15 = -0.3010 + 0.4771 + 1 = 1.1761$

であるから

$\log_{10}15^{20} = 20\log_{10}15 = 20 \cdot 1.1761$

$\qquad\qquad = 23.5220$

したがって

$23 < \log_{10}15^{20} < 23 + 1$ ◀◀答

を満たす。よって

$10^{23} < 15^{20} < 10^{24}$

であるから，15^{20} は24桁の数である。 ◀◀答

15^{20} の最高位の数字は何であるかを調べる。

$\log_{10}15^{20}$ の小数部分は

$\log_{10}15^{20} - 23 = 0.5220$

したがって

$\log_{10}3 = 0.4771$

$\log_{10}4 = \log_{10}2^2 = 2\log_{10}2$

$\qquad = 2 \cdot 0.3010 = 0.6020$

より

$0.4771 < 0.5220 < 0.6020$

であるから

$\log_{10}3 < \log_{10}15^{20} - 23 < \log_{10}(3+1)$ ◀◀答

$\log_{10}3 + 23 < \log_{10}15^{20} < \log_{10}4 + 23$

$\log_{10}3 + \log_{10}10^{23} < \log_{10}15^{20} < \log_{10}4 + \log_{10}10^{23}$

$\log_{10}(3 \cdot 10^{23}) < \log_{10}15^{20} < \log_{10}(4 \cdot 10^{23})$

底10は1より大きいので

$\log_{10}10^{23} < \log_{10}15^{20}$

$\qquad\qquad < \log_{10}10^{24}$

$\log_{10}15^{20}$ の整数部分は23
である。

$$3 \cdot 10^{23} < 15^{20} < 4 \cdot 10^{23}$$

よって，15^{20} の最高位の数字は 3 である。◀◀ 答

❗ 常用対数の活用

本問は 15^{20} の桁数や最高位の数字を求めるのに常用対数を活用する問題であり，数学の事象を様々な問題の解決に用いるところに共通テストらしさがある。

ある正の整数 N が n 桁の数であるとき

$$10^{n-1} \leqq N < 10^n \iff n-1 \leqq \log_{10} N < n$$

であり，N の最高位の数を a $(a=1, 2, \cdots, 9)$ とすると

$$a \times 10^{n-1} \leqq N < (a+1) \times 10^{n-1}$$

である。

また，小数第 n 位に初めて 0 でない数が現れる正の小数 N について

$$\frac{1}{10^n} \leqq N < \frac{1}{10^{n-1}} \iff 10^{-n} \leqq N < 10^{-n+1}$$

$$\iff -n \leqq \log_{10} N < -n+1$$

である。

【MEMO】

演習1 (解答は13ページ)

（1） $f(x)=2^x+2^{-x}$ とする。

（ i ） $f(x)$ の最小値を求めよう。

$2^x>0$ かつ $2^{-x}>0$ より，相加平均と相乗平均の関係を用いると

$$2^x+2^{-x}\geqq \boxed{\ \text{ア}\ }$$

であり，等号は $x=\boxed{\ \text{イ}\ }$ のときに成り立つので，$f(x)$ は $x=\boxed{\ \text{イ}\ }$ の

ときに最小値 $\boxed{\ \text{ア}\ }$ をとる。

（ ii ） $f(x)$ のとり得る値の範囲を次の**構想**によって求めることを考える。

---構想---

$2^x+2^{-x}=t$ とおき，両辺に 2^x をかけてこの式を整理すると

$$(2^x)^2-t\cdot 2^x+1=0$$

であり，$X=2^x$ とおくと

$$X^2-tX+1=0 \quad\cdots\cdots\cdots\cdots\cdots\cdots\cdots\cdots(*)$$

であることから，$X>0$ であることに着目して，X の2次方程式
$(*)$ が正の実数解をもつときの t の値の範囲を調べる。

例えば，$t=\boxed{\ \text{ア}\ }$ のとき $x=\boxed{\ \text{イ}\ }$ であり，$t=4$ のとき $x=\boxed{\ \text{ウ}\ }$

である。

$\boxed{\ \text{ウ}\ }$ については，最も適当なものを，次の⓪〜⑤のうちから一つ選べ。

⓪ $2+\sqrt{3}$ 　　　① $2-\sqrt{3}$ 　　　② $2\pm\sqrt{3}$

③ $\log_2(2+\sqrt{3})$ 　④ $\log_2(2-\sqrt{3})$ 　⑤ $\log_2(2\pm\sqrt{3})$

実際，$t\geqq\boxed{\ \text{ア}\ }$ を満たすすべての実数に対し，$2^x+2^{-x}=t$ を満たす x
の値が少なくとも一つは定まることから，$f(x)$ のとり得る値の範囲は
$f(x)\geqq\boxed{\ \text{ア}\ }$ であることが求められる。

（2）x, a を実数とする。x についての方程式

$$4^x + 4^{-x} - 8(2^x + 2^{-x}) + a = 0 \qquad \cdots\cdots\cdots\cdots\cdots\cdots (**)$$

を満たす異なる実数 x の値が三つ求まるような a の値を求めよう。

（1）と同じように $2^x + 2^{-x} = t$ とおくと

$$t^2 - \boxed{\text{エ}}\ t + a - \boxed{\text{オ}} = 0$$

であるから，求める a の値は $a = \boxed{\text{カキ}}$ である。

また，$a = \boxed{\text{カキ}}$ のとき，$(**)$ を満たす実数 x の値は

$$x = \boxed{\text{ク}} \quad \text{または} \quad x = \log_2\left(\boxed{\text{ケ}} \pm \boxed{\text{コ}} \sqrt{\boxed{\text{サ}}}\ \right)$$

である。

k を実数とする。x についての方程式

$$\log_2(14-x)(x+2)=k \quad\cdots\cdots\cdots\cdots\cdots\cdots\cdots① $$

が k の値によってどのような実数解をもつかを調べることにした。

（1） $\log_2(14-x)(x+2)$ において x のとり得る値の範囲を，次の ⓪〜⑦ のうちから一つ選べ。 | ア |

| ア | の解答群

⓪	$-2<x<14$	①	$-2\leqq x<14$
②	$-2<x\leqq14$	③	$-2\leqq x\leqq14$
④	$x<-2$ または $x>14$	⑤	$x\leqq-2$ または $x>14$
⑥	$x<-2$ または $x\geqq14$	⑦	$x\leqq-2$ または $x\geqq14$

そして，方程式①が実数解をもつような k の値の範囲を，次の ⓪〜⑦ のうちから一つ選べ。 | イ |

| イ | の解答群

⓪	$0<k<6$	①	$0\leqq k<6$	②	$0<k\leqq6$	③	$0\leqq k\leqq6$
④	$k<6$	⑤	$k\leqq6$	⑥	$k>6$	⑦	$k\geqq6$

（2） (ⅰ)〜(ⅲ) の k の値における方程式①の解について，正しく述べているものを，次の ⓪〜⑤ のうちから一つずつ選べ。

(ⅰ) $k=4$ のとき　　　　| ウ |

(ⅱ) $k=4+\log_23$ のとき　| エ |

(ⅲ) $k=4+\log_27$ のとき　| オ |

| ウ |〜| オ | の解答群（同じものを繰り返し選んでもよい。）

⓪ 実数解をもたない。

① 整数の解をちょうど一つもつ。

② 無理数の解をちょうど一つもつ。

③ 異なる整数の解をちょうど二つもつ。

④ 異なる無理数の解をちょうど二つもつ。

⑤ 異なる実数解を三つ以上もつ。

演習3 (解答は16ページ)

　先生と太郎さんは，次の問題とその解答について話している。二人の会話を
読んで，下の問いに答えよ。

【問題】

　a を1でない正の実数とする。不等式

$$\log_a(6x^2-11x+4) \geqq \log_a(x-2)^2 \quad \text{……………………} ①$$

が成り立つような x の値の範囲を求めよ。

─太郎さんの解答─

　①より

$$\log_a(2x-1)(3x-4) \geqq 2\log_a(x-2) \quad \text{………………} ②$$

であり，真数の条件より

$$(2x-1)(3x-4)>0 \text{ かつ } x-2>0$$

すなわち

$$x>2 \quad \text{……………………………………} ③$$

である。

(i) $a>1$ のとき，①より

$$6x^2-11x+4 \geqq (x-2)^2$$

ゆえに

$$x \leqq 0, \ x \geqq \frac{7}{5} \quad \text{………………………} ④$$

であり，③，④より

$$x>2$$

(ii) $0<a<1$ のとき，①より

$$6x^2-11x+4 \leqq (x-2)^2$$

ゆえに

$$0 \leqq x \leqq \frac{7}{5} \quad \text{………………………} ⑤$$

であり，③，⑤より，これを満たす実数 x は存在しない。

先生「①に $x=0$ を代入すると，左辺も右辺も $\log_a 4$ となるので，$x=0$ でも①
　　の不等式は成り立ちますね。」

太郎「どこで間違えてしまったのだろう。」

先生「②ではなく，①で真数の条件を考えるとどうかな。」

太郎「ひょっとして真数の条件は ア ということですか。」

先生「そのとおりです。よく気づきましたね。」

（1） ア に当てはまるものを，次の ⓪〜③ のうちから一つ選べ。

ア の解答群

⓪ $\dfrac{1}{2}<x<\dfrac{4}{3},\ x>2$

① $x<\dfrac{1}{2},\ \dfrac{1}{2}<x<\dfrac{4}{3},\ \dfrac{4}{3}<x<2,\ x>2$

② $x<\dfrac{1}{2},\ \dfrac{4}{3}<x<2$

③ $x<\dfrac{1}{2},\ \dfrac{4}{3}<x<2,\ x>2$

（2）正しい x の値の範囲を求めると

（ⅰ）$a>1$ のとき

$$x\leqq \boxed{\ \text{イ}\ },\ \dfrac{\boxed{\ \text{ウ}\ }}{\boxed{\ \text{エ}\ }}\leqq x<\boxed{\ \text{オ}\ },\ x>\boxed{\ \text{カ}\ }$$

（ⅱ）$0<a<1$ のとき

$$\boxed{\ \text{キ}\ }\leqq x<\dfrac{\boxed{\ \text{ク}\ }}{\boxed{\ \text{ケ}\ }},\ \dfrac{\boxed{\ \text{コ}\ }}{\boxed{\ \text{サ}\ }}<x\leqq \dfrac{\boxed{\ \text{シ}\ }}{\boxed{\ \text{ス}\ }}$$

である。

演習4 （解答は17ページ）

ある薬Dの有効成分について，薬Dを1錠服用すると，1時間後には，体内残量が80％に減少することがわかっている。つまり，薬Dを1錠服用してからn時間後の有効成分の体内残量は$\left(\dfrac{4}{5}\right)^n$である。

このとき，次の問いに答えよ。ただし，必要であれば$\log_{10}2 = 0.3010$を用いてよい。

（1）薬Dを1錠服用してからの有効成分の体内残量が25％よりも少なくなるのは，薬Dを1錠服用してから6時間x分後である。xの値について正しいものを，次の⓪〜⑤のうちから一つ選べ。$\boxed{\text{ ア }}$

$\boxed{\text{ ア }}$ の解答群

⓪ $10 \leqq x < 11$	① $11 \leqq x < 12$	② $12 \leqq x < 13$
③ $13 \leqq x < 14$	④ $14 \leqq x < 15$	⑤ $15 \leqq x < 16$

（2）薬Dを1錠服用してから24時間後の有効成分の体内残量はy％である。yの値について正しいものを，次の⓪〜⑤のうちから一つ選べ。$\boxed{\text{ イ }}$

$\boxed{\text{ イ }}$ の解答群

⓪ $0 < y < 0.25$	① $0.25 \leqq y < 0.5$	② $0.5 \leqq y < 0.75$
③ $0.75 \leqq y < 1$	④ $1 \leqq y < 1.25$	⑤ $1.25 \leqq y < 1.5$

【MEMO】

第4章　図形と方程式

a, k を実数とする。座標平面上に 3 直線

$$x + ky + 1 = 0 \quad \cdots\cdots\cdots\cdots\cdots\cdots\cdots\cdots\cdots\cdots\cdots\cdots ①$$

$$kx - y + 3 = 0 \quad \cdots\cdots\cdots\cdots\cdots\cdots\cdots\cdots\cdots\cdots\cdots\cdots ②$$

$$x + ay + 1 = 0 \quad \cdots\cdots\cdots\cdots\cdots\cdots\cdots\cdots\cdots\cdots\cdots\cdots ③$$

がある。太郎さんと花子さんは，a や k の値によって 3 直線の位置関係がどのようになるかを考えることにした。

> 太郎：直線の式を見比べてみて気づくことはないかな。
>
> 花子：①と③の式を見比べると，①の k を a に書き換えれば③と同じ式
> になるから，$a = k$ のときは，①と③は同じ直線を表しているね。
>
> 太郎：$a \neq k$ のときはどうなるのかな。
>
> 花子：①と③の辺々の差をとって整理すると $(k-a)y = 0$ になるね。

（1）$a \neq k$ のとき，2 直線①と③は a, k の値に関わらず，点 $\left(\boxed{\text{アイ}} , \boxed{\text{ウ}} \right)$ で交わることがわかる。

> 太郎：①と②についてはどうかな。
>
> 花子：x, y の係数に注目すると何かわかりそうだよ。

（2）2 直線①と②について成り立つこととして正しいものを，次の⓪〜③のうちから一つ選べ。$\boxed{\text{エ}}$

$\boxed{\text{エ}}$ の解答群

> ⓪ k の値に関係なく，2 直線①と②は垂直である。
>
> ① $k = 0$ のときを除き，2 直線①と②は垂直である。
>
> ② k の値に関係なく，2 直線①と②は平行である。
>
> ③ $k = 0$ のときを除き，2 直線①と②は平行である。

（3）3直線①，②，③の位置関係についての説明として正しいものを，次の⓪～③
のうちから一つ選べ。 オ

オ の解答群

⓪ $a \neq k$ のとき，どの2直線も平行になることはない。
① 3直線が1点で交わることはない。
② 3直線で囲まれた部分が三角形になるとき，必ず直角三角形である。
③ $ak = -1$ のとき，3直線はつねに1点で交わる。

4

図形と方程式

基本事項の確認

■ **2直線の平行条件・垂直条件**

異なる2直線 $y = mx + n$, $y = m'x + n'$ について

　　　2直線が平行 $\Longleftrightarrow m = m'$

　　　2直線が垂直 $\Longleftrightarrow mm' = -1$

異なる2直線 $ax + by + c = 0$, $a'x + b'y + c' = 0$ について

　　　2直線が平行 $\Longleftrightarrow ab' - ba' = 0$

　　　2直線が垂直 $\Longleftrightarrow aa' + bb' = 0$

■ **2直線が一致する条件**

　　　2直線 $y = mx + n$, $y = m'x + n'$ が一致

　$\Longleftrightarrow m = m'$ かつ $n = n'$

$a \neq 0$ かつ $b \neq 0$ かつ $c \neq 0$ のとき

　　　2直線 $ax + by + c = 0$, $a'x + b'y + c' = 0$ が一致

　$\Longleftrightarrow \dfrac{a'}{a} = \dfrac{b'}{b} = \dfrac{c'}{c} = k \quad (k \neq 0)$

（**1**）$(k-a)y=0$ より，$a \neq k$ のとき

   $y=0$

であり，$y=0$ を①，③の式のどちらに代入しても

   $x+1=0$

ゆえに

   $x=-1$

である。

   よって，$a \neq k$ のとき，2直線①と③は，a, k の値に関わらず点 $(-1,\ 0)$ を通るから，2直線①と③の交点は

   $(-1,\ 0)$ ◀◀答

である。

（**2**）2直線①と②について

   $1 \cdot k + k \cdot (-1) = k - k = 0$

であるから，2直線①と②は，k の値に関係なく，垂直であることがわかる。

   また，$1 \cdot (-1) = k \cdot k$ すなわち $-1 = k^2$ を満たす k は存在しないので，2直線①と②が平行になることはない。よって

   k **の値に関係なく，2直線①と②は垂直**

   である。（⓪）

が正しい。◀◀答

（**3**）⓪は，（1）より，2直線①と③は平行でなく，（2）より，2直線①と②も平行でないので，2直線②と③が平行になるときがあるかどうかを調べる。2直線②と③が平行になるとき

   $ak - (-1) \cdot 1 = 0$

ゆえに

   $ak = -1$

であり，2直線②と③が平行になる場合があるので，正しくない。

   ⓪は，直線②が点 $(-1,\ 0)$ を通るときに3直線が1点で交わる。このときの k の値を求めると

   $k \cdot (-1) - 0 + 3 = 0$

$a \neq k$ のとき $k-a \neq 0$ である。

$a \neq k$ のとき，①と③は異なる直線である。

2直線 $ax+by+c=0$, $a'x+b'y+c'=0$ において，$aa'+bb'=0$ であれば，2直線は垂直である。

異なる2直線
$ax+by+c=0$,
$a'x+b'y+c'=0$ において，$ab'-ba'=0$ であれば，2直線は平行である。

ゆえに

$$k = 3 \quad \cdots\cdots\cdots\cdots\cdots\cdots\cdots\cdots\cdots (*)$$

となり，3直線が1点で交わる場合があるので，正しくない。

②は，(2)より2直線①と②が垂直であるから，3直線で囲まれた部分が三角形であれば，三角形の内角の1つが必ず直角になるので，正しい。

③は，(*)より，3直線が1点で交わるのは $k = 3$ のときであり，$ak = -1$ を満たすのは，$a = -\dfrac{1}{3}$，$k = 3$ の場合に限られる。また，このとき②と③は一致するので，正しくない。

以上より，正しいものは②である。◀

✓ POINT

■ 3直線の位置関係について

(3)で3直線の位置関係を考えるときに，直線②が点 (0, 3) を通る直線であることを使ってもよいだろう。実際，3直線については

直線①，③：直線 $y = 0$ を除く，点 $(-1, 0)$
を通る直線

直線②：直線 $x = 0$ を除く，点 $(0, 3)$ を通
る直線

であることがわかるので，右の図を参考に，3直線を動かしてみることで

（ⅰ）直線②と③が平行

（ⅱ）直線②が $(-1, 0)$ を通る

となる場合があることは予想可能である。

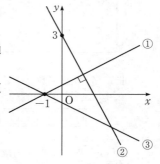

（1）座標平面上に点 A をとる。点 P が放物線 $y=x^2$ 上を動くとき，線分 AP の中点 M の軌跡を考える。

（ⅰ）点 A の座標が$(0，-2)$のとき，点 M の軌跡の方程式として正しいものを，次の⓪～⑤のうちから一つ選べ。 ア

ア の解答群

⓪ $y=x^2-1$	① $y=2x^2-1$	② $y=\dfrac{1}{2}x^2-1$
③ $y=|x|-1$	④ $y=2|x|-1$	⑤ $y=\dfrac{1}{2}|x|-1$

（ⅱ）p を実数とする。点 A の座標が$(p，-2)$のとき，点 M の軌跡は（ⅰ）の軌跡を x 軸方向に イ だけ平行移動したものである。 イ に当てはまるものを，次の⓪～⑤のうちから一つ選べ。

イ の解答群

⓪ $\dfrac{1}{2}p$	① p	② $2p$
③ $-\dfrac{1}{2}p$	④ $-p$	⑤ $-2p$

（ⅲ）$p，q$ を実数とする。点 A の座標が$(p，q)$のとき，点 M の軌跡と放物線 $y=x^2$ との共有点について正しいものを，次の⓪～⑤のうちから三つ選べ。 ウ ， エ ， オ

ウ ～ オ の解答群（解答の順序は問わない。）

⓪ $q=0$ のとき，共有点はつねに 2 個である。
① $q=0$ のとき，共有点が 1 個になるのは $p=0$ のときだけである。
② $q=0$ のとき，共有点は 0 個，1 個，2 個のいずれの場合もある。
③ $q<p^2$ のとき，共有点はつねに 0 個である。
④ $q=p^2$ のとき，共有点はつねに 1 個である。
⑤ $q>p^2$ のとき，共有点はつねに 0 個である。

（2）ある円 C 上を動く点 Q がある。下の図は定点 O $(0,\ 0)$, A_1 $(-9,\ 0)$, A_2 $(-5,\ -5)$, A_3 $(5,\ -5)$, A_4 $(9,\ 0)$ に対して，線分 OQ, A_1Q, A_2Q, A_3Q, A_4Q のそれぞれの中点の軌跡である。このとき，円 C の方程式として最も適当なものを，下の⓪〜⑦のうちから一つ選べ。 ┃ カ ┃

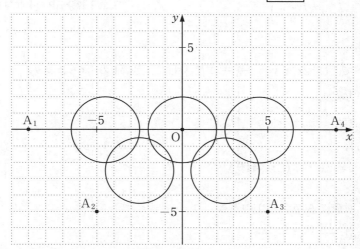

┃ カ ┃ の解答群

⓪ $x^2+y^2=1$	① $x^2+y^2=2$
② $x^2+y^2=4$	③ $x^2+y^2=16$
④ $x^2+(y+1)^2=1$	⑤ $x^2+(y+1)^2=2$
⑥ $x^2+(y+1)^2=4$	⑦ $x^2+(y+1)^2=16$

基本事項の確認

■ 軌跡の求め方

①動点の座標を $(x,\ y)$ とし，与えられた条件を $x,\ y$ についての関係式で表す。

②軌跡の方程式を求め，その方程式が表す図形を求める。

③その図形上のすべての点が条件をみたすことを確認する。

（1）（ⅰ）点 P の座標を $(t,\ t^2)$ とおく。このとき，中点 M の座標は

$$\mathrm{M}\left(\frac{t}{2},\ \frac{t^2-2}{2}\right)$$

である。

よって，$t=2x$ を $y=\dfrac{t^2-2}{2}$ に代入して，点 M の軌跡の方程式は

$$y=\frac{(2x)^2-2}{2}$$

すなわち

$$y=2x^2-1\ (\text{⓪})\ \blacktriangleleft\text{答}$$

である。

（ⅱ）同様に $\mathrm{A}(p,\ -2)$ のとき

$$\mathrm{M}\left(\frac{t+p}{2},\ \frac{t^2-2}{2}\right)$$

である。

$$t=2x-p=2\left(x-\frac{p}{2}\right)$$

なので，$p=0$ のときの軌跡（（ⅰ）の軌跡）を x 軸方向に $\dfrac{1}{2}p$ だけ平行移動したものである。（⓪）　$\blacktriangleleft\text{答}$

（ⅲ）同様に $\mathrm{A}(p,\ q)$ のとき

$$\mathrm{M}\left(\frac{t+p}{2},\ \frac{t^2+q}{2}\right)$$

これから t を消去して

$$y=2x^2-2px+\frac{p^2+q}{2}$$

これと $y=x^2$ を連立して，共有点の x 座標は 2 次方程式

$$x^2-2px+\frac{p^2+q}{2}=0$$

の解である。この判別式を D とすると

$$\frac{D}{4}=p^2-\frac{p^2+q}{2}=\frac{p^2-q}{2}$$

A$(a,\ b)$, P$(t,\ t^2)$ のとき，線分 AP の中点 M の座標は $\left(\dfrac{a+t}{2},\ \dfrac{b+t^2}{2}\right)$

$x=\dfrac{t}{2}$ より。

$x=\dfrac{t+p}{2}$ より。

M の y 座標は $\dfrac{t^2-2}{2}$ で変わらないので，x 軸方向にだけ平行移動している。

$y=\dfrac{(2x-p)^2+q}{2}$ より。

共有点の個数について考察するので，2 次方程式の実数解の個数に着目する。

よって

$q = 0$ のとき，$\dfrac{D}{4} = \dfrac{p^2}{2} \geqq 0$

⓪〜②のうち，⓪が正しい。

$p^2 > q$ のとき，$\dfrac{D}{4} > 0$

③は正しくない。

$p^2 = q$ のとき，$\dfrac{D}{4} = 0$

④は正しい。

$p^2 < q$ のとき，$\dfrac{D}{4} < 0$

⑤は正しい。

であるから，正しいものは⓪，④，⑤である。◀◀(答)

（2）線分 OQ の中点の軌跡が O を中心とする半径 2 の円であることから，円 C の方程式は，O を中心とする半径 4 の円である。よって，円 C の方程式は

$$x^2 + y^2 = 4^2$$

ゆえに

$$x^2 + y^2 = 16 \ (③)$$ ◀◀(答)

である。

円 $x^2 + y^2 = 16$ は次の図のように，点 A_3 を相似の中心として，円 $\left(x - \dfrac{5}{2}\right)^2 + \left(y + \dfrac{5}{2}\right)^2 = 4$ を 2 倍に拡大したものであり，条件を満たす。他の点 A_1，A_2，A_4 についても，同様に条件を満たす。

ここでは，線分 OQ の中点の軌跡が O を中心とする半径 2 の円であることに着目して円 C の方程式を求めた。

他の四つの円についても，$A_1 \sim A_4$ に対する中点の軌跡であることを確認する必要がある。

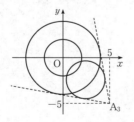

❗ 点Aについて拡張・一般化する問題

（1）は，（ⅰ）がA(0, −2)，（ⅱ）がA(p, −2)，（ⅲ）がA(p, q)のときとなっており，点Aの範囲を少しずつ拡張させながら点Mの軌跡について考察するところが共通テストらしい出題となっている。

■ 総合的な力が試される問題

（2）は，中点の軌跡を題材としている点は（1）と共通であるが，円で表された5つの軌跡から点Qが動く円Cの方程式を求めさせる内容となっており，総合的な力が試されている。

本問は5点O，A_1，A_2，A_3，A_4と5つの円の位置関係から，Oと，Oを中心とする半径2の円に着目して，円$C : x^2 + y^2 = 16$ を見つけたあとに，残りの4点A_1，A_2，A_3，A_4とそれらに対応する中点の軌跡においても，Cが条件をみたすことを確認する必要がある。ただし，試験においては，1つ1つを丁寧に処理する時間はないため，「解答・解説」のように位置関係をざっと確認するにとどめておこう。

例題 3 2022年度本試

座標平面上に点 A $(-8, 0)$ をとる。また，不等式

$$x^2 + y^2 - 4x - 10y + 4 \leqq 0$$

の表す領域を D とする。

（1）領域 D は，中心が点（ ア ， イ ），半径が ウ の円の エ

である。

エ の解答群

⓪ 周	① 内部	② 外部
③ 周および内部	④ 周および外部	

以下，点（ ア ， イ ）を Q とし，方程式

$$x^2 + y^2 - 4x - 10y + 4 = 0$$

の表す図形を C とする。

（2）点 A を通る直線と領域 D が共有点をもつのはどのようなときかを考えよう。

（i）（1）により，直線 $y =$ オ は点 A を通る C の接線の一つとなることがわかる。

太郎さんと花子さんは点 A を通る C のもう一つの接線について話している。

点 A を通り，傾きが k の直線を ℓ とする。

> 太郎：直線 ℓ の方程式は $y = k(x+8)$ と表すことができるから，これを
> $$x^2 + y^2 - 4x - 10y + 4 = 0$$
> に代入することで接線を求められそうだね。
>
> 花子：x 軸と直線 AQ のなす角のタンジェントに着目することでも求められそうだよ。

（ⅱ）太郎さんの求め方について考えてみよう。

$y = k(x+8)$ を $x^2 + y^2 - 4x - 10y + 4 = 0$ に代入すると，x についての2次方程式

$$(k^2+1)x^2 + (16k^2 - 10k - 4)x + 64k^2 - 80k + 4 = 0$$

が得られる。この方程式が $\boxed{\text{カ}}$ ときの k の値が接線の傾きとなる。

$\boxed{\text{カ}}$ の解答群

⓪ 重解をもつ
① 異なる二つの実数解をもち，一つは 0 である
② 異なる二つの正の実数解をもつ
③ 正の実数解と負の実数解をもつ
④ 異なる二つの負の実数解をもつ
⑤ 異なる二つの虚数解をもつ

（ⅲ）花子さんの求め方について考えてみよう。

x 軸と直線 AQ のなす角を $\theta \left(0 < \theta \leqq \dfrac{\pi}{2}\right)$ とすると

$$\tan\theta = \frac{\boxed{\text{キ}}}{\boxed{\text{ク}}}$$

であり，直線 $y = \boxed{\text{オ}}$ と異なる接線の傾きは $\tan \boxed{\text{ケ}}$ と表すことができる。

$\boxed{\text{ケ}}$ の解答群

⓪ θ	① 2θ	② $\left(\theta + \dfrac{\pi}{2}\right)$
③ $\left(\theta - \dfrac{\pi}{2}\right)$	④ $(\theta + \pi)$	⑤ $(\theta - \pi)$
⑥ $\left(2\theta + \dfrac{\pi}{2}\right)$	⑦ $\left(2\theta - \dfrac{\pi}{2}\right)$	

(iv) 点 A を通る C の接線のうち，直線 $y=$ オ と異なる接線の傾きを k_0 とする。このとき，（ⅱ）または（ⅲ）の考え方を用いることにより

$$k_0 = \frac{コ}{サ}$$

であることがわかる。

直線 ℓ と領域 D が共有点をもつような k の値の範囲は シ である。

シ の解答群

⓪ $k > k_0$	① $k \geqq k_0$
② $k < k_0$	③ $k \leqq k_0$
④ $0 < k < k_0$	⑤ $0 \leqq k \leqq k_0$

基本事項の確認

■ 円の方程式

点 (a, b) を中心とし，半径を r とする円の方程式は

$$(x-a)^2 + (y-b)^2 = r^2$$

一般形は

$$x^2 + y^2 + \ell x + my + n = 0 \quad (\ell^2 + m^2 - 4n > 0)$$

（ **1** ）不等式 $x^2+y^2-4x-10y+4\leqq0$ を変形すると
$$(x-2)^2-4+(y-5)^2-25+4\leqq0$$
$$(x-2)^2+(y-5)^2\leqq5^2$$
であるから，領域 D は中心が点 $(2，5)$，半径が 5 の
円の周および内部（⓪）である。◀◀答

円の中心と半径がわかる
ように
$$(x-a)^2+(y-b)^2=r^2$$
の形を目指して変形する。

（ **2** ）（ ⅰ ）（1）により，点 Q と円 C は次の図のよう
になるので，
$$直線\ \boldsymbol{y=0}\ (x\ 軸)　◀◀答$$
は点 A を通る C の接線の一つである。

点 A$(-8，0)$ を通るので，
直線 $y=0$ に定まる。

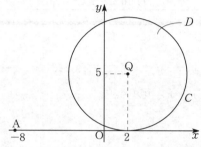

（ ⅱ ）ℓ の方程式 $y=k(x+8)$ を C の方程式
$$x^2+y^2-4x-10y+4=0$$
に代入すると，x についての 2 次方程式
$$(k^2+1)x^2+(16k^2-10k-4)x$$
$$+64k^2-80k+4=0　\cdots\cdots\cdots①$$
が得られる。

①の方程式の実数解が ℓ と C の共有点の x 座標と
対応するので，ℓ と C が接するのは共有点を 1 つだけ
もつときである。よって，①の方程式が重解をもつ
（⓪）ときの k の値が接線の傾きとなる。◀◀答

（ ⅲ ）x 軸と直線 AQ のなす角を $\theta\left(0<\theta\leqq\dfrac{\pi}{2}\right)$ とす

ると，$\tan\theta$ は直線 AQ の傾きであるから
$$\boldsymbol{\tan\theta}=\frac{5}{2-(-8)}=\frac{1}{2}　◀◀答$$
であり，直線 $y=0$ と異なる接線の傾きは $\boldsymbol{\tan2\theta}$（⓪）

$$\tan\theta=\frac{(y の増加量)}{(x の増加量)}$$

と表すことができる。◀◀答

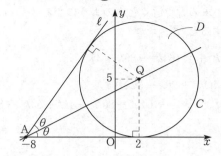

（iv）（iii）の考え方で解く。

$$k_0 = \tan 2\theta = \frac{2\tan\theta}{1-\tan^2\theta}$$

$$= \frac{2 \cdot \dfrac{1}{2}}{1-\left(\dfrac{1}{2}\right)^2} = \frac{4}{3} \quad ◀◀答$$

であり，（iii）の図より，直線 ℓ と領域 D が共有点を
もつような k の値の範囲は $0 \leqq k \leqq k_0$ （⑤）である。

◀◀答

（ii）の考え方で解くこ
ともできる。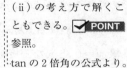
参照。

$\tan$ の2倍角の公式より。

✔ POINT

❗ 複数の見通しから最適なものを選択する

　本問は，条件をみたす円の接線の傾きを求めるにあたり，（2）（ii）の太郎
さんの求め方と（2）（iii）の花子さんの求め方という2つの見通しについて考
察して，どちらかの方法を選択して円の接線の傾きを求める問題である。複数
の見通しから最適なものを選択するところに共通テストらしさがある。

■ 別解

（2）（iv）を（ii）の太郎さんの求め方で解くと次のようになる。

①の方程式の判別式を D' とすると

$$\frac{D'}{4} = (8k^2 - 5k - 2)^2 - (k^2 + 1)(64k^2 - 80k + 4)$$

$$= (64k^4 + 25k^2 + 4 - 80k^3 + 20k - 32k^2)$$
$$- (64k^4 - 80k^3 + 4k^2 + 64k^2 - 80k + 4)$$

$$= -75k^2 + 100k$$

$$= -25k(3k - 4)$$

であり，①の方程式が重解をもつとき $D' = 0$ であるから

$$-25k(3k - 4) = 0 \quad \text{ゆえに} \quad k = 0, \ \frac{4}{3}$$

直線 $y = 0$ と異なる接線の傾きが k_0 なので

$$k_0 = \frac{4}{3}$$

また，（2）（iv）は次のように解くこともできる。

$y = k(x + 8)$ より $kx - y + 8k = 0$ であり，ℓ が C と接するとき，点 Q $(2, 5)$ と ℓ の距離は C の半径 5 に等しいから

$$\frac{|k \cdot 2 - 1 \cdot 5 + 8k|}{\sqrt{k^2 + (-1)^2}} = 5$$

$$\frac{|10k - 5|}{\sqrt{k^2 + 1}} = 5$$

$$|2k - 1| = \sqrt{k^2 + 1}$$

両辺を2乗して

$$(2k - 1)^2 = k^2 + 1$$

$$k(3k - 4) = 0$$

$$k = 0, \ \frac{4}{3}$$

直線 $y = 0$ と異なる接線の傾きが k_0 なので

$$k_0 = \frac{4}{3}$$

例題 4 2018年度試行調査

　100gずつ袋詰めされている食品AとBがある。1袋あたりのエネルギーは食品Aが200kcal，食品Bが300kcalであり，1袋あたりの脂質の含有量は食品Aが4g，食品Bが2gである。

（1）太郎さんは，食品AとBを食べるにあたり，エネルギーは1500kcal以下に，脂質は16g以下に抑えたいと考えている。食べる量(g)の合計が最も多くなるのは，食品AとBをどのような量の組合せで食べるときかを調べよう。ただし，一方のみを食べる場合も含めて考えるものとする。

（i）食品Aをx袋分，食品Bをy袋分だけ食べるとする。このとき，x, yは次の条件①，②を満たす必要がある。

　　　　　摂取するエネルギー量についての条件　　ア　…………①
　　　　　摂取する脂質の量についての条件　　　　イ　…………②

　ア　の解答群

⓪ $200x+300y\leqq1500$	① $200x+300y\geqq1500$
② $300x+200y\leqq1500$	③ $300x+200y\geqq1500$

　イ　の解答群

⓪ $2x+4y\leqq16$	① $2x+4y\geqq16$
② $4x+2y\leqq16$	③ $4x+2y\geqq16$

（ii）x, yの値と条件①，②の関係について正しいものを，次の⓪～③のうちから二つ選べ。　ウ , エ

　ウ , エ の解答群（解答の順序は問わない。）

⓪ $(x, y)=(0, 5)$ は条件①を満たさないが，条件②は満たす。
① $(x, y)=(5, 0)$ は条件①を満たすが，条件②は満たさない。
② $(x, y)=(4, 1)$ は条件①も条件②も満たさない。
③ $(x, y)=(3, 2)$ は条件①と条件②をともに満たす。

（ⅲ）条件①，②をともに満たす(x, y)について，食品AとBを食べる量の合計の最大値を二つの場合で考えてみよう。

　食品A，Bが1袋を小分けにして食べられるような食品のとき，すなわちx, yのとり得る値が実数の場合，食べる量の合計の最大値は$\boxed{\text{オカキ}}$gである。このときの(x, y)の組は

$$(x, y) = \left(\frac{\boxed{\text{ク}}}{\boxed{\text{ケ}}}, \ \frac{\boxed{\text{コ}}}{\boxed{\text{サ}}} \right)$$

である。

　次に，食品A，Bが1袋を小分けにして食べられないような食品のとき，すなわちx, yのとり得る値が整数の場合，食べる量の合計の最大値は$\boxed{\text{シスセ}}$gである。このときの(x, y)の組は$\boxed{\text{ソ}}$通りある。

（2）花子さんは，食品AとBを合計600 g以上食べて，エネルギーは1500 kcal以下にしたい。脂質を最も少なくできるのは，食品A，Bが1袋を小分けにして食べられない食品の場合，Aを$\boxed{\text{タ}}$袋，Bを$\boxed{\text{チ}}$袋食べるときで，そのときの脂質は$\boxed{\text{ツテ}}$gである。

■ 不等式が表す領域

直線 $y = ax + b$ について

　　$y > ax + b$ が表す領域は，直線 $y = ax + b$ の上側

　　$y < ax + b$ が表す領域は，直線 $y = ax + b$ の下側

である。

円 $(x-a)^2 + (y-b)^2 = r^2$ について

　　$(x-a)^2 + (y-b)^2 > r^2$ が表す領域は，円 $(x-a)^2 + (y-b)^2 = r^2$ の外部

　　$(x-a)^2 + (y-b)^2 < r^2$ が表す領域は，円 $(x-a)^2 + (y-b)^2 = r^2$ の内部

である。

解答・解説

（1）（ⅰ）摂取するエネルギー量についての条件は

$$200x + 300y \leqq 1500 \ (⓪)$$ ◀◀答 ………………①

摂取する脂質の量についての条件は

$$4x + 2y \leqq 16 \ (②)$$ ◀◀答 ………………②

（ⅱ）x, y の条件は

$$2x + 3y \leqq 15, \ 2x + y \leqq 8, \ x \geqq 0, \ y \geqq 0$$

であり，これらを満たす領域は図1のようになる。ただし，境界線を含む。また，図1内の①は直線 $2x + 3y = 15$，②は直線 $2x + y = 8$ を示す。

①より $2x + 3y \leqq 15$，②より $2x + y \leqq 8$ が得られる。

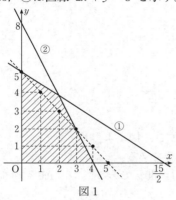

図1

⓪，②について

　　⓪：条件①，②をともに満たすため誤り。

　　②：条件②は満たさないが，条件①は満たすため誤り。

である。

⓪，③についても同様に調べることができる。

　よって，正しいものは①，③である。 ◀◀答

（ⅲ）食べる量は $100x + 100y$ である。

$100x + 100y = 100k$ とおくと，k は直線 $x + y = k$ の y 切片であるから，k が最大となるのは，図2のように直線 $x + y = k$ が2直線

$$2x + 3y = 15, \ 2x + y = 8$$

の交点 $\left(\dfrac{9}{4}, \ \dfrac{7}{2} \right)$ を通るときである。よって，このとき

の x と y の組は

$100x + 100y = k$ ではなく，$100x + 100y = 100k$ とおくと，k の値が求めやすくなる。

$$(x,\ y) = \left(\frac{9}{4},\ \frac{7}{2}\right) \ \blacktriangleleft\text{答}$$

である。このとき，$k = \dfrac{23}{4}$ である。

$k = \dfrac{9}{4} + \dfrac{7}{2}$

　よって，食べる量の合計の最大値は

$$100 \times \frac{23}{4} = 575\ (\text{g}) \ \blacktriangleleft\text{答}$$

食べる量は$100k(\text{g})$である。

である。

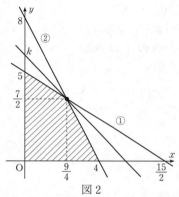

図 2

　次に，$x,\ y$ が負でない整数のとき，図 1 より，$k = 5$ のときが最大であり，$x + y = 5$ である。

　よって，食べる量の合計の最大値は**500g**である。

$100 \times 5 = 500(\text{g})$

$\blacktriangleleft\text{答}$

　また，$x + y = 5$ となる負でない整数 x と y の組は

$$(x,\ y) = (0,\ 5),\ (1,\ 4),\ (2,\ 3),\ (3,\ 2)$$

の 4 通りある。$\blacktriangleleft\text{答}$

（2）図 3 から，$2x + 3y \leqq 15$ を満たし，$x + y = 6$ となる負でない整数 $x,\ y$ の組は

食べる量の合計が 600g のときを考える。

$$(x,\ y) = (3,\ 3),\ (4,\ 2),\ (5,\ 1),\ (6,\ 0)$$

がある。候補はこのいずれかである。

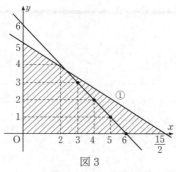

図3

x が小さいほど脂質は少ないので，最も少なくできるのは，$(x,\ y)=(3,\ 3)$ のとき。つまり，A を 3 袋，B を 3 袋食べるときで，そのときの脂質は

$$4\cdot 3+2\cdot 3=18\ (\mathrm{g})$$

である。◀◀ 答

4x+2y に x=3，y=3 を代入した。

✔ POINT

■ 領域における最大・最小

ある領域 D 内を点 $(x,\ y)$ が動くとき，$x,\ y$ で表された式の最大値や最小値を求める問題では，その式を「$=k$」などと文字でおくのが定石である。この方程式が表す座標平面上の図形を考え，D と共有点をもつときの k のとり得る値の範囲を考えればよい。本問の（1）では

$$2x+3y\leqq 15,\quad 2x+y\leqq 8,\quad x\geqq 0,\quad y\geqq 0$$

をみたす領域と直線 $x+y=k$ が共有点をもつときについて考えている。

❗ 線形計画法

本問のように，連立 1 次不等式で表された領域に対し，変数の 1 次式で表された式の最大値や最小値を考えることを**線形計画法**という。

本問は，線形計画法を用いて，食品を食べたときのエネルギーや脂質の摂取量について考える問題であり，日常事象を数学を用いて考察するところに共通テストらしさがある。

演習1 (解答は19ページ)

a, k を実数とする。座標平面上に3直線

$$x - ky = 0 \quad \cdots\cdots\cdots\cdots\cdots\cdots\cdots\cdots\cdots\cdots\cdots\cdots\cdots ①$$

$$x + ky = 2k \quad \cdots\cdots\cdots\cdots\cdots\cdots\cdots\cdots\cdots\cdots\cdots\cdots ②$$

$$(2a + 3)x + ay = 1 \quad \cdots\cdots\cdots\cdots\cdots\cdots\cdots\cdots\cdots ③$$

がある。

(1) $k = 1$ のとき、3直線①、②、③の位置関係について調べよう。

まず、①と②は異なる直線であり、交点の座標は $\left(\boxed{\text{ア}}, \boxed{\text{イ}} \right)$ である。

また、③は a の値に関係なく点 $\left(\dfrac{\boxed{\text{ウ}}}{\boxed{\text{エ}}}, \dfrac{\boxed{\text{オカ}}}{\boxed{\text{キ}}} \right)$ を通る直線である

が、①と②はどちらも点 $\left(\dfrac{\boxed{\text{ウ}}}{\boxed{\text{エ}}}, \dfrac{\boxed{\text{オカ}}}{\boxed{\text{キ}}} \right)$ は通らないので、①、②、③はそれぞれ異なる直線である。

そして、3直線①、②、③が1点で交わるのは $a = \dfrac{\boxed{\text{クケ}}}{\boxed{\text{コ}}}$ のときであり、$a = \dfrac{\boxed{\text{クケ}}}{\boxed{\text{コ}}}$ のとき以外で、3直線①、②、③によって三角形がつくられないのは $a = \boxed{\text{サシ}}$ と $a = \boxed{\text{スセ}}$ のときである。

ただし、$\boxed{\text{サシ}} < \boxed{\text{スセ}}$ とする。

（2）$k \neq 0$ のとき，3直線①，②，③の位置関係について調べよう。

　　このとき，2直線①と②は直線 $\boxed{\text{ソ}}$ に関して線対称である。

$\boxed{\text{ソ}}$ の解答群

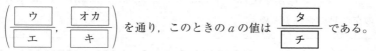

⓪ $x=0$	① $y=0$	② $x=1$	③ $y=1$

　　そして，直線②と③が同じ直線となるとき，この直線は点

$\left(\dfrac{\boxed{\text{ウ}}}{\boxed{\text{エ}}}, \dfrac{\boxed{\text{オカ}}}{\boxed{\text{キ}}} \right)$ を通り，このときの a の値は $\dfrac{\boxed{\text{タ}}}{\boxed{\text{チ}}}$ である。

（3）a の値が次の（ⅰ）〜（ⅲ）のようになるとき，3直線①，②，③によって三角形がつくられないような k の値はいくつあるか。

　　（ⅰ）$a = \dfrac{\boxed{\text{クケ}}}{\boxed{\text{コ}}}$ のとき　　$\boxed{\text{ツ}}$

　　（ⅱ）$a = \dfrac{\boxed{\text{タ}}}{\boxed{\text{チ}}}$ のとき　　$\boxed{\text{テ}}$

　　（ⅲ）$a = -\dfrac{3}{2}$ のとき　　$\boxed{\text{ト}}$

$\boxed{\text{ツ}} \sim \boxed{\text{ト}}$ の解答群（同じものを繰り返し選んでもよい。）

⓪ 存在しない。	① 一つだけ存在する。
② ちょうど二つ存在する。	③ ちょうど三つ存在する。
④ ちょうど四つ存在する。	⑤ ちょうど五つ存在する。
⑥ 無数に存在する。	

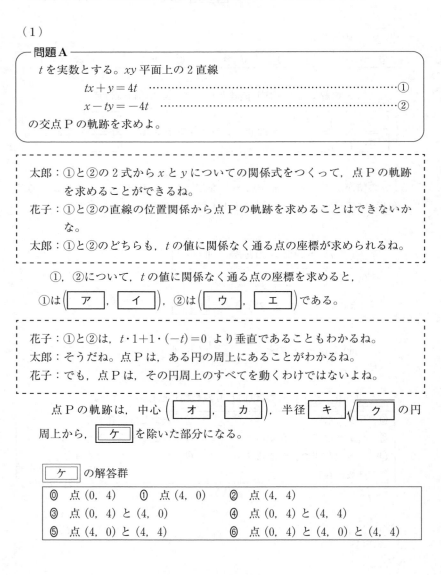

演習2 （解答は22ページ）

太郎さんと花子さんは次の**問題A**，**問題B**について話をしている。

（1）

─ 問題A ─────────────────────

t を実数とする。xy 平面上の2直線

$$tx + y = 4t \quad \cdots\cdots\cdots\cdots\cdots\cdots\cdots\cdots\cdots ①$$
$$x - ty = -4t \quad \cdots\cdots\cdots\cdots\cdots\cdots\cdots\cdots ②$$

の交点Pの軌跡を求めよ。

────────────────────────────

太郎：①と②の2式から x と y についての関係式をつくって，点Pの軌跡
　　　を求めることができるね。

花子：①と②の直線の位置関係から点Pの軌跡を求めることはできないか
　　　な。

太郎：①と②のどちらも，t の値に関係なく通る点の座標が求められるね。

　　①，②について，t の値に関係なく通る点の座標を求めると，

　①は $\left(\boxed{ア}, \boxed{イ} \right)$，②は $\left(\boxed{ウ}, \boxed{エ} \right)$ である。

花子：①と②は，$t \cdot 1 + 1 \cdot (-t) = 0$ より垂直であることもわかるね。

太郎：そうだね。点Pは，ある円の周上にあることがわかるね。

花子：でも，点Pは，その円周上のすべてを動くわけではないよね。

　　　点Pの軌跡は，中心 $\left(\boxed{オ}, \boxed{カ} \right)$，半径 $\boxed{キ} \sqrt{\boxed{ク}}$ の円

周上から，$\boxed{ケ}$ を除いた部分になる。

$\boxed{ケ}$ の解答群

⓪ 点 $(0, 4)$	① 点 $(4, 0)$	② 点 $(4, 4)$
③ 点 $(0, 4)$ と $(4, 0)$		④ 点 $(0, 4)$ と $(4, 4)$
⑤ 点 $(4, 0)$ と $(4, 4)$		⑥ 点 $(0, 4)$ と $(4, 0)$ と $(4, 4)$

（2）

問題B

t を実数とする。xy 平面上の 2 直線

$$(t+1)x + (t-1)y = 4(t+1) \qquad \cdots\cdots\cdots\cdots\cdots ③$$

$$tx - y = -4 \qquad \cdots\cdots\cdots\cdots ④$$

の交点 Q の軌跡を求めよ。

太郎：問題 **A** を解いたときと同じようにして解けるかな。③，④について，
t の値に関係なく通る点の座標は求められるね。

花子：でも，$(t+1)\cdot t + (t-1)\cdot(-1) = t^2 + 1$ だから，③と④は垂直とは
いえないね。

太郎：③と④の 2 式から x と y についての関係式をつくって，点 Q の軌跡
を求めてみよう。

実際に点 Q の軌跡を求めると

中心 $\left(\boxed{\text{コ}} , \boxed{\text{サ}} \right)$，半径 $\boxed{\text{シ}}$ の円周上から

点 $\left(\boxed{\text{ス}} , \boxed{\text{セ}} \right)$ を除いた部分

である。

太郎さんと花子さんは，プレゼント用に，1本100円で重さが10gのボールペンAと1本75円で重さが20gのボールペンBを，ボールペンの代金の合計は5000円以下，ボールペンの重さの合計は1000g以下になるように箱に詰めることにした。箱に詰めるボールペンAの本数をx，ボールペンBの本数をyとする。

このとき，x，yは次の条件①，②を満たす必要がある。

ボールペンの代金についての条件	ア	…………①
ボールペンの重さについての条件	イ	…………②

ア の解答群

⓪　$4x+3y\leqq 200$	①　$4x+3y\geqq 200$
②　$3x+4y\leqq 200$	③　$3x+4y\geqq 200$

イ の解答群

⓪　$2x+y\leqq 100$	①　$2x+y\geqq 100$
②　$x+2y\leqq 100$	③　$x+2y\geqq 100$

（1）太郎さんは，箱に詰めるボールペンの本数の合計をなるべく多くしたいと考えた。このとき，箱に詰めるボールペンの本数の合計の最大値は ウエ 本である。

（2）花子さんは，ボールペンAの本数がボールペンBの本数の2倍以上になるようにしたうえで，箱に詰めるボールペンの本数の合計をなるべく多くしたいと考えた。このとき，条件①，②に加えて，次の条件を満たす必要がある。

ボールペンの本数についての条件　オ

オ の解答群

⓪　$x\geqq 2y$	①　$x\leqq 2y$	②　$2x\geqq y$	③　$2x\leqq y$

このとき，箱に詰めるボールペンの本数の合計の最大値は カキ 本である。

演習4 (解答は25ページ)

連立不等式
$$\begin{cases} x^2+y^2-6x-6y+14 \leqq 0 \\ x+y-8 \leqq 0 \end{cases}$$

の表す領域を D とする。方程式
$$x^2+y^2-6x-6y+14=0$$

が表す円を C とすると，C は中心 $\left(\boxed{\text{ア}}, \boxed{\text{イ}} \right)$，半径 $\boxed{\text{ウ}}$ の円である。また，方程式
$$x+y-8=0$$

が表す直線を l とすると，C と l の交点は

$$\left(\boxed{\text{エ}}, \boxed{\text{オ}} \right) \text{ および } \left(\boxed{\text{カ}}, \boxed{\text{キ}} \right)$$

である。ただし，$\left(\boxed{\text{エ}}, \boxed{\text{オ}} \right)$ と $\left(\boxed{\text{カ}}, \boxed{\text{キ}} \right)$ の解答の順序は問わない。

（1）点 (x, y) が D を動くとき，$2x+y$ の最大値は $\boxed{\text{クケ}}$，最小値は $\boxed{\text{コ}} - \boxed{\text{サ}} \sqrt{\boxed{\text{シ}}}$ である。

（2）a, b を正の定数とする。点 (x, y) が D を動くときの $ax+by$ の最大値が $5a+3b$ となるとき，$\boxed{\text{ス}}$ である。

$\boxed{\text{ス}}$ の解答群（同じものを繰り返し選んでもよい。）

⓪ $a=b$	① $a \leqq b$	② $a \geqq b$
③ $\sqrt{3}a=b$	④ $\sqrt{3}a \leqq b$	⑤ $\sqrt{3}a \geqq b$
⑥ $a=\sqrt{3}b$	⑦ $a \leqq \sqrt{3}b$	⑧ $a \geqq \sqrt{3}b$

【MEMO】

第5章　微分・積分

（1）座標平面上で，次の二つの2次関数のグラフについて考える。

$$y = 3x^2 + 2x + 3 \quad \cdots\cdots\cdots\cdots\cdots\cdots\cdots\cdots ①$$

$$y = 2x^2 + 2x + 3 \quad \cdots\cdots\cdots\cdots\cdots\cdots\cdots\cdots ②$$

①，②の2次関数のグラフには次の**共通点**がある。

┌─**共通点**─────────────────────────────

・y軸との交点のy座標は　$\boxed{ア}$　である。

・y軸との交点における接線の方程式は $y = \boxed{イ}\,x + \boxed{ウ}$ であ

る。

└────────────────────────────────────

　次の⓪〜⑤の2次関数のグラフのうち，y軸との交点における接線の方程

式が $y = \boxed{イ}\,x + \boxed{ウ}$ となるものは $\boxed{エ}$ である。

$\boxed{エ}$ の解答群

⓪ $y = 3x^2 - 2x - 3$	① $y = -3x^2 + 2x - 3$
② $y = 2x^2 + 2x - 3$	③ $y = 2x^2 - 2x + 3$
④ $y = -x^2 + 2x + 3$	⑤ $y = -x^2 - 2x + 3$

　a, b, c を0でない実数とする。

　曲線 $y = ax^2 + bx + c$ 上の点 $\left(0,\ \boxed{オ}\right)$ における接線を ℓ とすると，

その方程式は $y = \boxed{カ}\,x + \boxed{キ}$ である。

　接線 ℓ と x 軸との交点の x 座標は $\dfrac{\boxed{クケ}}{\boxed{コ}}$ である。

　a, b, c が正の実数であるとき，曲線 $y = ax^2 + bx + c$ と接線 ℓ および

直線 $x = \dfrac{\boxed{クケ}}{\boxed{コ}}$ で囲まれた図形の面積を S とすると

$$S = \frac{ac^{\boxed{サ}}}{\boxed{シ}\,b^{\boxed{ス}}} \quad \cdots\cdots\cdots\cdots\cdots\cdots\cdots\cdots ③$$

である。

③において，$a=1$ とし，S の値が一定となるように正の実数 b，c の値を変化させる。このとき，b と c の関係を表すグラフの概形は セ である。

5

微分・積分

セ については，最も適当なものを，次の⓪〜⑤のうちから一つ選べ。

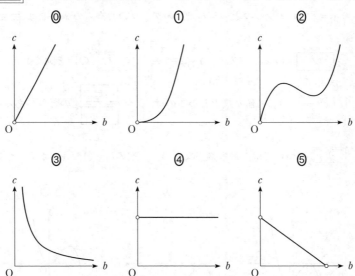

（2）座標平面上で，次の三つの3次関数のグラフについて考える。

$$y = 4x^3 + 2x^2 + 3x + 5 \quad \cdots\cdots\cdots\cdots\cdots ④$$
$$y = -2x^3 + 7x^2 + 3x + 5 \quad \cdots\cdots\cdots\cdots ⑤$$
$$y = 5x^3 - x^2 + 3x + 5 \quad \cdots\cdots\cdots\cdots⑥$$

 ④，⑤，⑥の3次関数のグラフには次の**共通点**がある。

共通点

・y 軸との交点の y 座標は ソ である。

・y 軸との交点における接線の方程式は $y =$ タ $x +$ チ である。

a，b，c，d を0でない実数とする。

曲線 $y = ax^3 + bx^2 + cx + d$ 上の点 $\left(0, \boxed{}\right)$ における接線の方程式

は $y =$ テ $x +$ ト である。

次に，$f(x) = ax^3 + bx^2 + cx + d$，$g(x) = \boxed{} \, x + \boxed{}$ とし，$f(x) - g(x)$ について考える。

$h(x) = f(x) - g(x)$ とおく。a，b，c，d が正の実数であるとき，$y = h(x)$ のグラフの概形は $\boxed{}$ である。

$y = f(x)$ のグラフと $y = g(x)$ のグラフの共有点の x 座標は $\dfrac{\boxed{}}{\boxed{}}$

と $\boxed{}$ である。また，x が $\dfrac{\boxed{}}{\boxed{}}$ と $\boxed{}$ の間を動くとき，

$|f(x) - g(x)|$ の値が最大となるのは，$x = \dfrac{\boxed{}}{\boxed{}}$ のときである。

$\boxed{}$ については，最も適当なものを，次の⓪～⑤のうちから一つ選べ。

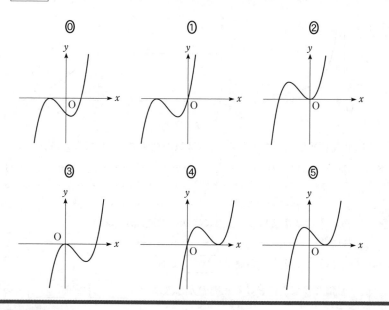

解答・解説

（**1**）①，②ともに $x=0$ のとき $y=3$ であるから，y 軸との交点の y 座標は 3 である。◀◀

また，①の導関数は $y'=6x+2$，②の導関数は $y'=4x+2$ であり，①，②ともに $x=0$ における微分係数は 2 であるから，y 軸との交点における接線の方程式は

$$y=2x+3 \quad ◀◀答$$

である。

よって，①，②の共通点から，y 軸との交点における接線の方程式は x の 1 次の項の係数と定数項によって決まり，y 軸との交点における接線の方程式が $y=2x+3$ となる 2 次関数のグラフの方程式は，x の 1 次の項の係数が 2，定数項が 3 である。したがって，[エ] の解答群の中で適するものは ④ である。

◀◀答

a，b，c を 0 でない実数とする。曲線 $y=ax^2+bx+c$ 上にある x 座標が 0 である点の座標は

$$(0,\ c) \quad ◀◀答$$

であり，点 $(0,\ c)$ における接線 ℓ の方程式は，x の 1 次の項の係数が b，定数項が c であるから

$$y=bx+c \quad ◀◀答$$

接線 ℓ と x 軸との交点の x 座標は

$$0=bx+c$$

より

$$x=\frac{-c}{b} \quad ◀◀答$$

である。

曲線 $y=ax^2+bx+c$（a，b，c は正の実数）と接線 ℓ および直線 $x=-\dfrac{c}{b}$ で囲まれた図形の面積 S は，次のような図の斜線部分である。

y 軸との交点の y 座標は 3 であるから，y 切片は 3 である。

$y=ax^2+bx+c$ に $x=0$ を代入すると，$y=c$ である。

$y=ax^2+bx+c$ から求める。

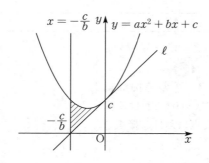

曲線 $y = ax^2 + bx + c$ は ℓ の上側にあること，$-\dfrac{c}{b} < 0$ であることに注意して図をかく。

よって

$$S = \int_{-\frac{c}{b}}^{0} \{ ax^2 + bx + c - (bx + c) \} \, dx$$

$$= \int_{-\frac{c}{b}}^{0} ax^2 \, dx$$

$$= \left[\frac{a}{3} x^3 \right]_{-\frac{c}{b}}^{0}$$

$$= \frac{a}{3} \left\{ 0 - \left(-\frac{c}{b} \right)^3 \right\}$$

$$= \boldsymbol{\frac{ac^3}{3b^3}} \quad ◀答 \quad \cdots\cdots\cdots\cdots\cdots ③$$

③において $a = 1$ とすると

$$S = \frac{c^3}{3b^3}$$

$$3S = \left(\frac{c}{b} \right)^3$$

$$\frac{c}{b} = \sqrt[3]{3S}$$

S を定数とみて，この式を c について解く。

ゆえに

$$c = \sqrt[3]{3S}\, b$$

S の値が一定になるように正の実数 b，c を変化させるとき，$\sqrt[3]{3S}$ は正の定数で，c は b に比例する（c は b の1次関数になる）ので，b と c の関係を表すグラフの概形として最も適当なものは⓪である。 ◀答

原点 O を通り，傾きが正の直線になる。

（2）④，⑤，⑥ともに $x = 0$ のとき $y = 5$ であるから，y 軸との交点の y 座標は5である。 ◀答

また，④，⑤，⑥の導関数の定数項はもとの関数の x の1次の項の係数と等しいので，④，⑤，⑥ともに $x = 0$ における微分係数は3である。

（1）の考察より，このことに気づいてほしい。

よって，y 軸との交点における接線の方程式は

$$y = 3x + 5 \quad ◀◀答$$

a，b，c，d を 0 でない実数とする。曲線 $y = ax^3 + bx^2 + cx + d$ 上にある x 座標が 0 である点の座標は

$$(0, \ d) \quad ◀◀答$$

であり，点 $(0, d)$ における接線の方程式は，（1）と同様に考えて

$$y = cx + d \quad ◀◀答$$

次に，$f(x) = ax^3 + bx^2 + cx + d$，$g(x) = cx + d$，$h(x) = f(x) - g(x)$ とおき，a，b，c，d を正の実数とすると

$$\begin{aligned} h(x) &= ax^3 + bx^2 + cx + d - (cx + d) \\ &= ax^3 + bx^2 \\ &= x^2(ax + b) \end{aligned}$$

であり，$y = h(x)$ のグラフは，x 軸と原点 O で接し，点 $\left(-\dfrac{b}{a}, \ 0\right)$ で交わるので，$-\dfrac{b}{a} < 0$ に注意してグラフの概形として最も適当なものを選ぶと ② である。

$$◀◀答$$

$h(x) = 0$ のとき

$$f(x) - g(x) = 0 \ \text{すなわち} \ f(x) = g(x)$$

であるから，$h(x) = 0$ を満たす x が $y = f(x)$ のグラフと $y = g(x)$ のグラフの共有点の x 座標である。

よって，$y = f(x)$ のグラフと $y = g(x)$ のグラフの共有点の x 座標は

$$\frac{-b}{a} \text{と} 0 \quad ◀◀答$$

そして，x が $\dfrac{-b}{a}$ と 0 の間を動くとき

$$h'(x) = 3ax^2 + 2bx = x(3ax + 2b)$$

より $h(x)$ は $x = -\dfrac{2b}{3a}$ のときにだけ極値をとり，このとき $|h(x)| = |f(x) - g(x)|$ は最大となる。

したがって，$|f(x) - g(x)|$ の値が最大となるのは

$$x = \frac{-2b}{3a} \quad ◀◀答$$

のときである。

$h(x)$ の増減は 4 通り考えられる。POINT 参照。

❗ $y=ax^3+bx^2+cx+d$ **上の点 $(0,\ d)$ における接線**

$y=ax^3+bx^2+cx+d$ のとき，$y'=3ax^2+2bx+c$ であるから，点 $(0,\ d)$ における

  接線の傾きは c

  接線の方程式は $y=cx+d$

であり，x の 1 次の項の係数 c と定数項 d のみで接線の方程式が得られることが本問のポイントである。（1）では，$y=ax^2+bx+c$ において $y'=2ax+b$ より

  接線の傾きは b

  接線の方程式は $y=bx+c$

であることを先に確かめており，この考察を踏まえることで，$y=ax^3+bx^2+cx+d$ についての考察をスムーズに進められるようにしたい。

■ $|f(x)-g(x)|$ の値の考察

本問では，a，b の正負によって $-\dfrac{b}{a}$ と 0 の大小関係が変わるため，$h(x)=f(x)-g(x)$ の増減は次の 4 通りが考えられる。

① $a>0$ かつ $b>0$ のとき

x	$-\dfrac{b}{a}$		$-\dfrac{2b}{3a}$		0
$h'(x)$		$+$	0	$-$	0
$h(x)$	0	↗		↘	0

② $a>0$ かつ $b<0$ のとき

x	0		$-\dfrac{2b}{3a}$		$-\dfrac{b}{a}$
$h'(x)$	0	$-$	0	$+$	
$h(x)$	0	↘		↗	0

③ $a<0$ かつ $b>0$ のとき

x	0		$-\dfrac{2b}{3a}$		$-\dfrac{b}{a}$
$h'(x)$	0	$+$	0	$-$	
$h(x)$	0	↗		↘	0

④ $a<0$ かつ $b<0$ のとき

x	$-\dfrac{b}{a}$		$-\dfrac{2b}{3a}$		0
$h'(x)$		$-$	0	$+$	0
$h(x)$	0	↘		↗	0

いずれの場合も $x=-\dfrac{2b}{3a}$ のときに $|f(x)-g(x)|$ の値が最大になることが確かめられる。

例題 2 2017年度試行調査

a を定数とする。関数 $f(x)$ に対し，$S(x) = \int_a^x f(t)dt$ とおく。このとき，関数 $S(x)$ の増減から $y=f(x)$ のグラフの概形を考えよう。

(1) $S(x)$ は3次関数であるとし，$y=S(x)$ のグラフは右の図のように，2点$(-1,\ 0)$，$(0,\ 4)$を通り，点$(2,\ 0)$で x 軸に接しているとする。このとき

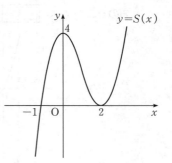

$$S(x)$$
$$= \left(x + \boxed{\ ア\ } \right)\left(x - \boxed{\ イ\ } \right)^{\boxed{ウ}}$$

である。$S(a) = \boxed{\ エ\ }$ であるから，a を負の定数とするとき，$a = \boxed{\ オカ\ }$ である。

関数 $S(x)$ は $x = \boxed{\ キ\ }$ を境に増加から減少に移り，$x = \boxed{\ ク\ }$ を境に減少から増加に移っている。したがって，関数 $f(x)$ について，$x = \boxed{\ キ\ }$ のとき $\boxed{\ ケ\ }$ であり，$x = \boxed{\ ク\ }$ のとき $\boxed{\ コ\ }$ である。また，$\boxed{\ キ\ } < x < \boxed{\ ク\ }$ の範囲では $\boxed{\ サ\ }$ である。

$\boxed{\ ケ\ }$，$\boxed{\ コ\ }$，$\boxed{\ サ\ }$ については，当てはまるものを，次の⓪〜④のうちから一つずつ選べ。ただし，同じものを繰り返し選んでもよい。

| ⓪ $f(x)$ の値は0 | ① $f(x)$ の値は正 | ② $f(x)$ の値は負 |
| ③ $f(x)$ は極大 | ④ $f(x)$ は極小 | |

$y=f(x)$ のグラフの概形として最も適当なものを，次の⓪〜⑤のうちから一つ選べ。$\boxed{\ シ\ }$

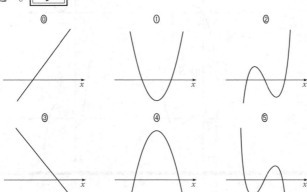

（2）（1）からわかるように，関数 $S(x)$ の増減から $y=f(x)$ のグラフの概形を考えることができる。

　　$a=0$ とする。次の ⓪ ～ ④ は $y=S(x)$ のグラフの概形と $y=f(x)$ のグラフの概形の組である。このうち，$S(x)=\int_0^x f(t)\,dt$ の関係と**矛盾する**ものを二つ選べ。 $\boxed{\text{ス}}$ ， $\boxed{\text{セ}}$

⓪
$y=S(x)$　　　　　$y=f(x)$

①
$y=S(x)$　　　　　$y=f(x)$

②
$y=S(x)$　　　　　$y=f(x)$

③
$y=S(x)$　　　　　$y=f(x)$

④
$y=S(x)$　　　　　$y=f(x)$

基本事項の確認

■ 定積分と微分の関係

$$\frac{d}{dx}\int_a^x f(t)\,dt = f(x) \quad (a \text{ は定数})$$

解答・解説

（1）$y=S(x)$ のグラフが点 $(-1,\ 0)$ を通り，点 $(2,\ 0)$ で x 軸と接することから，$S(x)$ は $x+1$ と $(x-2)^2$ を因数にもつ。よって，$S(x)$ は

$$S(x)=k(x+1)(x-2)^2 \quad (k \text{ は実数})$$

と表すことができ，$y=S(x)$ のグラフが点 $(0,\ 4)$ を通ることから

$$S(0)=k(0+1)\cdot(0-2)^2=4$$
$$4k=4$$
$$k=1$$

であり

$$\boldsymbol{S(x)=(x+1)(x-2)^2} \blacktriangleleft\text{答}$$

である。また，$S(x)=\int_a^x f(t)\,dt$ より

$$\boldsymbol{S(a)=\int_a^a f(t)\,dt=0} \blacktriangleleft\text{答}$$

であり，$S(a)=0$ をみたす a は

$$a=-1 \text{ または } a=2$$

であるから，a を負の定数とするとき

$$\boldsymbol{a=-1} \blacktriangleleft\text{答}$$

である。

そして，関数 $S(x)$ は，グラフより

$$\boldsymbol{x=0} \blacktriangleleft\text{答}$$

を境に増加から減少に移り

$$\boldsymbol{x=2} \blacktriangleleft\text{答}$$

を境に減少から増加に移っている。

よって，$S(x)$ の導関数である $f(x)$ は

$$x=0 \text{ のとき，} f(x) \text{ の値は } 0\ (\text{⓪}) \blacktriangleleft\text{答}$$
$$x=2 \text{ のとき，} f(x) \text{ の値は } 0\ (\text{⓪}) \blacktriangleleft\text{答}$$

であり，$0<x<2$ の範囲で $y=S(x)$ は減少関数で

いきなり $k=1$ として，$S(x)=(x+1)(x-2)^2$ とすることはできない。

$y=S(x)$ のグラフが点 $(0,\ 4)$ を通ることから $k=1$ となる。

$S(a)=(a+1)(a-2)^2$
$S(x)=(x+1)(x-2)^2$
$\qquad =x^3-3x^2+4$

より

$S'(x)=3x^2-6x$
$\qquad =3x(x-2)$

であることから，$S(x)$ の増減を調べることもできる。

$S(x)=\int_a^x f(t)\,dt$ より，$f(x)$ は $S(x)$ の導関数である。

$y=S(x)$ のグラフの接線の傾きに着目することで，$f(x)$ の正負が求められる。

あることから

$\qquad 0<x<2$ の範囲では，$f(x)$ の値は負（②）

◀◀ 答

である。したがって，$f(x)$ の値は

$\qquad x<0$ のとき $\qquad f(x)>0$
$\qquad x=0$ のとき $\qquad f(x)=0$
$\qquad 0<x<2$ のとき $\qquad f(x)<0$
$\qquad x=2$ のとき $\qquad f(x)=0$
$\qquad x>2$ のとき $\qquad f(x)>0$

であるから，$y=f(x)$ のグラフの概形として最も適当なものは①である。◀◀ 答

（2）$a=0$ のとき，$S(x)=\displaystyle\int_0^x f(t)\,dt$ であり

$\qquad S(0)=0,\ S'(x)=f(x)$

　よって，$y=S(x)$ のグラフが点 $(0,\ 0)$ を通り，ある区間において $S(x)$ が減少関数であれば $f(x)<0$，増加関数であれば $f(x)>0$ である組は正しい（矛盾しない）。

⓪：$S(x)$ は $x=\dfrac{1}{4}$ の近辺でのみ減少から増加に移り，$f(x)$ は $x=\dfrac{1}{4}$ の近辺でのみ値が負から正に移るので矛盾しない。

①：$S(x)$ は $x=\dfrac{2}{5}$ の近辺でのみ増加から減少に移るが，$f(x)$ は $x=-\dfrac{1}{2}$ の近辺でのみ値が正から負に移るので矛盾する。

②：$S(x)$ は増加関数であり，$f(x)$ は値がつねに正であるため矛盾しない。

③：$S(x)$ は $x=\dfrac{1}{2}$ の近辺以外では増加関数であり，$f(x)$ は $x=\dfrac{1}{2}$ の近辺で値が 0 となる以外は値が正であるから矛盾しない。

④：$S(x)$ は $x=-\dfrac{1}{5}$ の近辺で減少から増加に，$x=\dfrac{1}{5}$ の近辺で増加から減少に，$x=\dfrac{8}{9}$ の近辺

$f(x)$ の符号の変化が
2回発生するのは①と④
である。

$S(0)=\displaystyle\int_0^0 f(t)\,dt$

以下，x はおよその値である。

✓POINT 参照。

✓POINT 参照。

で減少から増加に移るが，$f(x)$ は $x=-\dfrac{1}{5}$ の近辺で値が正から負に移り，$x=\dfrac{1}{5}$ の近辺で値が負から正に移り，$x=\dfrac{8}{9}$ の近辺で値が正から負に移るので矛盾する。

したがって，矛盾するものは⓪，④である。◀◀⦿答

5

微分・積分

✓ POINT

❗ 定積分で表された関数

本問は $S(x)=\displaystyle\int_a^x f(t)\,dt$ において，$y=S(x)$ のグラフの概形と $y=f(x)$ のグラフの概形の関係について考察する問題である。$S(x)=\displaystyle\int_a^x f(t)\,dt$ の両辺を x で微分すると

$$S'(x)=f(x)$$

となることから，$S(x)$ の導関数が $f(x)$ であることを利用するとよい。

（1）の $y=S(x)$ のグラフと $y=f(x)$ のグラフにおいて，$S(x)$ の増減と $f(x)$ の符号を増減表にまとめると次のようになる。

x		0		2	
$f(x)$	$+$	0	$-$	0	$+$
$S(x)$	↗		↘		↗

（1）で具体的な $S(x)$ について $f(x)$ との関係を調べ，（2）で拡張するところに共通テストらしさが見られる問題である。

■ （2）の⓪，④の増減表

⓪，④の $S(x)$ の増減と $f(x)$ の符号を，およその値を用いて増減表にまとめると次のようになる。$y=f(x)$ のグラフを正しいとすると，表の色で塗られたところが矛盾するところである。

⓪

x		$-\dfrac{1}{2}$		$\dfrac{2}{5}$	
$f(x)$	$+$	0	$-$	$-$	$-$
$S(x)$	↗		↗		↘

④

x		$-\dfrac{1}{5}$		$\dfrac{1}{5}$		$\dfrac{8}{9}$	
$f(x)$	$+$	0	$-$	0	$+$	0	$-$
$S(x)$	↘		↗		↘		↗

a を実数とし，$f(x) = x^3 - 6ax + 16$ とおく。

（1）$y = f(x)$ のグラフの概形は

$a = 0$ のとき，$\boxed{\text{ア}}$

$a < 0$ のとき，$\boxed{\text{イ}}$

である。

$\boxed{\text{ア}}$，$\boxed{\text{イ}}$ については，最も適当なものを，次の ⓪〜⑤ のうちから一つずつ選べ。ただし，同じものを繰り返し選んでもよい。

⓪ 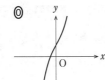 ① 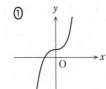 ②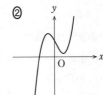

③ 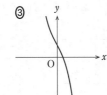 ④ 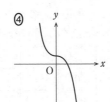 ⑤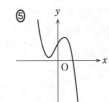

（2）$a > 0$ とし，p を実数とする。座標平面上の曲線 $y = f(x)$ と直線 $y = p$ が 3 個の共有点をもつような p の値の範囲は $\boxed{\text{ウ}} < p < \boxed{\text{エ}}$ である。

$p = \boxed{\text{ウ}}$ のとき，曲線 $y = f(x)$ と直線 $y = p$ は 2 個の共有点をもつ。それらの x 座標を q, r $(q < r)$ とする。曲線 $y = f(x)$ と直線 $y = p$ が点 (r, p) で接することに注意すると

$$q = \boxed{\text{オカ}}\sqrt{\boxed{\text{キ}}}\,a^{\frac{1}{2}}, \quad r = \sqrt{\boxed{\text{ク}}}\,a^{\frac{1}{2}}$$

と表せる。

| ウ , エ | の解答群(同じものを繰り返し選んでもよい。) |

⓪ $2\sqrt{2}\,a^{\frac{3}{2}}+16$	① $-2\sqrt{2}\,a^{\frac{3}{2}}+16$
② $4\sqrt{2}\,a^{\frac{3}{2}}+16$	③ $-4\sqrt{2}\,a^{\frac{3}{2}}+16$
④ $8\sqrt{2}\,a^{\frac{3}{2}}+16$	⑤ $-8\sqrt{2}\,a^{\frac{3}{2}}+16$

 （3） 方程式 $f(x)=0$ の異なる実数解の個数を n とする。次の⓪～⑤のうち、正しいものは ケ と コ である。

| ケ , コ | の解答群(解答の順序は問わない。) |

⓪ $n=1$ ならば $a<0$	① $a<0$ ならば $n=1$
② $n=2$ ならば $a<0$	③ $a<0$ ならば $n=2$
④ $n=3$ ならば $a>0$	⑤ $a>0$ ならば $n=3$

基本事項の確認

■ 方程式 $f(x)=a$ の実数解の個数

　方程式 $f(x)=a$ の実数解は、$y=f(x)$ のグラフと直線 $y=a$ の共有点の x 座標に対応する。$a=0$ のときは、$y=f(x)$ のグラフと x 軸の共有点の x 座標に対応する。

　方程式 $f(x)=a$ の実数解の個数を調べるときは、直線 $y=a$ を座標平面上で動かしながら、$y=f(x)$ のグラフとの共有点の個数を調べる。

（1）$f(x) = x^3 - 6ax + 16$ より

$$f'(x) = 3x^2 - 6a$$

$a = 0$ のとき

$$f'(x) = 3x^2 \geqq 0 \quad （等号成立は x=0 のとき）$$

よって，$f(x)$ はつねに増加し，$x=0$ における接線の傾きは 0 であり，グラフの概形は①である。◀◀答

$a < 0$ のとき

$$f'(x) = 3x^2 - 6a > 0$$

よって，$f(x)$ はつねに増加し，接線の傾きはつねに正であり，グラフの概形は⓪である。◀◀答

（2）$a > 0$ のとき

$$f'(x) = 3(x^2 - 2a)$$
$$= 3(x + \sqrt{2a})(x - \sqrt{2a})$$

であり，$f(x)$ の増減表は次のようになる。

x		$-\sqrt{2a}$		$\sqrt{2a}$	
$f'(x)$	$+$	0	$-$	0	$+$
$f(x)$	↗	極大	↘	極小	↗

また

$$f(x) = x^3 - 6ax + 16$$
$$= x(x^2 - 6a) + 16$$

より，極大値は

$$f(-\sqrt{2a}) = -\sqrt{2a}\{(-\sqrt{2a})^2 - 6a\} + 16$$
$$= 4a\sqrt{2a} + 16$$
$$= 4\sqrt{2}\,a^{\frac{3}{2}} + 16$$

極小値は

$$f(\sqrt{2a}) = \sqrt{2a}\{(\sqrt{2a})^2 - 6a\} + 16$$
$$= -4a\sqrt{2a} + 16$$
$$= -4\sqrt{2}\,a^{\frac{3}{2}} + 16$$

であるから，曲線 $y = f(x)$ と直線 $y = p$ が 3 個の共有点をもつような p の値の範囲は

$$-4\sqrt{2}\,a^{\frac{3}{2}} + 16 < p < 4\sqrt{2}\,a^{\frac{3}{2}} + 16 \quad （③，②）$$

◀◀答

$f(x)$ がつねに増加しているのは⓪と①である。

極値が求めやすい形に式変形した。✓POINT 参照。

グラフを参照。

$p = -4\sqrt{2}\,a^{\frac{3}{2}} + 16$ のとき，曲線 $y = f(x)$ と直線 $y = p$ は 2 個の共有点をもつ。それらの x 座標を q, r $(q < r)$ とすると，曲線 $y = f(x)$ と直線 $y = p$ は，x 座標が q である点で交わり，x 座標が $r = \sqrt{2}\,a$ である点で接するので

$$f(x) = p$$
$$(x - q)(x - r)^2 = 0$$

であり

$$x^3 - 6ax + 16 = -4\sqrt{2}\,a^{\frac{3}{2}} + 16$$
$$x^3 - 6ax + 4\sqrt{2}\,a^{\frac{3}{2}} = 0$$
$$\left(x + 2\sqrt{2}\,a^{\frac{1}{2}}\right)\left(x - \sqrt{2}\,a^{\frac{1}{2}}\right)^2 = 0$$

より

$$\boldsymbol{q = -2\sqrt{2}\,a^{\frac{1}{2}},\ \ r = \sqrt{2}\,a^{\frac{1}{2}}}$$ ◀答

と表せる。

$r = \sqrt{2}\,a$ より，左辺は $\left(x - \sqrt{2}\,a^{\frac{1}{2}}\right)^2$ を因数にもつ。

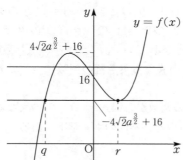

（3）方程式 $f(x) = 0$ の異なる実数解の個数 n は曲線 $y = f(x)$ と x 軸の共有点の個数に等しい。

$a \le 0$ のとき，（1）より

$$n = 1$$

$a > 0$ のとき，極大値 $4\sqrt{2}\,a^{\frac{3}{2}} + 16$ が正なので，極小値 $-4\sqrt{2}\,a^{\frac{3}{2}} + 16$ が

正ならば $n = 1$
0 ならば $n = 2$
負ならば $n = 3$

であり，$-4\sqrt{2}\,a^{\frac{3}{2}} + 16$ は正，0，負のいずれの場合もあるから

$$n = 1,\ 2,\ 3\ のどの値もとり得る$$

よって

まず，⓪，③，⑤について調べる。

$a > 2$ のとき
$\quad -4\sqrt{2}\,a^{\frac{3}{2}} + 16 < 0$
$a = 2$ のとき
$\quad -4\sqrt{2}\,a^{\frac{3}{2}} + 16 = 0$
$0 < a < 2$ のとき
$\quad -4\sqrt{2}\,a^{\frac{3}{2}} + 16 > 0$

5
微分・積分

⓪：$a<0$ ならば $n=1$

は正しく，③，⑤は誤りである。

　また，$n=1$ のとき

$$a<0,\ a=0,\ a>0$$

のいずれの場合もあり，$n=2,\ 3$ のとき

$$a>0$$

であるから

④：$n=3$ ならば $a>0$

は正しく，⓪，②は誤りである。

　以上より，正しいものは①，④である。◀◀⟮答⟯

次に，⓪，②，④について調べる。

✓ POINT

❗ 共有点の個数と実数解の個数

　本問は，（1）で「$a=0$ のとき」，「$a<0$ のとき」の $y=f(x)$ のグラフの概形について考察し，（2）で「$a>0$ のとき」の $y=f(x)$ のグラフと直線 $y=p$ との共有点の個数について考察している。これらの考察を踏まえて，（3）ではさらに，方程式 $f(x)=0$ の異なる実数解の個数について考察するところに共通テストらしさがある。

　曲線 $y=f(x)$ と x 軸との共有点の個数が方程式 $f(x)=0$ の異なる実数解の個数と対応していることを利用するのが，本問のポイントである。

■ 極値を求める計算の工夫

　（2）で $f(x)$ の極大値や極小値を求める際には，$x^3-6ax+16$ に $x=\pm\sqrt{2a}$ を代入するよりも，$x(x^2-6a)+16$ に $x=\pm\sqrt{2a}$ を代入し，x^2-6a が

$$(\pm\sqrt{2a}\,)^2-6a=2a-6a=-4a$$

となることを利用する方がよいだろう。共通テストは時間との戦いでもあるので，このような計算の工夫も意識して取り組んでほしい。

例題 4 2022年度本試

$b > 0$ とし，$g(x) = x^3 - 3bx + 3b^2$，$h(x) = x^3 - x^2 + b^2$ とおく。座標平面上の曲線 $y = g(x)$ を C_1，曲線 $y = h(x)$ を C_2 とする。

C_1 と C_2 は2点で交わる。これらの交点の x 座標をそれぞれ α，β $(\alpha < \beta)$ とすると，$\alpha = \boxed{\text{ア}}$，$\beta = \boxed{\text{イウ}}$ である。

$\alpha \leq x \leq \beta$ の範囲で C_1 と C_2 で囲まれた図形の面積を S とする。また，$t > \beta$ とし，$\beta \leq x \leq t$ の範囲で C_1 と C_2 および直線 $x = t$ で囲まれた図形の面積を T とする。このとき

$$S = \int_\alpha^\beta \boxed{\text{エ}}\, dx, \quad T = \int_\beta^t \boxed{\text{オ}}\, dx, \quad S - T = \int_\alpha^t \boxed{\text{カ}}\, dx$$

であるので

$$S - T = \frac{\boxed{\text{キク}}}{\boxed{\text{ケ}}}\left(2t^3 - \boxed{\text{コ}}\, bt^2 + \boxed{\text{サシ}}\, b^2 t - \boxed{\text{ス}}\, b^3\right)$$

が得られる。

したがって，$S = T$ となるのは $t = \dfrac{\boxed{\text{セ}}}{\boxed{\text{ソ}}}\, b$ のときである。

$\boxed{\text{エ}} \sim \boxed{\text{カ}}$ の解答群（同じものを繰り返し選んでもよい。）

⓪ $\{g(x) + h(x)\}$	① $\{g(x) - h(x)\}$
② $\{h(x) - g(x)\}$	③ $\{2g(x) + 2h(x)\}$
④ $\{2g(x) - 2h(x)\}$	⑤ $\{2h(x) - 2g(x)\}$
⑥ $2g(x)$	⑦ $2h(x)$

基本事項の確認

■ 2曲線間の面積

区間 $\alpha \leq x \leq \beta$ において，つねに $f(x) \geq g(x)$ が成り立つとき，2曲線 $y = f(x)$ と $y = g(x)$ および直線 $x = \alpha$，$x = \beta$ によって囲まれる部分の面積は

$$\int_\alpha^\beta \{f(x) - g(x)\} dx$$

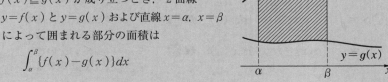

方程式 $g(x) - h(x) = 0$ の 2 解が α, β である。

$$g(x) - h(x)$$
$$= (x^3 - 3bx + 3b^2) - (x^3 - x^2 + b^2)$$
$$= x^2 - 3bx + 2b^2$$
$$= (x - b)(x - 2b)$$

であるから，C_1 と C_2 の交点の x 座標 α, β $(\alpha < \beta)$ は，$b > 0$ より

$$\boldsymbol{\alpha = b}, \quad \boldsymbol{\beta = 2b} \quad \blacktriangleleft 答$$

$b > 0$ より $b < 2b$

である。

$\alpha \leqq x \leqq \beta$ すなわち $b \leqq x \leqq 2b$ のとき

$$g(x) - h(x) = (x - b)(x - 2b) \leqq 0$$

だから

$$g(x) \leqq h(x)$$

$x \leqq \alpha$, $x \geqq \beta$ すなわち $x \leqq b$, $x \geqq 2b$ のとき

$$g(x) - h(x) = (x - b)(x - 2b) \geqq 0$$

だから

$$g(x) \geqq h(x)$$

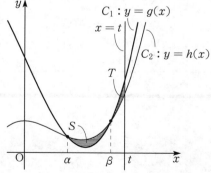

このとき

$$S = \int_\alpha^\beta \{h(x) - g(x)\}dx \ (②) \quad \blacktriangleleft 答$$

$\alpha \leqq x \leqq \beta$ のとき
$g(x) \leqq h(x)$ より。

$$T = \int_\beta^t \{g(x) - h(x)\}dx \ (①) \quad \blacktriangleleft 答$$

$\beta \leqq x \leqq t$ のとき
$g(x) \geqq h(x)$ より。

$$S-T$$

$$= \int_\alpha^\beta \{h(x)-g(x)\}dx - \int_\beta^t \{g(x)-h(x)\}dx$$

$$= \int_\alpha^\beta \{h(x)-g(x)\}dx + \int_\beta^t \{h(x)-g(x)\}dx$$

$$= \int_\alpha^t \{h(x)-g(x)\}dx \quad (②) \quad ◀◀答$$

よって，$a=b$ より

$$S-T$$

$$= -\int_b^t \{g(x)-h(x)\}dx$$

$$= -\int_b^t (x^2-3bx+2b^2)\,dx$$

$$= -\left[\frac{1}{3}x^3 - \frac{3}{2}bx^2 + 2b^2 x \right]_b^t$$

$$= -\left(\frac{1}{3}t^3 - \frac{3}{2}bt^2 + 2b^2 t \right) + \left(\frac{1}{3}b^3 - \frac{3}{2}b^3 + 2b^3 \right)$$

$$= -\frac{1}{3}t^3 + \frac{3}{2}bt^2 - 2b^2 t + \frac{5}{6}b^3$$

$$= \frac{-1}{6}(2t^3 - 9bt^2 + 12b^2 t - 5b^3) \quad ◀◀答$$

したがって，$S=T$ のとき

$$S-T=0$$

$$2t^3 - 9bt^2 + 12b^2 t - 5b^3 = 0$$

因数分解して

$$(t-b)(2t^2 - 7bt + 5b^2) = 0$$

$$(t-b)^2(2t-5b) = 0$$

$$t=b,\ \frac{5}{2}b$$

であるから，$t>2b$ より

$$t = \frac{5}{2}b \quad ◀◀答$$

$$S-T$$
$$= -\int_b^t \{g(x)-h(x)\}dx$$
より，$t=b$ のとき $S-T=0$ であるから，左辺は $t-b$ を因数にもつ。

■ 図示するために条件を整理する

$g(x)=x^3-3bx+3b^2$, $h(x)=x^3-x^2+b^2$ の式だけを見て $y=g(x)$ と $y=h(x)$ のグラフを図示するのは難しそうである。そこで，$g(x)-h(x)$ に着目し

① $g(x)-h(x)=0$ の解が $y=g(x)$ と $y=h(x)$ のグラフの
共有点の x 座標

② $g(x)-h(x)$ の正負によって $y=g(x)$ と $y=h(x)$ のグラフの
上下関係が決まる

という2つの性質から $y=g(x)$ と $y=h(x)$ のグラフを図示することになる。最初から図に頼ろうとするのではなく，図示するために，与えられた条件をまずは整理するといった考え方も身につけておいてほしい。

例題 5 オリジナル問題

太郎さんと花子さんは次の【問題】の解き方を考えている。

【問題】

曲線 $C：y=|x^2-2x|$ と曲線 C 上の点 $A\left(\dfrac{3}{2},\ \dfrac{3}{4}\right)$ における曲線 C の接線 ℓ がある。曲線 C と直線 ℓ によって囲まれた部分の面積を求めなさい。

太郎：曲線 C は座標平面上でどのように表されるのかな。

花子：まずは，曲線 C と直線 ℓ によって囲まれた部分がどうなるかかいてみよう。

（1）曲線 C と直線 ℓ のグラフの概形として最も適当なものを，次の ⓪～③ のうちから一つ選べ。 ア

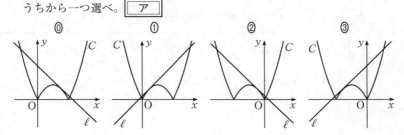

太郎：曲線 C と直線 ℓ によって囲まれた部分がどこにあるかがわかったね。

花子：これで，直線 ℓ の方程式と，曲線 C と直線 ℓ の交点の x 座標がわかれば，面積を求める式も立てられるね。

（2）直線 ℓ の式は

$$y=\boxed{\ \ イ\ \ }x+\frac{\boxed{\ \ ウ\ \ }}{\boxed{\ \ エ\ \ }}$$

であるから，曲線 C と直線 ℓ は，点 A で接し，x 座標が

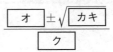

$$\frac{\boxed{\ \ オ\ \ }\pm\sqrt{\boxed{\ \ カキ\ \ }}}{\boxed{\ \ ク\ \ }}$$

である 2 点で交わることがわかる。

以下，$a = \dfrac{\boxed{オ} - \sqrt{\boxed{カキ}}}{\boxed{ク}}$，$\beta = \dfrac{\boxed{オ} + \sqrt{\boxed{カキ}}}{\boxed{ク}}$，

$f(x) = \boxed{イ}\,x + \dfrac{\boxed{ウ}}{\boxed{エ}}$，$g(x) = x^2 - 2x$ とする。

太郎：曲線 C と直線 ℓ によって囲まれた部分の面積は $\displaystyle\int_{\alpha}^{\beta} \{f(x) - |g(x)|\}\,dx$
で求めることができるよね。

花子：でも，他にも面積を求める方法はありそうだね。

（3）曲線 C と直線 ℓ によって囲まれた部分の面積を求める式として正しいものを，次の ⓪〜④ のうちから三つ選べ。$\boxed{ケ}$，$\boxed{コ}$，$\boxed{サ}$

$\boxed{ケ}$〜$\boxed{サ}$ の解答群（解答の順序は問わない。）

⓪ $\displaystyle\int_{\alpha}^{0} \{f(x) - g(x)\}\,dx + \int_{0}^{2} \{f(x) + g(x)\}\,dx + \int_{2}^{\beta} \{f(x) - g(x)\}\,dx$

① $\displaystyle\int_{\alpha}^{\beta} \{f(x) - g(x)\}\,dx + \int_{0}^{2} g(x)\,dx$

② $\displaystyle\int_{\alpha}^{\beta} f(x)\,dx + \int_{0}^{2} g(x)\,dx$

③ $\displaystyle\int_{\alpha}^{\beta} \{f(x) - g(x)\}\,dx + 2\int_{0}^{2} g(x)\,dx$

④ $\dfrac{1}{2}\left\{\dfrac{9}{2} - (\alpha + \beta)\right\}(\beta - \alpha) - \displaystyle\int_{\alpha}^{0} g(x)\,dx + \int_{0}^{2} g(x)\,dx - \int_{2}^{\beta} g(x)\,dx$

（4）曲線 C と直線 ℓ によって囲まれた部分の面積を求めると

$$\dfrac{\boxed{シ}\sqrt{\boxed{スセ}} - \boxed{ソ}}{\boxed{タ}}$$

である。

解答・解説

（1）$C：y=|x^2-2x|$ のグラフは

$$x^2-2x=x(x-2)$$

より

$x\leqq0,\ x\geqq2$ のとき

$$y=x^2-2x$$

$0<x<2$ のとき

$$y=-(x^2-2x)$$

で表される。

$$x^2-2x=(x-1)^2-1$$

より，曲線Cのグラフと点Aの位置は上の図のようになるので，グラフの概形として最も適当なものは⓪である。◀◀ 答

点Aのx座標は$\frac{3}{2}$であるから，点Aは直線$x=1$よりも右側にある。

（2）点Aは曲線 $y=-x^2+2x$ 上にあるので，$y'=-2x+2$ より，接線ℓの方程式は

$$y=\left(-2\cdot\frac{3}{2}+2\right)\cdot\left(x-\frac{3}{2}\right)+\frac{3}{4}$$

すなわち

$$\boldsymbol{y=-x+\frac{9}{4}}\quad ◀◀ 答$$

よって，曲線Cと直線ℓの交点のx座標は

$$x^2-2x=-x+\frac{9}{4}$$

$$x^2-x-\frac{9}{4}=0$$

$$4x^2-4x-9=0$$

$$x=\frac{1\pm\sqrt{10}}{2}\quad ◀◀ 答$$

交点は曲線 $y=x^2-2x$ 上（ただし，$x\leqq0,\ x\geqq2$）にある。

（3）曲線Cと直線ℓによって囲まれた部分の面積をSとする。

⓪は，図1において

$$\int_\alpha^0\{f(x)-g(x)\}dx$$

$$=S_1$$

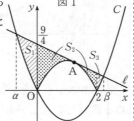

Cの式は，

$x\leqq0,\ x\geqq2$ のとき

$y=g(x)$

$0<x<2$ のとき

$y=-g(x)$

である。

$$\int_0^2 \{f(x)+g(x)\}dx$$

$$=\int_0^2 \{f(x)-(-g(x))\}dx$$

$$=S_2$$

$$\int_2^\beta \{f(x)-g(x)\}dx=S_3$$

より，$S_1+S_2+S_3=S$ であるから正しい。

⓪は，図2において

$$\int_\alpha^\beta \{f(x)-g(x)\}dx$$

$$=S_4$$

$$\int_0^2 g(x)dx$$

$$=-\int_0^2 \{0-g(x)\}dx$$

$$=-S_5$$

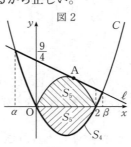

図2

より，$S_4-S_5>S$ であるから誤り。

太線で囲まれた部分の面積が S_4

$S_4-S_5=S+S_5$ が成り立つ。

②は，図3において

$$\int_\alpha^\beta f(x)dx=S_6$$

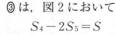

図3

より，$S_6-S_5>S$ であるから誤り。

太線で囲まれた部分の面積が S_6

③は，図2において

$$S_4-2S_5=S$$

であるから正しい。

⓪の結果を利用する。

④は，図4において

$$\frac{1}{2}\left\{\frac{9}{2}-(\alpha+\beta)\right\}$$

$$\times (\beta-\alpha)=S_7$$

$$\int_\alpha^0 g(x)dx=S_8$$

図4

$$\int_2^\beta g(x)dx=S_9$$

より，$S_7-S_8-S_5-S_9=S$ であるから正しい。

したがって，面積を求める式として正しいものは⓪，③，④である。◀◀答

S_7 は上底 $-\beta+\dfrac{9}{4}$，下底 $-\alpha+\dfrac{9}{4}$，高さ $\beta-\alpha$ の台形とみる。また，$S_6=S_7$ である。

（4）③を利用する。

$$\beta - \alpha = \frac{1+\sqrt{10}}{2} - \frac{1-\sqrt{10}}{2}$$

$$= \sqrt{10}$$

より

$$\int_{\alpha}^{\beta} \{f(x) - g(x)\} dx$$

$$= \int_{\alpha}^{\beta} \{-(x-\alpha)(x-\beta)\} dx$$

$$= \frac{1}{6}(\beta - \alpha)^3$$

$$= \frac{1}{6}(\sqrt{10})^3$$

$$= \frac{5\sqrt{10}}{3}$$

$$2\int_{0}^{2} g(x) dx$$

$$= 2\int_{0}^{2} x(x-2) dx$$

$$= 2 \cdot \left\{ -\frac{1}{6}(2-0)^3 \right\}$$

$$= 2 \cdot \left(-\frac{4}{3} \right)$$

$$= -\frac{8}{3}$$

であるから

$$S = \frac{5\sqrt{10}}{3} - \frac{8}{3} = \frac{5\sqrt{10}-8}{3} \quad ◀◀答$$

（3）の①，③，④のいずれかの利用を考える。

$$\int_{\alpha}^{\beta} (x-\alpha)(x-\beta) dx$$
$$= -\frac{1}{6}(\beta - \alpha)^3$$

✓ POINT

■ 面積の求め方

　放物線や直線などによって囲まれた部分の面積は定積分を組み合わせることによって求めることができるが，共有点の x 座標がわかっているものに着目してうまく立式することで，面積を求める際の計算量を減らすことができる。本問では，（3）で面積を求める式についていろいろな立式の仕方があることを考察することで，面積を求める計算の見通しが立てられるようになっている。いろいろな求め方があることを理解しておいてほしい。

演習1 (解答は27ページ)

a を定数とする。関数 $f(x)$ に対し，$G(x) = \int_x^a f(t)dt$ とおく。このとき，関数 $G(x)$ の増減から，$y = f(x)$ のグラフの概形を考えよう。

(1) $G(x)$ は3次関数であるとし，$y = G(x)$ のグラフは右の図のように，2点 $(2, 0)$，$(0, 6)$ を通り，点 $(-4, 0)$ で x 軸に接しているとする。このとき

$$G(x) = -\frac{\boxed{ア}}{\boxed{イウ}}\left(x - \boxed{エ}\right)\left(x + \boxed{オ}\right)^{\boxed{カ}}$$

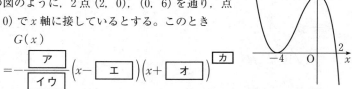

である。$G(a) = \boxed{キ}$ であるから，$a = \boxed{ク}$ または $a = \boxed{ケコ}$ である。

そして，$x < -4$，$x > 0$ のとき，$f(x)$ の値は $\boxed{サ}$，$-4 < x < 0$ のとき，$f(x)$ の値は $\boxed{シ}$ である。

$\boxed{サ}$，$\boxed{シ}$ の解答群(同じものを繰り返し選んでもよい。)

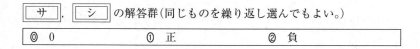

⓪ 0	① 正	② 負

$y = f(x)$ のグラフの概形は $\boxed{ス}$ である。$\boxed{ス}$ に当てはまるものとして最も適当なものを，次の⓪〜⑤のうちから一つ選べ。

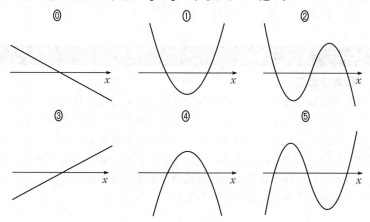

（2）$f(x)=x(x-2)$, $a=2$ とする。このとき, $G'(x)=$ <u>セ</u> である。

<u>セ</u> の解答群

⓪ $x(x-2)$	① $-x(x-2)$	② $x(x+2)$
③ $-x(x+2)$	④ $2x-2$	⑤ $-2x+2$

　　よって, $y=G(x)$ のグラフの概形は <u>ソ</u> である。<u>ソ</u> に当てはまるものとして最も適当なものを, 次の ⓪〜⑤ のうちから一つ選べ。

⓪

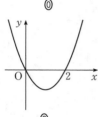

①

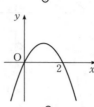

②

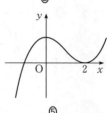

③

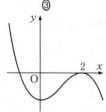

④

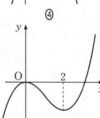

⑤

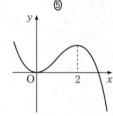

（3）$a=2$ とする。次の ⓪〜④ は $y=G(x)$ のグラフの概形（左側）と $y=f(x)$ のグラフの概形（右側）の組である。このうち, $G(x)=\displaystyle\int_{x}^{2} f(t)\,dt$ の関係と矛盾しないものを二つ選べ。 <u>タ</u>, <u>チ</u>

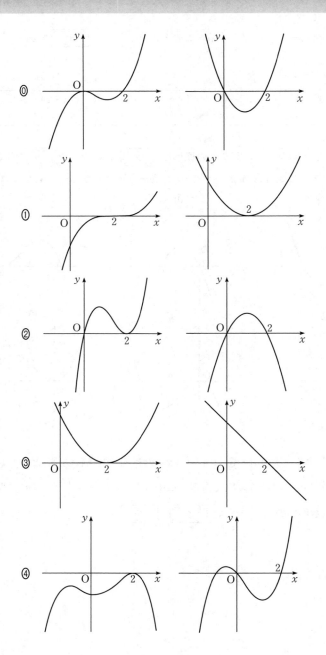

演習2 （解答は29ページ）

　k を正の実数とする。曲線 $C : y = |x^2 - 4|$ と直線 $\ell : y = k(x+2)$ があり，曲線 C と直線 ℓ は3点を共有している。

（1）k の値の範囲は $0 < k < \boxed{\text{ア}}$ であり，共有点の x 座標は小さい順に $\boxed{\text{イ}}$，$\boxed{\text{ウ}}$，$\boxed{\text{エ}}$ である。

$\boxed{\text{イ}} \sim \boxed{\text{エ}}$ の解答群

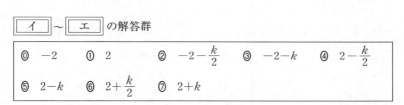

⓪ -2	① 2	② $-2-\dfrac{k}{2}$	③ $-2-k$	④ $2-\dfrac{k}{2}$
⑤ $2-k$	⑥ $2+\dfrac{k}{2}$	⑦ $2+k$		

　以下，$0 < k < \boxed{\text{ア}}$ とする。曲線 C と直線 ℓ が共有する3点について，x 座標が $\boxed{\text{イ}}$ の点を A，x 座標が $\boxed{\text{ウ}}$ の点を B，x 座標が $\boxed{\text{エ}}$ の点を C とする。曲線 C の $\boxed{\text{イ}} \leqq x \leqq \boxed{\text{ウ}}$ を満たす部分と線分 AB のみで囲まれた図形の面積を S_1，曲線 C の $\boxed{\text{ウ}} \leqq x \leqq 2$ を満たす部分と線分 AB と x 軸のみで囲まれた図形の面積を S_2，曲線 C の $\boxed{\text{ウ}} \leqq x \leqq \boxed{\text{エ}}$ を満たす部分と線分 BC のみで囲まれた図形の面積を S_3 とする。

（2）$k=1$ のとき，$S_1 = \dfrac{\boxed{\text{オ}}}{\boxed{\text{カ}}}$，$S_2 = \dfrac{\boxed{\text{キク}}}{\boxed{\text{ケ}}}$，$S_3 = \boxed{\text{コ}}$ である。

（3）$k = \alpha \left(0 < \alpha < \boxed{\text{ア}} \right)$ のとき，$S_1 = S_3$ であるとする。

　このとき，$S_1 + S_2 = S_3 + S_2$ であり，$S_1 + S_2$ の値は k の値に関係なく一定であることを利用すると，$(\alpha + 4)^3 = \boxed{\text{サシス}}$ を満たすことがわかる。

（4）S_2 と S_3 の大小関係について正しく説明しているものを，次の ⓪～③ のうちから一つ選べ。$\boxed{\text{セ}}$

$\boxed{\text{セ}}$ の解答群

⓪ k の値に関係なく $S_2 < S_3$ である。

① k の値に関係なく $S_2 > S_3$ である。

② $0 < k < \beta$ のとき $S_2 < S_3$，$\beta < k$ のとき $S_2 > S_3$ となる実数 β が存在する。

③ $0 < k < \beta$ のとき $S_2 > S_3$，$\beta < k$ のとき $S_2 < S_3$ となる実数 β が存在する。

演習3 (解答は32ページ)

a を正の実数とし，x の 2 次関数 $f(x)$，$g(x)$ を

$$f(x)=x^2-3x, \quad g(x)=-x^2+2ax$$

とする。また，$y=f(x)$，$y=g(x)$ のグラフをそれぞれ C_1，C_2 とする。

（1）C_1 および x 軸で囲まれた部分の面積を S_0 とすると

$$S_0=\frac{\boxed{\text{ア}}}{\boxed{\text{イ}}}$$

である。また，C_2 と x 軸の交点は原点 O および点 $\left(\boxed{\text{ウ}}\,a,\ 0\right)$ であり，

C_1 と C_2 の交点は原点 O および点 $\left(a+\dfrac{\boxed{\text{エ}}}{\boxed{\text{オ}}},\ a^2-\dfrac{\boxed{\text{カ}}}{\boxed{\text{キ}}}\right)$ である。

（2）$0\leqq x\leqq 3$ の範囲で，C_1，C_2，直線 $x=3$ によって閉じた部分の面積を $S(a)$ とする。ここで，C_1，C_2，直線 $x=3$ によって閉じた部分とは，これら三つのうち二つまたは三つを境界として囲まれたすべての部分を指す。

（ i ） $S(2)=\boxed{\text{ク}}+S_0$ より，$S(2)=\dfrac{\boxed{\text{ケコ}}}{\boxed{\text{サ}}}$ である。

また，C_1 と C_2 の交点の x 座標が 3 になるのは $a=\dfrac{\boxed{\text{シ}}}{\boxed{\text{ス}}}$ のときである。

よって，$a\geqq\dfrac{\boxed{\text{シ}}}{\boxed{\text{ス}}}$ のとき，a の値を増加させると，$S(a)$ は $\boxed{\text{セ}}$。

ク の解答群

⓪ $\displaystyle\int_0^2 f(x)\,dx$	① $\displaystyle -\int_0^2 f(x)\,dx$
② $\displaystyle\int_0^3 f(x)\,dx$	③ $\displaystyle -\int_0^3 f(x)\,dx$
④ $\displaystyle\int_0^2 g(x)\,dx$	⑤ $\displaystyle -\int_0^2 g(x)\,dx$
⑥ $\displaystyle\int_0^3 g(x)\,dx$	⑦ $\displaystyle -\int_0^3 g(x)\,dx$

セ の解答群

⓪ つねに増加する	① つねに減少する
② 増加と減少を繰り返す	

（ⅱ）$S(a)$ が最小となる a の値について考えよう。$0 < a \leqq \dfrac{\boxed{シ}}{\boxed{ス}}$ のとき

$$S(a) = \dfrac{\boxed{ソ}}{\boxed{タ}}a^3 + \boxed{チ}\,a^2 - \dfrac{\boxed{ツ}}{\boxed{テ}}a + \dfrac{\boxed{トナ}}{\boxed{ニ}}$$

である。したがって，a が $a > 0$ の範囲を動くとき，$S(a)$ が最小となる

のは $a = \dfrac{\boxed{ヌ}\left(\sqrt{\boxed{ネ}} - 1\right)}{\boxed{ノ}}$ のときである。

演習4 （解答は35ページ）

k を実数とし，3次関数 $y=x^3+2x^2-6x$ のグラフ C と直線 $\ell : y=-2x+k$ の共有点について考える。

（1）$k=-16$ のとき，C と ℓ は1点 $\left(\boxed{アイ}, \boxed{ウエ} \right)$ のみを共有する。

（2）C と ℓ の共有点の個数は，3次方程式

$$x^3+\boxed{オ}x^2-\boxed{カ}x=k$$

の異なる実数解の個数に一致する。したがって，C と ℓ が3点を共有するような k の値の範囲は

$$\frac{\boxed{キクケ}}{\boxed{コサ}}<k<\boxed{シ}$$

である。

（3）C と ℓ が2点を共有するときについて，正しいものを次の⓪～③のうちから一つ選べ。 $\boxed{ス}$

$\boxed{ス}$ の解答群

> ⓪ k の値は二つ存在するが，ℓ は一つしか存在しない。
>
> ① k の値は一つだけ存在し，ℓ も一つだけ存在する。
>
> ② ℓ は二つ存在し，どちらも C との二つの共有点のうちの一つだけにおいて C と接している。
>
> ③ ℓ は二つ存在し，どちらも C との二つの共有点の両方において C と接している。

太郎さんと花子さんは，半径 1 の球に内接する正三角錐 P の体積 V が最大になるときについて考えることにした。正三角錐とは，底面が正三角形で側面がすべて合同な二等辺三角形の角錐である。また，正三角錐のすべての頂点が同じ球の球面上にあるとき，正三角錐は球に内接しているという。次の問いに答えよ。

（1）太郎さんは，正三角形の面を底面としたときの正三角錐 P の高さを h とおき，V を h の式で表して V が最大になるときについて考えることにした。このとき，$h \geqq 1$ であり

$$V = \frac{\sqrt{3}}{\boxed{\text{ア}}}\left(\boxed{\text{イ}}\,h^3 + \boxed{\text{ウ}}\,h^2\right)$$

である。

（2）花子さんは，正三角錐 P の底面の正三角形の 1 辺の長さを x とおき，V を x の式で表して V が最大になるときについて考えることにした。このとき，$0 < x \leqq \sqrt{3}$ であり

$$V = \frac{\sqrt{3}}{\boxed{\text{エオ}}}\,x^2\left(1 + \sqrt{1 - \frac{\boxed{\text{カ}}}{\boxed{\text{キ}}}\,x^2}\right)$$

において $y = \sqrt{1 - \dfrac{\boxed{\text{カ}}}{\boxed{\text{キ}}}}$ とおくと

$$V = \frac{\sqrt{3}}{\boxed{\text{ア}}}\left(\boxed{\text{ク}}\,y^3 - y^2 + y + \boxed{\text{ケ}}\right)$$

である。

（3）太郎さんと花子さんが考えた方針から，V の最大値は $\dfrac{\boxed{\text{コ}}\sqrt{\boxed{\text{サ}}}}{\boxed{\text{シス}}}$

である。また，V が最大になるときの正三角錐 P は正四面体であり，この

正四面体の 1 辺の長さは $\dfrac{\boxed{\text{セ}}\sqrt{\boxed{\text{ソ}}}}{\boxed{\text{タ}}}$ である。

第6章　数列

初項 3, 公差 p の等差数列を $\{a_n\}$ とし, 初項 3, 公比 r の等比数列を $\{b_n\}$ とする。ただし, $p \neq 0$ かつ $r \neq 0$ とする。さらに, これらの数列が次を満たすとする。

$$a_n b_{n+1} - 2a_{n+1}b_n + 3b_{n+1} = 0 \quad (n=1,\ 2,\ 3,\ \cdots) \quad \cdots\cdots\cdots ①$$

(1) p と r の値を求めよう。自然数 n について, a_n, a_{n+1}, b_n はそれぞれ

$$a_n = \boxed{\ \text{ア}\ } + (n-1)p \qquad\qquad \cdots\cdots\cdots ②$$

$$a_{n+1} = \boxed{\ \text{ア}\ } + np \qquad\qquad \cdots\cdots\cdots ③$$

$$b_n = \boxed{\ \text{イ}\ } r^{n-1}$$

と表される。$r \neq 0$ により, すべての自然数 n について, $b_n \neq 0$ となる。 $\dfrac{b_{n+1}}{b_n} = r$ であることから, ①の両辺を b_n で割ることにより

$$\boxed{\ \text{ウ}\ } a_{n+1} = r\left(a_n + \boxed{\ \text{エ}\ }\right) \qquad\qquad \cdots\cdots\cdots ④$$

が成り立つことがわかる。④に②と③を代入すると

$$\left(r - \boxed{\ \text{オ}\ }\right)pn = r\left(p - \boxed{\ \text{カ}\ }\right) + \boxed{\ \text{キ}\ } \qquad \cdots\cdots\cdots ⑤$$

となる。⑤がすべての n で成り立つことおよび $p \neq 0$ により, $r = \boxed{\ \text{オ}\ }$ を得る。さらに, このことから, $p = \boxed{\ \text{ク}\ }$ を得る。

以上から, すべての自然数 n について, a_n と b_n が正であることもわかる。

(2) $p = \boxed{\ \text{ク}\ }$, $r = \boxed{\ \text{オ}\ }$ であることから, $\{a_n\}$, $\{b_n\}$ の初項から第 n 項までの和は, それぞれ次の式で与えられる。

$$\sum_{k=1}^{n} a_k = \frac{\boxed{\ \text{ケ}\ }}{\boxed{\ \text{コ}\ }} n\left(n + \boxed{\ \text{サ}\ }\right)$$

$$\sum_{k=1}^{n} b_k = \boxed{\ \text{シ}\ }\left(\boxed{\ \text{オ}\ }^{\,n} - \boxed{\ \text{ス}\ }\right)$$

（3）数列 $\{a_n\}$ に対して，初項 3 の数列 $\{c_n\}$ が次を満たすとする。

$$a_n c_{n+1} - 4a_{n+1}c_n + 3c_{n+1} = 0 \quad (n=1,\ 2,\ 3,\ \cdots) \quad \cdots\cdots\cdots\cdots ⑥$$

a_n が正であることから，⑥を変形して，$c_{n+1} = \dfrac{\boxed{\text{セ}}\ a_{n+1}}{a_n + \boxed{\text{ソ}}}c_n$ を得る。

さらに，$p = \boxed{\text{ク}}$ であることから，数列 $\{c_n\}$ は $\boxed{\text{タ}}$ ことがわかる。

$\boxed{\text{タ}}$ の解答群

⓪ すべての項が同じ値をとる数列である
① 公差が 0 でない等差数列である
② 公比が 1 より大きい等比数列である
③ 公比が 1 より小さい等比数列である
④ 等差数列でも等比数列でもない

（4）$q,\ u$ は定数で，$q \neq 0$ とする。数列 $\{b_n\}$ に対して，初項 3 の数列 $\{d_n\}$ が次を満たすとする。

$$d_n b_{n+1} - qd_{n+1}b_n + ub_{n+1} = 0 \quad (n=1,\ 2,\ 3,\ \cdots) \quad \cdots\cdots\cdots ⑦$$

$r = \boxed{\text{オ}}$ であることから，⑦を変形して，$d_{n+1} = \dfrac{\boxed{\text{チ}}}{q}(d_n + u)$

を得る。したがって，数列 $\{d_n\}$ が，公比が 0 より大きく 1 より小さい等比数列となるための必要十分条件は，$q > \boxed{\text{ツ}}$ かつ $u = \boxed{\text{テ}}$ である。

基本事項の確認

■ 等差数列

初項 a，公差 d の等差数列 $\{a_n\}$ $(n=1,\ 2,\ 3,\ \cdots)$ について

一般項；$a_n = a + (n-1)d$

a_{n+1} と a_n の関係；$a_{n+1} = a_n + d$

■ 等比数列

初項 b，公比 r $(r \neq 0,\ 1)$ の等比数列 $\{b_n\}$ $(n=1,\ 2,\ 3,\ \cdots)$ について

一般項；$b_n = br^{n-1}$

b_{n+1} と b_n の関係；$b_{n+1} = rb_n$

$$a_n b_{n+1} - 2a_{n+1}b_n + 3b_{n+1} = 0$$
$$(n = 1, \ 2, \ 3, \ \cdots) \quad \cdots\cdots\cdots ①$$

（**1**）数列 $\{a_n\}$ は初項 3，公差 p の等差数列であるから

$$\boldsymbol{a_n = 3 + (n-1)p} \quad \text{◀◀答} \quad \cdots\cdots\cdots\cdots ②$$

$$a_{n+1} = 3 + np \quad \cdots\cdots\cdots\cdots\cdots ③$$

数列 $\{b_n\}$ は初項 3，公比 r の等比数列であるから

$$\boldsymbol{b_n = 3r^{n-1}} \quad \text{◀◀答}$$

次に，①の両辺を b_n で割ると

$$a_n \cdot \frac{b_{n+1}}{b_n} - 2a_{n+1} \cdot \frac{b_n}{b_n} + 3 \cdot \frac{b_{n+1}}{b_n} = 0$$

$\dfrac{b_{n+1}}{b_n} = r$ であるから

$$ra_n - 2a_{n+1} + 3r = 0$$

すなわち

$$\boldsymbol{2a_{n+1} = r(a_n + 3)} \quad \text{◀◀答} \quad \cdots\cdots\cdots\cdots ④$$

が成り立つ。④に②と③を代入すると

$$2(3 + np) = r\{3 + (n-1)p + 3\}$$

$$6 + 2pn = 6r + rpn - rp$$

$$\boldsymbol{(r-2)pn = r(p-6) + 6} \quad \text{◀◀答} \quad \cdots\cdots ⑤$$

となる。⑤がすべての n で成り立つことおよび $p \neq 0$ により，$r = 2$ であり，$r = 2$ を⑤に代入して

$$0 = 2(p-6) + 6$$

すなわち

$$\boldsymbol{p = 3} \quad \text{◀◀答}$$

が得られる。

（**2**）$p = 3$ より

$$a_n = 3 + (n-1) \cdot 3 = 3n$$

したがって

$$\sum_{k=1}^{n} \boldsymbol{a_k} = 3\sum_{k=1}^{n} k = 3 \cdot \frac{1}{2}n(n+1)$$

$$= \frac{3}{2}\boldsymbol{n(n+1)} \quad \text{◀◀答}$$

$r = 2$ より

$$b_n = 3 \cdot 2^{n-1}$$

$n \to n+1$ より $n-1 \to n$ となる。

問題文にもあるが，$r \neq 0$ より $b_n \neq 0$ である。

✓ **POINT** 参照。

したがって

$$\sum_{k=1}^{n} b_k = \sum_{k=1}^{n} 3 \cdot 2^{k-1} = \frac{3(2^n - 1)}{2 - 1}$$
$$= 3(2^n - 1) \quad \blacktriangleleft \text{答}$$

初項 3，公比 2，項数 n の等比数列の和である。

（3） $a_n c_{n+1} - 4a_{n+1} c_n + 3c_{n+1} = 0$
$$(n = 1, \ 2, \ 3, \ \cdots) \quad \cdots\cdots \text{⑥}$$

⑥を変形すると

$$(a_n + 3)c_{n+1} = 4a_{n+1}c_n$$

$a_n > 0$ より $a_n + 3 > 0$ であるから，両辺を $a_n + 3$ で割ると

$$c_{n+1} = \frac{4 a_{n+1}}{a_n + 3} c_n \quad \blacktriangleleft \text{答}$$

すべての自然数 n について $c_n \neq 0$ とは限らないので，両辺を c_n で割れないことに注意する。

を得る。さらに，$p = 3$ であることから，$a_n = 3n$，$a_{n+1} = 3(n+1)$ を代入すると

$$c_{n+1} = \frac{4 \cdot 3(n+1)}{3n + 3} c_n = \frac{4 \cdot 3(n+1)}{3(n+1)} c_n$$
$$= 4c_n$$

よって，数列 $\{c_n\}$ は公比 4 の等比数列なので，公比が 1 より大きい等比数列である（②）ことがわかる。 $\blacktriangleleft \text{答}$

数列 $\{c_n\}$ の初項が 3 という条件と合わせて，初項 3，公比 4 の等比数列であることがわかる。

（4） $d_n b_{n+1} - qd_{n+1} b_n + u b_{n+1} = 0$
$$(n = 1, \ 2, \ 3, \ \cdots) \quad \cdots\cdots \text{⑦}$$

（1）と同様に，⑦の両辺を b_n で割ると

$$d_n \cdot \frac{b_{n+1}}{b_n} - qd_{n+1} \cdot \frac{b_n}{b_n} + u \cdot \frac{b_{n+1}}{b_n} = 0$$

（1）の考察をもとに，両辺を b_n で割ることができる。

$\dfrac{b_{n+1}}{b_n} = 2$ を代入して

$$2d_n - qd_{n+1} + 2u = 0$$

$q \neq 0$ より

$$d_{n+1} = \frac{2}{q}(d_n + u) \quad \blacktriangleleft \text{答}$$

を得る。

したがって，数列 $\{d_n\}$ が，公比が 0 より大きく 1 より小さい等比数列となるための必要十分条件は

$$0 < \frac{2}{q} < 1 \text{ すなわち } q > 2 \quad \blacktriangleleft\blacktriangleleft 答$$

かつ

$$d_n + u = d_n \text{ すなわち } u = 0 \quad \blacktriangleleft\blacktriangleleft 答$$

である。

POINT

❗ （1）の考察を振り返る

（1）では，$\{b_n\}$ が公比 r の等比数列であることに着目し，①の両辺を b_n で割ることによって $\{a_n\}$ の漸化式を導いている。このことが（3），（4）につながっている。

（3）は，①と似た形の⑥を整理し，整理した式の両辺を $a_n + 3$ で割ることによって $\{c_n\}$ の漸化式を導いている。（4）は，①と似た形の⑦の両辺を b_n で割ることによって $\{d_n\}$ の漸化式を導いている。どちらも，①と似た形の式を整理して，求めたい数列について整理する点が共通しており，このように，前の問題における考察の流れを以降の問題の考察に生かすところに共通テストらしさがある。

また，（2）は数列の和に関する単独の出題であり，（3），（4）との直接のつながりはないことにも注意してほしい。

■ （1）の⑤の式以降の考え方

$$(r - 2)pn = r(p - 6) + 6 \quad \cdots\cdots\cdots\cdots\cdots\cdots\cdots⑤$$

において，p，r が $p \neq 0$ かつ $r \neq 0$ の定数であるから，右辺の $r(p - 6) + 6$ は定数である。よって，左辺の $(r - 2)pn$ も定数であるから，$(r - 2)p = 0$ であり，$p \neq 0$ であるから，$r - 2 = 0$ すなわち $r = 2$ である。

このように，式の両辺が定数であるかどうかに注意して，変数 n の値によらず一定の値である場合に着目する考え方をしっかりと身につけておいてほしい。

あるいは，⑤を $(r - 2)pn - \{r(p - 6) + 6\} = 0$ と変形して

$$(r - 2)p = 0 \text{ かつ } r(p - 6) + 6 = 0$$

より，$r = 2$，$p = 3$ を求めてもよい。

例題 2 2022年度追試

数列 $\{a_n\}$ は，初項が 1 で

$$a_{n+1} = a_n + 4n + 2 \quad (n = 1,\ 2,\ 3,\ \cdots)$$

を満たすとする。また，数列 $\{b_n\}$ は，初項が 1 で

$$b_{n+1} = b_n + 4n + 2 + 2 \cdot (-1)^n \quad (n = 1,\ 2,\ 3,\ \cdots)$$

を満たすとする。さらに，$S_n = \displaystyle\sum_{k=1}^{n} a_k$ とおく。

(1) $a_2 = \boxed{\ \text{ア}\ }$ である。また，階差数列を考えることにより

$$a_n = \boxed{\ \text{イ}\ } n^2 - \boxed{\ \text{ウ}\ } \quad (n = 1,\ 2,\ 3,\ \cdots)$$

であることがわかる。さらに

$$S_n = \frac{\boxed{\ \text{エ}\ } n^3 + \boxed{\ \text{オ}\ } n^2 - \boxed{\ \text{カ}\ } n}{\boxed{\ \text{キ}\ }} \quad (n = 1,\ 2,\ 3,\ \cdots)$$

を得る。

(2) $b_2 = \boxed{\ \text{ク}\ }$ である。また，すべての自然数 n に対して

$$a_n - b_n = \boxed{\ \text{ケ}\ }$$

が成り立つ。

$\boxed{\ \text{ケ}\ }$ の解答群

⓪ 0	① $2n$	② $2n - 2$
③ $n^2 - 1$	④ $n^2 - n$	⑤ $1 + (-1)^n$
⑥ $1 - (-1)^n$	⑦ $-1 + (-1)^n$	⑧ $-1 - (-1)^n$

(3) (2)から

$$a_{2021} \boxed{\ \text{コ}\ } b_{2021},\quad a_{2022} \boxed{\ \text{サ}\ } b_{2022}$$

が成り立つことがわかる。また，$T_n = \displaystyle\sum_{k=1}^{n} b_k$ とおくと

$$S_{2021} \boxed{\ \text{シ}\ } T_{2021},\quad S_{2022} \boxed{\ \text{ス}\ } T_{2022}$$

が成り立つこともわかる。

コ ～ ス の解答群(同じものを繰り返し選んでもよい。)

⓪ $<$	① $=$	② $>$

（4）数列 $\{b_n\}$ の初項を変えたらどうなるかを考えてみよう。つまり，初項が c で

$$c_{n+1}=c_n+4n+2+2\cdot(-1)^n \quad (n=1,\ 2,\ 3,\ \cdots)$$

を満たす数列 $\{c_n\}$ を考える。

すべての自然数 n に対して

$$b_n-c_n=\boxed{\ \text{セ}\ }-\boxed{\ \text{ソ}\ }$$

が成り立つ。

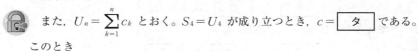 また，$U_n=\displaystyle\sum_{k=1}^{n}c_k$ とおく。$S_4=U_4$ が成り立つとき，$c=\boxed{\ \text{タ}\ }$ である。

このとき

$$S_{2021}\boxed{\ \text{チ}\ }U_{2021},\quad S_{2022}\boxed{\ \text{ツ}\ }U_{2022}$$

も成り立つ。ただし，$\boxed{\ \text{タ}\ }$ は，文字（a～d）を用いない形で答えること。

チ ， ツ の解答群(同じものを繰り返し選んでもよい。)

⓪ $<$	① $=$	② $>$

基本事項の確認

■ 階差数列

数列 $\{a_n\}$ の階差数列を $\{b_n\}$ とすると

$$b_n=a_{n+1}-a_n$$

であり，$n\geqq 2$ のとき $\quad a_n=a_1+\displaystyle\sum_{k=1}^{n-1}b_k$

■ 数列の和

$$\sum_{k=1}^{n}k=\frac{1}{2}n(n+1),\quad \sum_{k=1}^{n}k^2=\frac{1}{6}n(n+1)(2n+1)$$

$$\sum_{k=1}^{n}k^3=\left\{\frac{1}{2}n(n+1)\right\}^2,\quad \sum_{k=1}^{n}r^{k-1}=\frac{1-r^n}{1-r}\quad (r\neq 0\ \text{かつ}\ r\neq 1)$$

$$\sum_{k=1}^{n}c=cn\quad (c\ \text{は定数})$$

解答・解説

（1） $a_1=1$, $a_{n+1}=a_n+4n+2$ $(n=1,\ 2,\ 3,\ \cdots)$ より

$$a_2=a_1+4\cdot 1+2=7 \quad \blacktriangleleft 答$$

また，$\{a_n\}$ の階差数列を考えると

$$a_{n+1}-a_n=4n+2 \quad (n=1,\ 2,\ 3,\ \cdots)$$

であり，$n\geqq 2$ のとき

$$a_n=a_1+\sum_{k=1}^{n-1}(4k+2)$$
$$=1+4\cdot\frac{1}{2}(n-1)n+2(n-1)$$
$$=1+2(n-1)(n+1)$$
$$=2n^2-1$$

$n=1$ のとき，$n\geqq 2$ のときの式 $a_n=2n^2-1$ に $n=1$ を代入すると

$$a_1=2\cdot 1^2-1=1$$

となり，$n=1$ のときも $a_n=2n^2-1$ は成り立つから

$$a_n=2n^2-1 \quad \blacktriangleleft 答 \quad (n=1,\ 2,\ 3,\ \cdots)$$

さらに

$$S_n=\sum_{k=1}^{n}a_k=\sum_{k=1}^{n}(2k^2-1)$$
$$=2\cdot\frac{1}{6}n(n+1)(2n+1)-n$$
$$=\frac{1}{3}n(2n^2+3n+1-3)$$
$$=\frac{2n^3+3n^2-2n}{3} \quad \blacktriangleleft 答$$
$$(n=1,\ 2,\ 3,\ \cdots)$$

を得る。

（2） $b_1=1$, $b_{n+1}=b_n+4n+2+2\cdot(-1)^n$ $(n=1,\ 2,\ 3,\ \cdots)$ より

$$b_2=b_1+4\cdot 1+2+2\cdot(-1)=5 \quad \blacktriangleleft 答$$

また

$$a_{n+1}-b_{n+1}=(a_n+4n+2)$$
$$-\{b_n+4n+2+2\cdot(-1)^n\}$$
$$=a_n-b_n-2\cdot(-1)^n$$

6

数列

$a_{n+1}=a_n+4n+2$ より。
階差数列の和を用いる
ときは，$n\geqq 2$ のとき，
$n=1$ のときで場合分
けをする。

求めたいのは a_n-b_n であ
るから，2式の差をとる。

$\{a_n - b_n\}$ の階差数列を考えて，$n \geqq 2$ のとき

$$a_n - b_n = a_1 - b_1 - \sum_{k=1}^{n-1} \{2 \cdot (-1)^k\}$$

$$= -2 \sum_{k=1}^{n-1} (-1)^k$$

$$= -2 \cdot \frac{-1 \cdot \{1 - (-1)^{n-1}\}}{1 - (-1)}$$

$$= 1 + (-1)^n$$

（1）と同様に場合分けをする。

$n = 1$ のとき $a_1 - b_1 = 0$ であり，$n \geqq 2$ のときの式 $a_n - b_n = 1 + (-1)^n$ に $n = 1$ を代入すると

$$a_1 - b_1 = 1 + (-1)^1 = 0$$

となり，$n = 1$ のときも $a_n - b_n = 1 + (-1)^n$ は成り立つから，すべての自然数 n に対して

$$\boldsymbol{a_n - b_n} = 1 + (-1)^n \quad (⑤) \quad ◀\text{答}$$

が成り立つ。

初項 -1，公比 -1，項数 $n - 1$ の等比数列の和。

（3）（2）より

$$a_{2021} - b_{2021} = 1 + (-1)^{2021} = 1 + (-1) = 0$$

すなわち

$$\boldsymbol{a_{2021} = b_{2021}} \quad (⓪) \quad ◀\text{答}$$

が成り立ち

$$a_{2022} - b_{2022} = 1 + (-1)^{2022} = 1 + 1 = 2 > 0$$

すなわち

$$\boldsymbol{a_{2022} > b_{2022}} \quad (②) \quad ◀\text{答}$$

が成り立つ。（2）の結果より一般的に

n が奇数のとき，$a_n = b_n$

n が偶数のとき，$a_n > b_n$

であるから，$n \geqq 2$ のとき

$$S_n > T_n$$

であり

$$\boldsymbol{S_{2021} > T_{2021}} \quad (②) \quad ◀\text{答}$$

$$\boldsymbol{S_{2022} > T_{2022}} \quad (②) \quad ◀\text{答}$$

が成り立つこともわかる。

T_n の一般項を求めるのは難しいので，a_n と b_n の大小関係に着目する。

✓POINT の別解のように，$S_n - T_n$ に着目してもよい。

（4）$c_1 = c$，$c_{n+1} = c_n + 4n + 2 + 2 \cdot (-1)^n$

$(n = 1, \ 2, \ 3, \ \cdots)$ より

$$b_{n+1} - c_{n+1} = \{b_n + 4n + 2 + 2 \cdot (-1)^n\}$$
$$- \{c_n + 4n + 2 + 2 \cdot (-1)^n\}$$

（2）と同様に，2式の差をとる。

$$= b_n - c_n$$

であるから，すべての自然数 n に対して

$$\boldsymbol{b_n - c_n} = b_1 - c_1 = 1 - c \quad \blacktriangleleft 答$$

が成り立つ。

また

$$
\begin{aligned}
a_n - c_n &= (a_n - b_n) + (b_n - c_n) \\
&= 1 + (-1)^n + 1 - c \\
&= 2 - c + (-1)^n
\end{aligned}
$$

であるから，$S_4 = U_4$ が成り立つとき

$$\sum_{k=1}^{4} a_k = \sum_{k=1}^{4} c_k$$

$$\sum_{k=1}^{4} (a_k - c_k) = 0$$

$$\sum_{k=1}^{4} \{2 - c + (-1)^k\} = 0$$

$$4(2-c) + \frac{-1 \cdot \{1 - (-1)^4\}}{1 - (-1)} = 0$$

$$4(2-c) = 0$$

$$\boldsymbol{c = 2} \quad \blacktriangleleft 答$$

である。$c = 2$ のとき $a_n - c_n = (-1)^n$ より

$$
\begin{aligned}
S_{2021} - U_{2021} &= \sum_{k=1}^{2021} a_k - \sum_{k=1}^{2021} c_k \\
&= \sum_{k=1}^{2021} (a_k - c_k) \\
&= \sum_{k=1}^{2021} (-1)^k = -1 < 0 \\
S_{2022} - U_{2022} &= \sum_{k=1}^{2022} a_k - \sum_{k=1}^{2022} c_k \\
&= \sum_{k=1}^{2022} (a_k - c_k) \\
&= \sum_{k=1}^{2022} (-1)^k = 0
\end{aligned}
$$

であるから

$$S_{2021} < U_{2021} \quad (⓪) \quad \blacktriangleleft 答$$

$$S_{2022} = U_{2022} \quad (①) \quad \blacktriangleleft 答$$

である。

$$b_1 - c_1 = b_2 - c_2$$
$$= \cdots = b_n - c_n$$

ここでも 2 式の差に着目する。

（3）と同様に，a_n と c_n の大小関係に着目する。

❗ 大小関係を求める考察の振り返り

本問は，（3）の a_n と b_n の大小関係を求めるために，（2）で a_n-b_n の一般項を求めさせる流れになっており，（3）の S_n と T_n，（4）の S_n と U_n の大小関係を求める際に，この考察を振り返って活用することになる。

すなわち，（3）の S_n と T_n の大小関係を考える際には，a_n-b_n の一般項（あるいは，そこから得られる S_n-T_n の一般項）を利用し，（4）の S_n と U_n の大小関係を考える際には，a_n-c_n の一般項（あるいは，そこから得られる S_n-U_n の一般項）を利用する流れになっている。（後述の「別解」参照。）

■ （3），（4）の別解

（3）の後半は次のように解くこともできる。

すべての自然数 n に対して

$$S_n-T_n = \sum_{k=1}^{n} a_k - \sum_{k=1}^{n} b_k = \sum_{k=1}^{n} (a_k - b_k)$$
$$= \sum_{k=1}^{n} \{1 + (-1)^k\}$$
$$= n + \frac{-1 \cdot \{1 - (-1)^n\}}{1 - (-1)}$$
$$= n - \frac{1 - (-1)^n}{2}$$

であるから，一般に

　　n が奇数のとき，$S_n - T_n = n - 1$

　　n が偶数のとき，$S_n - T_n = n$

である。よって

　　$S_{2021} - T_{2021} = 2021 - 1 = 2020 > 0$

すなわち

　　$S_{2021} > T_{2021}$

が成り立ち

　　$S_{2022} - T_{2022} = 2022 > 0$

すなわち

　　$S_{2022} > T_{2022}$

が成り立つこともわかる。

また，（4）の後半は次のように解くこともできる。

$c=2$ のとき，すべて自然数 n に対して

$$S_n - T_n = n - \frac{1-(-1)^n}{2}$$

$$U_n - T_n = (c-1)n = n$$

より

$$S_n - U_n = -\frac{1-(-1)^n}{2}$$

であるから，一般に

n が奇数のとき，$S_n - U_n = -1$

n が偶数のとき，$S_n - U_n = 0$

である。よって

$$S_{2021} - U_{2021} = -1 < 0$$

すなわち

$$S_{2021} < U_{2021}$$

が成り立ち

$$S_{2022} - U_{2022} = 0$$

すなわち

$$S_{2022} = U_{2022}$$

が成り立つこともわかる。

太郎さんと花子さんは，すべての自然数 n について

$$\sum_{k=1}^{n} k^2 = \frac{1}{6} n(n+1)(2n+1) \quad \cdots\cdots\cdots\cdots\cdots\cdots ①$$

が成立することを証明するために，それぞれ次のように考えた。

太郎さんの考え方

$(k+1)^3 - k^3 = \boxed{\text{ア}} k^2 + \boxed{\text{イ}} k + \boxed{\text{ウ}}$ より

$$\sum_{k=1}^{n} \{(k+1)^3 - k^3\} = \sum_{k=1}^{n} \left(\boxed{\text{ア}} k^2 + \boxed{\text{イ}} k + \boxed{\text{ウ}} \right)$$

となることを利用する。

花子さんの考え方

$n=1$ のとき，①について

$$(\text{左辺}) = 1^2 = 1, \quad (\text{右辺}) = \frac{1}{6} \cdot 1 \cdot (1+1) \cdot (2\cdot1+1) = 1$$

より①が成立するので，$n=m$ のときに①が成立することを仮定して，$n=m+1$ のときにも①が成立することを示す。

（1）太郎さんの考え方にそって証明してみよう。

$$\boxed{\text{ア}} \sum_{k=1}^{n} k^2 = \sum_{k=1}^{n} \{(k+1)^3 - k^3\} - \sum_{k=1}^{n} \left(\boxed{\text{イ}} k + \boxed{\text{ウ}} \right)$$

であり

$$\sum_{k=1}^{n} \{(k+1)^3 - k^3\} = n^3 + \boxed{\text{エ}} n^2 + \boxed{\text{オ}} n$$

$$\sum_{k=1}^{n} \left(\boxed{\text{イ}} k + \boxed{\text{ウ}} \right) = \frac{\boxed{\text{カ}}}{\boxed{\text{キ}}} n^2 + \frac{\boxed{\text{ク}}}{\boxed{\text{ケ}}} n$$

であるから

$$\boxed{\text{ア}} \sum_{k=1}^{n} k^2$$

$$= n^3 + \boxed{\text{エ}} n^2 + \boxed{\text{オ}} n - \left(\frac{\boxed{\text{カ}}}{\boxed{\text{キ}}} n^2 + \frac{\boxed{\text{ク}}}{\boxed{\text{ケ}}} n \right)$$

より，①が成立することが証明できる。

（2）花子さんの考え方にそって証明してみよう。$n=m+1$ のとき

$$\sum_{k=1}^{m+1} k^2 = \boxed{\text{コ}} + (m+1)^2$$

$$= \frac{\boxed{\text{サ}}}{\boxed{\text{シ}}}(m+1)\left\{m(2m+1) + \boxed{\text{ス}}\,(m+1)\right\}$$

$$= \frac{\boxed{\text{サ}}}{\boxed{\text{シ}}}(m+1)\left(m + \boxed{\text{セ}}\right)\left(\boxed{\text{ソ}}\,m + \boxed{\text{タ}}\right)$$

より，$n=m+1$ のときも①が成立するので，すべての自然数 n について
①が成立する。 (証明終)

$\boxed{\text{コ}}$ の解答群

⓪ $\dfrac{1}{2}(m-1)m$	① $\dfrac{1}{2}m(m+1)$
② $\dfrac{1}{6}(m-1)m(2m-1)$	③ $\dfrac{1}{6}m(m+1)(2m+1)$

また，花子さんの考え方のような証明法は何と呼ばれているか。次の
⓪～③のうちから一つ選べ。 $\boxed{\text{チ}}$

$\boxed{\text{チ}}$ の解答群

⓪ 背理法	① 演繹法	② 数学的帰納法	③ 三段論法

太郎：どちらの方法でも証明することができるんだね。

花子：同じようにして $\displaystyle\sum_{k=1}^{n} k^3 = \left\{\dfrac{1}{2}n(n+1)\right\}^2$ も確かめられるね。

太郎：$\displaystyle\sum_{k=1}^{n} k^4$ を求めることもできそうだね。

（3）太郎さんが実際に $\displaystyle\sum_{k=1}^{n} k^4$ を求めてみたところ

$$\sum_{k=1}^{n} k^4$$

$$= \frac{1}{\boxed{\text{ツテ}}}\, n(n+1)(2n+1)\left(\boxed{\ \text{ト}\ }\, n^2 + \boxed{\ \text{ナ}\ }\, n - \boxed{\ \text{ニ}\ }\right)$$

となることがわかった。

■ 数学的帰納法

自然数 n に関する命題 P は，次の①，②を示すことで証明できる。

　①$n=1$ のとき P が成り立つ。

　②$n=k$ のとき P が成り立つと仮定すると，$n=k+1$ のときにも P が成り立つ。

解答・解説

太郎さんの考え方において
$$(k+1)^3 - k^3 = (k^3 + 3k^2 + 3k + 1) - k^3$$
$$= 3k^2 + 3k + 1 \quad ◀答$$
である。

（1）$\displaystyle\sum_{k=1}^{n}\{(k+1)^3 - k^3\} = \sum_{k=1}^{n}(3k^2 + 3k + 1)$ より

$$3\sum_{k=1}^{n}k^2 = \sum_{k=1}^{n}\{(k+1)^3 - k^3\} - \sum_{k=1}^{n}(3k+1) \quad \cdots②$$

であり

$$\sum_{k=1}^{n}\{(k+1)^3 - k^3\} = (2^3 - 1^3) + (3^3 - 2^3) + \cdots$$
$$+ \{(n+1)^3 - n^3\}$$
$$= (n+1)^3 - 1$$
$$= n^3 + 3n^2 + 3n \quad ◀答$$

途中の項が消去できる。

$$\sum_{k=1}^{n}(3k+1) = \frac{3}{2}n(n+1) + n$$
$$= \frac{3}{2}n^2 + \frac{5}{2}n \quad ◀答$$

初項4，末項$3n+1$，項数 n の等差数列の和とみて
$$\frac{n\{4 + (3n+1)\}}{2}$$
としてもよい。

であるから，②より

$$3\sum_{k=1}^{n}k^2 = (n^3 + 3n^2 + 3n) - \left(\frac{3}{2}n^2 + \frac{5}{2}n\right)$$
$$= n^3 + \frac{3}{2}n^2 + \frac{1}{2}n$$
$$= \frac{1}{2}n(2n^2 + 3n + 1)$$

となり

$$\sum_{k=1}^{n}k^2 = \frac{1}{6}n(2n^2 + 3n + 1)$$
$$= \frac{1}{6}n(n+1)(2n+1)$$

両辺を3で割った。

となるので，①が成立することが証明できる。

（2）$n = m$ のとき①が成立するという仮定より

$$\sum_{k=1}^{m}k^2 = \frac{1}{6}m(m+1)(2m+1)$$

であるから

$$\sum_{k=1}^{m+1} k^2 = \sum_{k=1}^{m} k^2 + (m+1)^2$$

$$= \frac{1}{6} m(m+1)(2m+1) + (m+1)^2 \quad (③)$$

◀◀(答)

$$= \frac{1}{6}(m+1)\{m(2m+1)+6(m+1)\}$$

◀◀(答)

$$= \frac{1}{6}(m+1)(2m^2+7m+6)$$

$$= \frac{1}{6}(m+1)(m+2)(2m+3) \quad ◀◀(答)$$

$$= \frac{1}{6}(m+1)\{(m+1)+1\}\{2(m+1)+1\}$$

より，$n = m+1$ のときも①が成立するので，すべての自然数 n について①が成立する。

また，花子さんの考え方のような証明法は数学的帰納法（②）と呼ばれている。◀◀(答)

（3）$\displaystyle\sum_{k=1}^{n} \{(k+1)^5 - k^5\} = \sum_{k=1}^{n}(5k^4+10k^3+10k^2+5k+1)$

と，$\displaystyle\sum_{k=1}^{n} \{(k+1)^5 - k^5\} = (n+1)^5 - 1$ より

$$\sum_{k=1}^{n}(5k^4+10k^3+10k^2+5k+1) = (n+1)^5 - 1$$

すなわち

$$5\sum_{k=1}^{n} k^4 = \{(n+1)^5 - 1\}$$

$$-\sum_{k=1}^{n}(10k^3+10k^2+5k+1)$$

であるから

$$5\sum_{k=1}^{n} k^4 = \{(n+1)^5 - 1\}$$

$$-10\sum_{k=1}^{n} k^3 - 10\sum_{k=1}^{n} k^2 - 5\sum_{k=1}^{n} k - \sum_{k=1}^{n} 1$$

初項から第 m 項までの和と，第 $m+1$ 項に分ける。

$\frac{1}{6}n(n+1)(2n+1)$ の n を $m+1$ に置き換えた式に変形できる。

途中の項が消去される。

172

$$=\{(n+1)^5-1\}-10\cdot\frac{1}{4}n^2(n+1)^2$$

$$-10\cdot\frac{1}{6}n(n+1)(2n+1)$$

$$-5\cdot\frac{1}{2}n(n+1)-n$$

$$=n^5+\frac{5}{2}n^4+\frac{5}{3}n^3-\frac{1}{6}n$$

$$=n\left(n^4+\frac{5}{2}n^3+\frac{5}{3}n^2-\frac{1}{6}\right)$$

$\displaystyle\sum_{k=1}^{n}k^3=\left\{\frac{1}{2}n(n+1)\right\}^2$

を利用する。

6

数列

であり

$$30\sum_{k=1}^{n}k^4=n(6n^4+15n^3+10n^2-1)$$

で，問題文の式の形より，右辺は $(n+1)(2n+1)$ を
因数にもつので

両辺を 6 倍して分母をは
らった。

$$30\sum_{k=1}^{n}k^4=n(n+1)(2n+1)(3n^2+3n-1)$$

ゆえに

$$\sum_{k=1}^{n}k^4=\frac{1}{30}n(n+1)(2n+1)(3n^2+3n-1)$$

◀◀答

✓ POINT

■ $\displaystyle\sum_{k=1}^{n}k^3$ の証明

本問では，$\displaystyle\sum_{k=1}^{n}k^2$ について太郎さんと花子さんが証明をしているが，$\displaystyle\sum_{k=1}^{n}k^3$ についても同様に証明することができる。

$$\sum_{k=1}^{n}\{(k+1)^4-k^4\}=\sum_{k=1}^{n}(4k^3+6k^2+4k+1)$$

すなわち

$$4\sum_{k=1}^{n}k^3=\sum_{k=1}^{n}\{(k+1)^4-k^4\}-\sum_{k=1}^{n}(6k^2+4k+1)$$

より

$$\sum_{k=1}^{n} k^3 = \frac{1}{4}\Big[\{(n+1)^4 - 1\} - \sum_{k=1}^{n}(6k^2 + 4k + 1)\Big]$$

を計算したり，数学的帰納法において，$n=m$ のとき成立するという仮定のもとで

$$\sum_{k=1}^{m+1} k^3 = \Big\{\frac{1}{2}m(m+1)\Big\}^2 + (m+1)^3 = \Big\{\frac{1}{2}(m+1)(m+2)\Big\}^2$$

となることを示すことで

$$\sum_{k=1}^{n} k^3 = \Big\{\frac{1}{2}n(n+1)\Big\}^2$$

を証明することができる。

■ $\displaystyle\sum_{k=1}^{n} k^4 = \frac{1}{30}n(n+1)(2n+1)(3n^2+3n-1)$ の証明

「解答・解説」では，太郎さんの考え方をもとに計算を進めたが，
$\displaystyle\sum_{k=1}^{n} k^4 = \frac{1}{30}n(n+1)(2n+1)(3n^2+3n-1)$ が成り立つことは，数学的帰納法を用いて次のようにして確かめられる。

$n=1$ のとき，（左辺）$=1$，（右辺）$=\dfrac{1}{30}\cdot 1\cdot 2\cdot 3\cdot 5 = 1$ より成立するので，

$n=m$ のときに成立すると仮定すると，$n=m+1$ のとき

$$\sum_{k=1}^{m+1} k^4 = \frac{1}{30}m(m+1)(2m+1)(3m^2+3m-1) + (m+1)^4$$

$$= \frac{1}{30}(m+1)(6m^4 + 39m^3 + 91m^2 + 89m + 30)$$

$$= \frac{1}{30}(m+1)(m+2)(6m^3 + 27m^2 + 37m + 15)$$

$$= \frac{1}{30}(m+1)(m+2)(2m+3)(3m^2 + 9m + 5)$$

$$= \frac{1}{30}(m+1)\{(m+1)+1\}\{2(m+1)+1\}\{3(m+1)^2 + 3(m+1) - 1\}$$

となることから，$n=m+1$ のときも成立することが示せる。

例題 4 2021年度本試第2日程

太郎さんは和室の畳を見て，畳の敷き方が何通りあるかに興味を持った。ちょうど手元にタイルがあったので，畳をタイルに置き換えて，数学的に考えることにした。

縦の長さが1，横の長さが2の長方形のタイルが多数ある。それらを縦か横の向きに，隙間も重なりもなく敷き詰めるとき，その敷き詰め方をタイルの「配置」と呼ぶ。

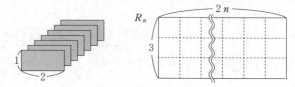

上の図のように，縦の長さが3，横の長さが$2n$の長方形をR_nとする。$3n$枚のタイルを用いたR_n内の配置の総数をr_nとする。

$n=1$のときは，下の図のように$r_1=3$である。

また，$n=2$のときは，下の図のように$r_2=11$である。

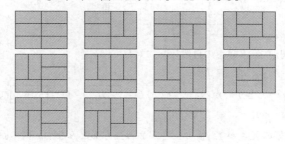

（1）太郎さんは次のような図形T_n内の配置を考えた。

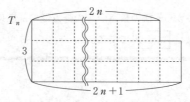

$(3n+1)$枚のタイルを用いたT_n内の配置の総数をt_nとする。$n=1$のときは，$t_1=\boxed{\text{ア}}$である。

さらに，太郎さんは T_n 内の配置について，右下隅（すみ）のタイルに注目して次のような図をかいて考えた。

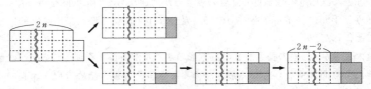

この図から，2以上の自然数 n に対して

$$t_n = Ar_n + Bt_{n-1}$$

が成り立つことがわかる。ただし，$A = \boxed{\text{イ}}$，$B = \boxed{\text{ウ}}$ である。

以上から，$t_2 = \boxed{\text{エオ}}$ であることがわかる。

同様に，R_n の右下隅のタイルに注目して次のような図をかいて考えた。

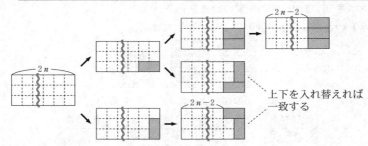

上下を入れ替えれば
一致する

この図から，2以上の自然数 n に対して

$$r_n = Cr_{n-1} + Dt_{n-1}$$

が成り立つことがわかる。ただし，$C = \boxed{\text{カ}}$，$D = \boxed{\text{キ}}$ である。

(2) 畳を縦の長さが1，横の長さが2の長方形とみなす。縦の長さが3，横の長さが6の長方形の部屋に畳を敷き詰めるとき，敷き詰め方の総数は $\boxed{\text{クケ}}$ である。

また，縦の長さが3，横の長さが8の長方形の部屋に畳を敷き詰めるとき，敷き詰め方の総数は $\boxed{\text{コサシ}}$ である。

176

基本事項の確認

■ 漸化式

　数列の各項を，その前の項から順に，ただ1通りに定める規則を表す等式を漸化式という。

解答・解説

（1）図形 T_n 内の配置の総数を t_n とすると，$n=1$ のとき，次の図より

$t_1 = 4$ ◀◀答

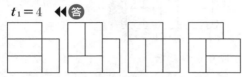

次に，右下隅のタイルに注目した図に着目する。

図1　　　　　　　　図2

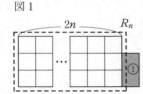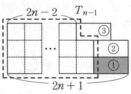

2以上の自然数 n に対して，図1の①のように右下隅にタイルを置くと，①のタイルを除く図形は R_n であり，図2の①のように右下隅にタイルを置くと，②と③のタイルも決まり，①～③のタイルを除く図形は T_{n-1} である。

　よって，$t_n = r_n + t_{n-1}$ が成り立つので

　　$A=1$，$B=1$　◀◀答

である。以上から

　　$t_2 = r_2 + t_1 = 11 + 4 = 15$　◀◀答

であることがわかる。

　同様に，2以上の自然数 n に対して，図3の①のように右下隅にタイルを置き，さらに②のようにタイルを置くと，③のタイルも決まり，①～③のタイルを除く図形は R_{n-1} である。

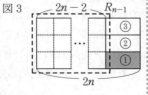

図3

太郎さんの図より，右下隅のタイルの向きによって，T_n が2通りに分けられる。

$t_n = r_n + t_{n-1}$ に $n=2$ を代入した。

太郎さんの図より，右下隅のタイルの向きによって，R_n が3通りに分けられる。

そして，図4の①のよう
に右下隅にタイルを置き，
さらに②のようにタイルを
置くと，①と②のタイルを
除く図形はT_{n-1}を上下に
入れ替えたものである。

図4
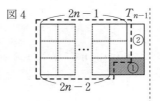

　さらに，図5の①のよう
に右下隅にタイルを置く
と，②のタイルも決まり，
①と②のタイルを除く図
形はT_{n-1}である。

図5
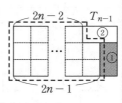

　よって，$r_n = r_{n-1} + 2t_{n-1}$ が成り立つので

$C = 1$，$D = 2$ ◀◀答

である。

（2）縦の長さが3，横の長さが6の長方形の部屋は
R_3とみなすことができるから，（1）の結果より，敷
き詰め方の総数は

$$r_3 = r_2 + 2t_2 = 11 + 2 \cdot 15 = \mathbf{41}$$ ◀◀答

である。

　また，縦の長さが3，横の長さが8の長方形の部屋
はR_4とみなすことができるから，（1）の結果より，
敷き詰め方の総数は

$$\begin{aligned}
r_4 &= r_3 + 2t_3 = r_3 + 2(r_3 + t_2) \\
&= 41 + 2 \cdot (41 + 15) \\
&= \mathbf{153}
\end{aligned}$$ ◀◀答

である。

既に求めた値が使えるよ
うに式を変形する。

✔ **POINT**

❗ 構想・見通しにそって解き進める

　本問は，タイルの配置の総数を考えるために，太郎さんの考え方にそって，
2つの図形R_n，T_nを設定し，R_nやT_nがR_{n-1}やT_{n-1}を用いてどのように表
されるかを考えるところがポイントになる。自分で自由に考えて解き進めるの
ではなく，与えられた考え方にそって解き進めることが要求される。

例題 5 2017年度試行調査

次の文章を読んで，下の問いに答えよ。

ある薬 D を服用したとき，有効成分の血液中の濃度(血中濃度)は一定の割合で減少し，T 時間が経過すると $\frac{1}{2}$ 倍になる。薬 D を 1 錠服用すると，服用直後の血中濃度は P だけ増加する。時間 0 で血中濃度が

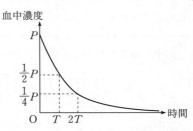

P であるとき，血中濃度の変化は右上のグラフで表される。適切な効果が得られる血中濃度の最小値を M，副作用を起こさない血中濃度の最大値を L とする。

薬 D については，$M=2$，$L=40$，$P=5$，$T=12$ である。

（1）薬 D について，12 時間ごとに 1 錠ずつ服用するときの血中濃度の変化は右のグラフのようになる。

n を自然数とする。a_n は n 回目の服用直後の血中濃度である。a_1 は P と一致すると考えてよい。第 $(n+1)$ 回目の服用直前には，血中濃度は第 n 回目の服用直後から時

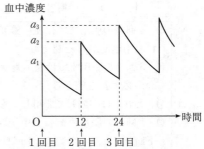

間の経過に応じて減少しており，薬を服用した直後に血中濃度が P だけ上昇する。この血中濃度が a_{n+1} である。

$P=5$，$T=12$ であるから，数列 $\{a_n\}$ の初項と漸化式は

$$a_1 = \boxed{\ \text{ア}\ }, \quad a_{n+1} = \frac{\boxed{\ \text{イ}\ }}{\boxed{\ \text{ウ}\ }}a_n + \boxed{\ \text{エ}\ } \quad (n=1,\ 2,\ 3,\ \cdots)$$

となる。

数列 $\{a_n\}$ の一般項を求めてみよう。

【考え方 1】

数列 $\{a_n-d\}$ が等比数列となるような定数 d を求める。$d=\boxed{\ \text{オカ}\ }$ に対して，数列 $\{a_n-d\}$ が公比 $\dfrac{\boxed{\ \text{キ}\ }}{\boxed{\ \text{ク}\ }}$ の等比数列になることを用いる。

　　階差数列をとって考える。数列 $\{a_{n+1}-a_n\}$ が公比 $\dfrac{\boxed{ケ}}{\boxed{コ}}$ の等比数列

になることを用いる。

　　いずれの考え方を用いても，一般項を求めることができ，

$$a_n = \boxed{サシ} - \boxed{ス}\left(\dfrac{\boxed{セ}}{\boxed{ソ}}\right)^{n-1} \quad (n=1,\ 2,\ 3,\ \cdots)$$

である。

（2）薬 D については，$M=2$，$L=40$ である。薬 D を 12 時間ごとに 1 錠ずつ
　　服用する場合，n 回目の服用直前の血中濃度が a_n-P であることに注意し
　　て，正しいものを，次の⓪〜⑤のうちから二つ選べ。$\boxed{タ}$，$\boxed{チ}$

　　$\boxed{タ}$，$\boxed{チ}$ の解答群

⓪　4 回目の服用までは血中濃度が L を超えないが，5 回目の服用直後
　　に血中濃度が L を超える。
①　5 回目の服用までは血中濃度が L を超えないが，服用し続けるとい
　　つか必ず L を超える。
②　どれだけ継続して服用しても血中濃度が L を超えることはない。
③　1 回目の服用直後に血中濃度が P に達して以降，血中濃度が M を
　　下回ることはないので，1 回目の服用以降は適切な効果が持続する。
④　2 回目までは服用直前に血中濃度が M 未満になるが，2 回目の服用以
　　降は，血中濃度が M を下回ることはないので，適切な効果が持続する。
⑤　5 回目までは服用直前に血中濃度が M 未満になるが，5 回目の服用以
　　降は，血中濃度が M を下回ることはないので，適切な効果が持続する。

（3）（1）と同じ服用量で，服用間隔の条件のみを 24 時間に変えた場合の血中
　　濃度を調べよう。薬 D を 24 時間ごとに 1 錠ずつ服用するときの，n 回目の
　　服用直後の血中濃度を b_n とする。n 回目の服用直前の血中濃度は b_n-P で
　　ある。最初の服用から $24n$ 時間経過後の服用直前の血中濃度である
　　$a_{2n+1}-P$ と $b_{n+1}-P$ を比較する。$b_{n+1}-P$ と $a_{2n+1}-P$ の比を求めると，

$$\dfrac{b_{n+1}-P}{a_{2n+1}-P} = \dfrac{\boxed{ツ}}{\boxed{テ}}$$

となる。

（4）薬Dを24時間ごとにk錠ずつ服用する場合には，最初の服用直後の血中濃度はkPとなる。服用量を変化させてもTの値は変わらないものとする。

薬Dを12時間ごとに1錠ずつ服用した場合と24時間ごとにk錠ずつ服用した場合の血中濃度を比較すると，最初の服用から$24n$時間経過後の各服用直前の血中濃度が等しくなるのは，$k=\boxed{\text{ト}}$のときである。したがって，24時間ごとにk錠ずつ服用する場合の各服用直前の血中濃度を，12時間ごとに1錠ずつ服用する場合の血中濃度以上とするためには$k\geqq\boxed{\text{ト}}$でなくてはならない。

また，24時間ごとの服用量を$\boxed{\text{ト}}$錠にするとき，正しいものを，次の⓪～③のうちから一つ選べ。$\boxed{\text{ナ}}$

$\boxed{\text{ナ}}$の解答群

⓪ 1回目の服用以降，服用直後の血中濃度が常にLを超える。

① 4回目の服用直後までの血中濃度はL未満だが，5回目以降は服用直後の血中濃度が常にLを超える。

② 9回目の服用直後までの血中濃度はL未満だが，10回目以降は服用直後の血中濃度が常にLを超える。

③ どれだけ継続して服用しても血中濃度がLを超えることはない。

基本事項の確認

■ $a_{n+1}=pa_n+q$ $(p\neq 0,\ p\neq 1,\ q\neq 0)$ の漸化式

① 方程式 $x=px+q$ の解 $x=\dfrac{q}{1-p}$ を用いて

$$a_{n+1}-x=p(a_n-x)$$

と変形でき，数列 $\{a_n-x\}$ が初項 a_1-x，公比 p の等比数列であることから a_n の一般項が求められる。

② $n\geqq 2$ のとき，$a_{n+1}=pa_n+q$ と $a_n=pa_{n-1}+q$ の両辺の差をとることで

$$a_{n+1}-a_n=p(a_n-a_{n-1})$$

と変形でき，数列 $\{a_{n+1}-a_n\}$ が公比 p の等比数列であることから a_n の一般項が求められる。

（1）薬Dについては，$P=5$，$T=12$ であり，a_1 は P と一致すると考えてよいので

$$a_1=5 \quad \blacktriangleleft 答$$

血中濃度は T 時間で $\frac{1}{2}$ 倍になり，薬Dを1錠服用すると，血中濃度が $P=5$ だけ増加するので

$$a_{n+1}=\frac{1}{2}a_n+5 \quad (n=1, 2, 3, \cdots) \quad \blacktriangleleft 答$$

となる。

そして，数列 $\{a_n\}$ の一般項を【考え方1】で求めると

$$a_{n+1}-10=\frac{1}{2}(a_n-10)$$

より

$$d=10 \quad \blacktriangleleft 答$$

であり，数列 $\{a_n-10\}$ は公比

$$\frac{1}{2} \quad \blacktriangleleft 答$$

の等比数列であるから

$$a_n-10=(a_1-10)\left(\frac{1}{2}\right)^{n-1}$$

ゆえに

$$a_n=10-5\left(\frac{1}{2}\right)^{n-1} \quad (n=1, 2, 3, \cdots) \quad \blacktriangleleft 答$$

また，数列 $\{a_n\}$ の一般項を【考え方2】で求めると，$n\geqq2$ のとき

$$a_n=\frac{1}{2}a_{n-1}+5$$

より，$a_{n+1}=\frac{1}{2}a_n+5$ と $a_n=\frac{1}{2}a_{n-1}+5$ の両辺の差をとると

$$a_{n+1}-a_n=\frac{1}{2}(a_n-a_{n-1})$$

であり，数列 $\{a_{n+1}-a_n\}$ は，初項 $a_2-a_1=\frac{5}{2}$，公比

$$\frac{1}{2} \quad \blacktriangleleft 答$$

方程式

$$x=\frac{1}{2}x+5$$

の解は $x=10$ である。

$a_1=5$ より。

$a_{n+1}=\frac{1}{2}a_n+5$ より。

$a_1=5$，$a_2=\frac{15}{2}$ より。

の等比数列であるから，$n \geqq 2$ のとき

$$a_n = a_1 + \sum_{k=1}^{n-1} \frac{5}{2}\left(\frac{1}{2}\right)^{k-1}$$

$$= 5 + \frac{\frac{5}{2}\left\{1-\left(\frac{1}{2}\right)^{n-1}\right\}}{1-\frac{1}{2}}$$

等比数列の和。

ゆえに

$$a_n = 10 - 5\left(\frac{1}{2}\right)^{n-1} \quad \cdots\cdots\cdots\cdots\cdots ①$$

であり，①に $n=1$ を代入すると $a_1 = 5$ となるから

$$a_n = 10 - 5\left(\frac{1}{2}\right)^{n-1} \quad (n=1,\ 2,\ 3,\ \cdots)$$

である。

（**2**）$0 < 5\left(\frac{1}{2}\right)^{n-1} \leqq 5$ より

$$5 \leqq a_n < 10$$

であるから，血中濃度が $L=40$ を超えたり，1回目の服用以降で血中濃度が $M=2$ を下回ることはない。以上より，正しいものは

②，③ ◀◀**答**

（**3**）薬 D の服用間隔の条件のみを 24 時間に変えた場合の n 回目の服用直後の血中濃度を b_n とすると

$$b_1 = 5, \quad b_{n+1} = \frac{1}{4}b_n + 5 \quad (n=1,\ 2,\ 3,\ \cdots)$$

であり，（1）の**【考え方1】**をもとにして数列 $\{b_n\}$ の一般項を求めると

$$b_n - \frac{20}{3} = \frac{1}{4}\left(b_1 - \frac{20}{3}\right)$$

方程式

$$x = \frac{1}{4}x + 5$$

の解は $x = \frac{20}{3}$ である。

ゆえに

$$b_n = \frac{20}{3} - \frac{5}{3}\left(\frac{1}{4}\right)^{n-1}$$

であるから

$$b_{n+1} - P = \frac{20}{3} - \frac{5}{3}\left(\frac{1}{4}\right)^n - 5$$

$$= \frac{5}{3}\left\{1 - \left(\frac{1}{4}\right)^n\right\}$$

また

$$a_{2n+1}-P=10-5\left(\frac{1}{2}\right)^{2n}-5$$

$$=5\left\{1-\left(\frac{1}{4}\right)^{n}\right\}$$

$a_n=10-5\left(\frac{1}{2}\right)^{n-1}$

であるから

$$\frac{b_{n+1}-P}{a_{2n+1}-P}=\frac{\frac{5}{3}\left\{1-\left(\frac{1}{4}\right)^{n}\right\}}{5\left\{1-\left(\frac{1}{4}\right)^{n}\right\}}=\frac{1}{3} \quad \blacktriangleleft 答$$

となる。

（4）薬 D を 24 時間ごとに k 錠ずつ服用した場合の n 回目の服用直後の血中濃度を c_n（$n=1,\ 2,\ 3,\ \cdots$）とすると

$$c_n=kb_n$$

であり，最初の服用から $24n$ 時間経過後の各服用直前の血中濃度は

$$c_{n+1}-kP=k(b_{n+1}-P)$$

であるから，最初の服用から $24n$ 時間経過後の各服用直前の血中濃度が等しくなるのは

$$\frac{k(b_{n+1}-P)}{a_{2n+1}-P}=1$$

すなわち

$$\frac{k}{3}=1$$

より，$k=3$ のときである。$\blacktriangleleft 答$

また，$k=3$ のとき

$$c_n=3\left\{\frac{20}{3}-\frac{5}{3}\left(\frac{1}{4}\right)^{n-1}\right\}=5\left\{4-\left(\frac{1}{4}\right)^{n-1}\right\}$$

$c_n=3b_n$ より。

であるから，$3\leqq 4-\left(\frac{1}{4}\right)^{n-1}<4$ より

$0<\left(\frac{1}{4}\right)^{n-1}\leqq 1$ より。

$$15\leqq c_n<20$$

であり，どれだけ継続して服用しても血中濃度が $L=40$ を超えることはないため，正しいのは

③ $\blacktriangleleft 答$

✅ POINT

❗ 一定の割合で増加・減少する数列

　薬を服用したときの血中濃度や銀行の預金額など，日常には一定の割合で増えたり減ったりするものがあり，共通テストでは，このような事象を題材とした数列の問題が出題されることがある。

　本問では，薬を服用した直後の血中濃度の増加は等差（1錠につき P 増える）であり，薬を服用したあとの時間経過に伴う血中濃度の減少は等比 $\left(T\right.$ 時間経過すると $\dfrac{1}{2}$ 倍になる $\left.\right)$ であるが，薬を服用した直後の血中濃度を数列とみてその一般項を求めることで，血中濃度の最大値・最小値がどのようになるかを調べることが可能になる。

　本問の考察から，薬を服用する間隔がある時間よりも長くなると適切な効果が得られなくなり，薬を服用する量がある量よりも多くなると副作用を起こすことが想定される。12時間ごとに1錠ずつ服用したり24時間ごとに3錠ずつ服用しても血中濃度は 40 を超えないので副作用を起こすことはないが，どのような服用をすると副作用を起こすかなど調べてみてもよいだろう。

6

数列

演習1 (解答は39ページ)

　p, q を相異なる実数とし，1, p^2, q^2 がこの順に等差数列をなすとする。このとき

$$\boxed{ア}\, p^2 - q^2 = \boxed{イ}$$

である。

（1）p, 1, q もこの順に等差数列をなすとき

$$p + q = \boxed{ウ}$$

であるから

$$p = \boxed{エオ}\,, \quad q = \boxed{カ}$$

である。

　また，このとき $\boxed{キ}$ もこの順に等差数列をなす。

$\boxed{キ}$ の解答群

⓪ p, q, 1	① q, p, 1	② q, 1, p
③ 1, p, q	④ 1, q, p	

（2）p, q, 1 を並べ替えてできる数列が等差数列をなすのは，p, 1, q と $\boxed{キ}$ がこの順に等差数列をなすとき以外にも考えられる。このときの p, q の値を求めると

$$p = \frac{\boxed{クケ}}{\boxed{コ}}\,, \quad q = \frac{\boxed{サ}}{\boxed{シ}}$$

である。

演習2 （解答は41ページ）

直方体のブロックを積み上げて作られたオブジェがあり，このオブジェは上から10段目までブロックが積まれている。そして，このオブジェの上から n 段目には，横に n 個，縦に a_n 個のブロックが並んでおり，$a_1=1$，$a_{n+1}=2a_n$（$n=1$，2，$\cdots$，9）を満たしている。右上の図は上から3段目までを示したものである。

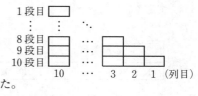

1段目
2段目
3段目
横
縦

（1）太郎さんは，上から n 段目に使われているブロックの個数を求めることにした。

$a_n=$ ア より，上から n 段目に使われているブロックの個数を b_n とすると，$b_n=$ イ a_n であるから，このオブジェに使われているブロックの個数は $\displaystyle\sum_{k=1}^{10} b_k$ である。

ア の解答群

| ⓪ 2^{n-1} | ① 2^n | ② 2^n+1 | ③ 2^{n+1} |

イ の解答群

| ⓪ $(n-1)$ | ① n | ② $(n+1)$ | ③ $2n$ |

（2）花子さんは，オブジェを正面から見ると，右の図のように，右から10列目までブロックが並んでいることに注目して，右から m 列目に使われているブロックの個数を求めることにした。

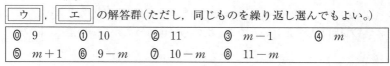

1段目
⋮
8段目
9段目
10段目
10 $\cdots$ 3 2 1（列目）

右から m 列目に使われているブロックの個数を c_m とすると

$$c_1=a_{10},\quad c_2=a_{10}+a_9,\quad \cdots,\quad c_{10}=a_{10}+a_9+\cdots+a_1$$

より，$c_m=2^{ウ}-2^{エ}$ であるから，このオブジェに使われているブロックの個数は $\displaystyle\sum_{k=1}^{10} c_k$ である。

ウ，エ の解答群（ただし，同じものを繰り返し選んでもよい。）

| ⓪ 9 | ① 10 | ② 11 | ③ $m-1$ | ④ m |
| ⑤ $m+1$ | ⑥ $9-m$ | ⑦ $10-m$ | ⑧ $11-m$ |

（3）オブジェに使われているブロックの個数の総和は オカキク である。

太郎さんと花子さんは，X 万円を年利 Y％ で借りて n 年目に P_n 万円($n=1$, 2, 3, $\cdots$)を返済していったときの n 年目における残りの返済額 a_n 万円を次のように設定したときについて考えることにした。

$$a_1=\left(1+\frac{Y}{100}\right)X-P_1, \quad a_{n+1}=\left(1+\frac{Y}{100}\right)a_n-P_{n+1}$$

ただし，$X>P_n\geqq0$，$Y>0$ とし，$a_n\leqq0$ となった時点で返済は終わるものとする。

太郎：1000 万円を年利 5％ で借りて毎年 100 万円ずつ返済するとどうなるんだろう。

花子：$X=1000$，$Y=5$ とし，$P_n=100$ とすると，a_1 の値を求めることができて，$a_{n+1}=\dfrac{21}{20}a_n-100$ だから，漸化式を解くことで数列 $\{a_n\}$ の一般項が求められるね。

（1）$X=1000$，$Y=5$，$P_n=100$ のときの a_n の一般項を求めると，$a_1=\boxed{\text{アイウ}}$ より

$$a_n=\boxed{\text{エオカキ}}-1050\left(\frac{21}{20}\right)^{\boxed{\text{ク}}}$$

である。

$\boxed{\text{ク}}$ の解答群

⓪ $n-1$	① n	② $n+1$

太郎：$X=1000$，$Y=5$，$P_n=10$ だと毎年の残りの返済額はどうなるんだろう。

花子：毎年の残りの返済額は a_n の一般項を求めないとわからないけれど，いずれ返済が終わるかどうかだけでも調べられないかな。

（2）$X=1000$，$Y=5$，$P_n=10$ のとき，年数が経過したときの a_n についての説明として正しいものを，次の⓪～③のうちから一つ選べ。$\boxed{\text{ケ}}$

ケ の解答群

⓪	つねに $a_n > 1000$ となるので，このままではいつまでも返済が終わらない。
①	最初は $a_n > 1000$ であり，途中から $a_n < 1000$ となるが，a_n が 0 になることはないので，このままではいつまでも返済が終わらない。
②	最初は $a_n > 1000$ であるが，途中から $a_n < 1000$ となり，いずれは $a_n \leqq 0$ となるので，返済が終わる。
③	つねに $a_n < 1000$ となり，いずれは $a_n \leqq 0$ となるので，返済が終わる。

太郎：$X = 1000$，$Y = 5$，$P_n = 10$ のときについて，返済が終わるかどうかを調べたけれど，X，Y，P_n を他の値に変えてみたらどうなるかな。

花子：$P_n = p$（定数）とするとどうなるかな。

（3）$P_n = p$（定数）のとき，$p > $ コ であればいずれは返済が終わるが，$p \leqq $ コ だといつまでも返済は終わらないことがわかる。

コ の解答群

⓪ XY	① $\dfrac{XY}{100}$	② $X\left(1 + \dfrac{Y}{100}\right)$	③ $X + \dfrac{Y}{100}$

太郎：でも，毎年返済する金額は同じでなくてもよいよね。年によって返済する金額を変えていくとどうなるのかな。

花子：$X = 1000$，$Y = 5$ のとき，$P_1 + P_2 + P_3$ の値を変えないように，P_1，P_2，P_3 の値を変えてみたときの a_3 の値はどうなるか調べてみよう。

（4）$X = 1000$，$Y = 5$ とする。$a_3 > 1000$ となるような P_1，P_2，P_3 の値の組を，次の ⓪〜③ のうちから二つ選べ。 サ ， シ

サ ， シ の解答群（解答の順序は問わない。）

⓪ $P_1 = 0$，$P_2 = 50$，$P_3 = 100$	① $P_1 = 40$，$P_2 = 50$，$P_3 = 60$
② $P_1 = 60$，$P_2 = 50$，$P_3 = 40$	③ $P_1 = 100$，$P_2 = 50$，$P_3 = 0$

数列 $\{a_n\}$ $(n = 1, 2, 3, \cdots)$ の初項から第 n 項までの和を S_n とする。

（1）$S_n = n^2$ のときの数列 $\{a_n\}$ の一般項を求めよう。

　　　$n \geqq 2$ のとき，$a_n = \boxed{\ \text{ア}\ }$ より，$n \geqq 2$ における数列 $\{a_n\}$ の一般項を求めると

$$a_n = \boxed{\ \text{イ}\ } n - \boxed{\ \text{ウ}\ }$$

であり，この式に $n = 1$ を代入すると

$$\boxed{\ \text{イ}\ } \cdot 1 - \boxed{\ \text{ウ}\ } = \boxed{\ \text{エ}\ }$$

であるから，$n \geqq 1$ における数列 $\{a_n\}$ の一般項は

$$a_n = \boxed{\ \text{イ}\ } n - \boxed{\ \text{ウ}\ }$$

となる。

$\boxed{\ \text{ア}\ }$ の解答群

⓪ $S_{n+1} - S_n$	① $S_{n+1} - S_{n-1}$	② $S_n - S_{n-1}$
③ $S_n - S_{n+1}$	④ $S_{n-1} - S_{n+1}$	⑤ $S_{n-1} - S_n$

（2）p, q を定数とする。$S_n = n^2 + pn + q$ のときの数列 $\{a_n\}$ の一般項を求めよう。

　　　このとき，$n \geqq 2$ における数列 $\{a_n\}$ の一般項は

$$a_n = \boxed{\ \text{オ}\ } n + p - \boxed{\ \text{カ}\ }$$

であるから，$n \geqq 1$ における数列 $\{a_n\}$ の一般項が

$$a_n = \boxed{\ \text{オ}\ } n + p - \boxed{\ \text{カ}\ }$$

となるための必要十分条件は $\boxed{\ \text{キ}\ }$ である。

$\boxed{\ \text{キ}\ }$ の解答群

⓪ $p = 0$	① $q = 0$	② $p = q$	③ $p = -q$

（3）次の⓪〜③のうち，$n \geqq 2$ における数列 $\{a_n\}$ の一般項を $a_n = f(n)$ とした

ときに，$n \geqq 1$ における数列 $\{a_n\}$ の一般項が $a_n = f(n)$ となるような S_n は

　ク　と　ケ　である。

ク，ケ の解答群（解答の順序は問わない。）

⓪ $S_n = n^2 + n + 1$		① $S_n = (n-1)(n-2)$	
② $S_n = n(n-1)$		③ $S_n = n(n+1)(2n+1)$	

太郎さんは，$\displaystyle\sum_{k=1}^{n} k = \frac{1}{2}n(n+1)$，$\displaystyle\sum_{k=1}^{n} k^2 = \frac{1}{6}n(n+1)(2n+1)$ の式を使わないで $\displaystyle\sum_{k=1}^{n} k(k+1)$ を求めるために，次のような方針を立てた。

---方針---

$$(k+1)^3 - k^3 = \boxed{\text{ア}}\, k(k+1) + \boxed{\text{イ}}$$

より，$k = 1,\ 2,\ \cdots,\ n$ としたときの両辺の和をとって求める。

（1）太郎さんの方針で $\displaystyle\sum_{k=1}^{n} k(k+1)$ を求める。このとき

$$\sum_{k=1}^{n}\{(k+1)^3 - k^3\} = \boxed{\text{ア}}\sum_{k=1}^{n} k(k+1) + \boxed{\text{ウ}} \quad\cdots\cdots\cdots①$$

であり，①の左辺が $\boxed{\text{エ}}$ であるから

$$\boxed{\text{ア}}\sum_{k=1}^{n} k(k+1) = \boxed{\text{エ}} - \boxed{\text{ウ}}$$

より

$$\sum_{k=1}^{n} k(k+1) = \frac{\boxed{\text{オ}}}{\boxed{\text{カ}}}\, n\Big(n + \boxed{\text{キ}}\Big)\Big(n + \boxed{\text{ク}}\Big)$$

$$\left(\text{ただし，}\ \boxed{\text{キ}} < \boxed{\text{ク}}\ \text{とする。}\right)$$

だとわかる。

$\boxed{\text{ウ}}$，$\boxed{\text{エ}}$ の解答群（同じものを繰り返し選んでもよい。）

⓪ $n-1$	① n	② $n+1$	③ n^3-1
④ n^3-n	⑤ $(n+1)^3-1$	⑥ $(n+1)^3-n$	

（2）太郎さんは，$\displaystyle\sum_{k=1}^{n} k(k+1)(k+2)$ を求めるのに，$(k+1)^4 - k^4$ を同じように計算しようとしたが

$$(k+1)^4 - k^4 = 4k(k+1)(k+2) - 6k^2 - 4k + 1$$

となり，$\displaystyle\sum_{k=1}^{n}k^2$，$\displaystyle\sum_{k=1}^{n}k$ の公式が必要になってしまった。そこで，先生に相

談をしたところ

$$\frac{1}{\boxed{ケ}}\{(k+3)-(k-1)\}=1$$

を使う方法を教わったので，太郎さんは

$$k(k+1)(k+2)=\frac{1}{\boxed{ケ}}\left\{\boxed{コ}-\boxed{サ}\right\}$$

と変形することで $\displaystyle\sum_{k=1}^{n}k(k+1)(k+2)$ を正しく求めることができた。

$\boxed{コ}$，$\boxed{サ}$ の解答群(同じものを繰り返し選んでもよい。)

⓪ $k(k+1)(k+2)$	① $k(k+1)(k+2)(k+3)$
② $(k+1)(k+2)(k+3)$	③ $(k+1)(k+2)(k+3)(k+4)$
④ $k(k+1)(k+2)(k+3)(k+4)$	⑤ $(k-1)k(k+1)$
⑥ $(k-1)k(k+1)(k+2)$	⑦ $(k-1)k(k+1)(k+2)(k+3)$
⑧ $(k-1)k(k+1)(k+2)(k+3)(k+4)$	

（3）太郎さんは，$\displaystyle\sum_{k=1}^{n}k(k+1)$ や $\displaystyle\sum_{k=1}^{n}k(k+1)(k+2)$ を求めた結果から

$$\sum_{k=1}^{n}\{k(k+1)\cdot\cdots\cdot(k+m)\}\quad(m\text{は自然数})$$

をいろいろな m の値について求められるのではないかと考えた。

$m=5$ のとき

$$\sum_{k=1}^{n}\{k(k+1)(k+2)(k+3)(k+4)(k+5)\}=\frac{\boxed{シ}}{\boxed{ス}}\boxed{セ}$$

である。

$\boxed{セ}$ の解答群

⓪ $n(n+1)(n+2)(n+3)(n+4)(n+5)$
① $n(n+1)(n+2)(n+3)(n+4)(n+5)(n+6)$
② $n(n+1)(n+2)(n+3)(n+4)(n+5)(n+6)(n+7)$
③ $(n+1)(n+2)(n+3)(n+4)(n+5)(n+6)$
④ $(n+1)(n+2)(n+3)(n+4)(n+5)(n+6)(n+7)$

【MEMO】

第7章　統計的な推測

ある工場では，内容量が100gと記載されたポップ
コーンを製造している。のり子さんが，この工場で製
造されたポップコーン1袋を購入して調べたところ，
内容量は98gであった。のり子さんは「記載された内
容量は誤っているのではないか」と考えた。そこで，
のり子さんは，この工場で製造されたポップコーンを
100袋購入して調べたところ，標本平均は104g，標本
の標準偏差は2gであった。

以下の問題を解答するにあたっては，必要に応じて331ページの正規分布表を
用いてもよい。

（1）　ポップコーン1袋の内容量を確率変数 X で表すこととする。のり子さ
んの調査の結果をもとに，X は平均104g，標準偏差2gの正規分布に従う
ものとする。

このとき，X が100g以上106g以下となる確率は 0.$\boxed{アイウ}$ であり，X
が98g以下となる確率は 0.$\boxed{エオカ}$ である。この98g以下となる確率は，
「コインを $\boxed{キ}$ 枚同時に投げたとき，すべて表が出る確率」に近い確
率であり，起こる可能性が非常に低いことがわかる。$\boxed{キ}$ については，
最も適当なものを，次の⓪〜④のうちから一つ選べ。

$\boxed{キ}$ の解答群

⓪ 6	① 8	② 10	③ 12	④ 14

のり子さんがポップコーンを購入した店では，この工場で製造されたポ
ップコーン2袋をテープでまとめて売っている。ポップコーンを入れる袋
は1袋あたり5gであることがわかっている。テープでまとめられたポップ
コーン2袋分の重さを確率変数 Y で表すとき，Y の平均を m_Y，標準偏差
を σ とおけば，$m_Y = \boxed{クケコ}$ である。ただし，テープの重さはないものと
する。

また，標準偏差 σ と確率変数 X，Y について，正しいものを，次の
⓪〜⑤のうちから一つ選べ。$\boxed{サ}$

 サ の解答群

⓪ $\sigma=2$ であり，Y について $m_Y-2\leqq Y\leqq m_Y+2$ となる確率は，X について $102\leqq X\leqq 106$ となる確率と同じである。

① $\sigma=2\sqrt{2}$ であり，Y について $m_Y-2\sqrt{2}\leqq Y\leqq m_Y+2\sqrt{2}$ となる確率は，X について $102\leqq X\leqq 106$ となる確率と同じである。

② $\sigma=2\sqrt{2}$ であり，Y について $m_Y-2\sqrt{2}\leqq Y\leqq m_Y+2\sqrt{2}$ となる確率は，X について $102\leqq X\leqq 106$ となる確率の $\sqrt{2}$ 倍である。

③ $\sigma=4$ であり，Y について $m_Y-2\leqq Y\leqq m_Y+2$ となる確率は，X について $102\leqq X\leqq 106$ となる確率と同じである。

④ $\sigma=4$ であり，Y について $m_Y-4\leqq Y\leqq m_Y+4$ となる確率は，X について $102\leqq X\leqq 106$ となる確率と同じである。

⑤ $\sigma=4$ であり，Y について $m_Y-4\leqq Y\leqq m_Y+4$ となる確率は，X について $102\leqq X\leqq 106$ となる確率の 4 倍である。

（2）次にのり子さんは，内容量が100gと記載されたポップコーンについて，内容量の母平均 m の推定を行った。

のり子さんが調べた100袋の標本平均104g，標本の標準偏差2gをもとに考えるとき，小数第2位を四捨五入した信頼度（信頼係数）95% の信頼区間を，次の⓪〜⑤のうちから一つ選べ。 シ

 シ の解答群

⓪ $100.1\leqq m\leqq 107.9$	① $102.0\leqq m\leqq 106.0$
② $103.0\leqq m\leqq 105.0$	③ $103.6\leqq m\leqq 104.4$
④ $103.8\leqq m\leqq 104.2$	⑤ $103.9\leqq m\leqq 104.1$

同じ標本をもとにした信頼度99% の信頼区間について，正しいものを，次の⓪〜②のうちから一つ選べ。 ス

 ス の解答群

⓪ 信頼度95% の信頼区間と同じ範囲である。

① 信頼度95% の信頼区間より狭い範囲になる。

② 信頼度95% の信頼区間より広い範囲になる。

母平均 m に対する信頼度 $D\%$ の信頼区間を $A \leqq m \leqq B$ とするとき，この信頼区間の幅を $B-A$ と定める。

のり子さんは信頼区間の幅を $\boxed{シ}$ と比べて半分にしたいと考えた。そのための方法は 2 通りある。

一つは，信頼度を変えずに標本の大きさを $\boxed{セ}$ 倍にすることであり，もう一つは，標本の大きさを変えずに信頼度を $\boxed{ソタ}$. $\boxed{チ}$ ％にすることである。

基本事項の確認

■ 正規分布の標準化

確率変数 X が正規分布 $N(m,\ \sigma^2)$ に従うとき

$$Z = \frac{X-m}{\sigma}$$

とすると，確率変数 Z は平均 0，標準偏差 1 の標準正規分布 $N(0,\ 1)$ に従う。

■ 確率変数の和と積

確率変数 Z の平均(期待値)を $E(Z)$，分散を $V(Z)$ で表すことにする。

一般に，2 つの確率変数 $X,\ Y$ に対して次の式が成り立つ。

$$E(X+Y) = E(X) + E(Y)$$

$X,\ Y$ が独立であれば，次の式も成り立つ。

$$E(XY) = E(X)\,E(Y)$$
$$V(X+Y) = V(X) + V(Y)$$

■ 母平均 m に対する信頼度 95％ の信頼区間

母分散が σ^2 である母集団から大きさ n の標本を抽出したときの標本平均を $\overline{X}$ とする。n が十分大きいとき，母平均 m に対する信頼度 95％ の信頼区間は

$$\overline{X} - 1.96 \cdot \frac{\sigma}{\sqrt{n}} \leqq m \leqq \overline{X} + 1.96 \cdot \frac{\sigma}{\sqrt{n}}$$

解答・解説

（1）確率変数 X は平均 $E(X) = 104$，標準偏差 $\sigma(X) = 2$ の正規分布に従うので

$$Z = \frac{X - E(X)}{\sigma(X)} = \frac{X - 104}{2}$$

標準化。

とおくと，確率変数 Z は標準正規分布 $N(0, 1)$ に従う。

ここで，$100 \leqq X \leqq 106$ のとき

$$\frac{100 - 104}{2} \leqq Z \leqq \frac{106 - 104}{2}$$

$$-2 \leqq Z \leqq 1$$

したがって

$$P(100 \leqq X \leqq 106) = P(-2 \leqq Z \leqq 1)$$

$P(-2 \leqq Z \leqq 0)$

$$= P(0 \leqq Z \leqq 2) + P(0 \leqq Z \leqq 1)$$

$= P(0 \leqq Z \leqq 2)$

$$= 0.4772 + 0.3413$$

正規分布表より

$$= 0.8185 \fallingdotseq \mathbf{0.819} \blacktriangleleft\blacktriangleleft\text{（答）}$$

$P(0 \leqq Z \leqq 2)$

同様にして，$X \leqq 98$ のとき

$= 0.4772$

$$Z \leqq \frac{98 - 104}{2} = -3$$

$P(0 \leqq Z \leqq 1)$

$= 0.3413$

したがって

$$P(X \leqq 98) = P(Z \leqq -3) = P(3 \leqq Z)$$

$$= P(0 \leqq Z) - P(0 \leqq Z \leqq 3) = 0.5 - 0.4987$$

正規分布表より

$$= 0.0013 \fallingdotseq \mathbf{0.001} \blacktriangleleft\blacktriangleleft\text{（答）}$$

$P(0 \leqq Z \leqq 3)$

ここで，コインを k 枚同時に投げたとき，すべて表が出る確率は

$= 0.4987$

$$\left(\frac{1}{2}\right)^k = \frac{1}{2^k}$$

よって，$k = 10$ のとき，$2^{10} = 1024$ であるから，$0.001 = \frac{1}{1000}$ に近いものとして，最も適当なのは $k = 10$（②）のときである。$\blacktriangleleft\blacktriangleleft\text{（答）}$

ポップコーン1袋の重さは内容量に袋を加えた重さなので，$X + 5$(g) であり，これも確率変数である。

のり子さんが購入した店における，ポップコーン2袋の内容量をそれぞれ X_1(g)，X_2(g) とする。

$E(X) = 104$ より

$$E(X_1 + 5) = E(X_2 + 5) = E(X + 5)$$
$$= 104 + 5 = 109$$

よって

$$\boldsymbol{m_Y} = E(X_1 + 5) + E(X_2 + 5)$$
$$= 109 + 109 = 218 \quad ◀◀答$$

また，Y の分散を $V(Y)$ とおくと

$$V(Y) = V(X_1 + 5 + X_2 + 5)$$

である。ここで

$$V(X_1 + 5) = V(X_2 + 5) = V(X + 5) = V(X)$$
$$= 2^2$$

であり，X_1 と X_2 は独立なので

$$V(Y) = V(X_1 + 5) + V(X_2 + 5)$$
$$= 4 + 4 = 8$$

したがって

$$\sigma = 2\sqrt{2}$$

また，$102 \leqq X \leqq 106$ のとき

$$\frac{102 - 104}{2} \leqq Z \leqq \frac{106 - 104}{2}$$

$$-1 \leqq Z \leqq 1$$

であり，$m_Y - 2\sqrt{2} \leqq Y \leqq m_Y + 2\sqrt{2}$ において，Y を標準化すると

$$-1 \leqq \frac{Y - m_Y}{2\sqrt{2}} \leqq 1$$

つまり，$\sigma = 2\sqrt{2}$ であり，Y について $m_Y - 2\sqrt{2} \leqq Y \leqq m_Y + 2\sqrt{2}$ となる確率は，X について $102 \leqq X \leqq 106$ となる確率と同じである。（⓪） ◀◀答

（2）標本の大きさ 100，標本平均 104g，標本の標準偏差 2g であるから，母平均 mg に対する信頼度95%の信頼区間は

$$104 - 1.96 \cdot \frac{2}{\sqrt{100}} \leqq m \leqq 104 + 1.96 \cdot \frac{2}{\sqrt{100}}$$

$$104 - 1.96 \cdot \frac{1}{5} \leqq m \leqq 104 + 1.96 \cdot \frac{1}{5}$$

$$104 - 0.392 \leqq m \leqq 104 + 0.392$$

$$103.608 \leqq m \leqq 104.392$$

X_1 と X_2 は独立な確率変数であることに注意。$Y = 2X + 10$ としてはいけない。
$$V(X) = \{\sigma(X)\}^2$$

$$m_Y - \sigma \leqq Y \leqq m_Y + \sigma$$

選択肢は Y が
$$m_Y - \sigma \leqq Y \leqq m_Y + \sigma$$
となる確率と，X が
$$E(X) - \sigma(X) \leqq X$$
$$\leqq E(X) + \sigma(X)$$
となる確率の比較である。X，Y はともに正規分布に従うから，確率は同じである。

よって，小数第2位を四捨五入して

$$103.6 \leqq m \leqq 104.4 \quad （③） \blacktriangleleft\text{答}$$

同じ標本をもとにした信頼度99%の信頼区間は

$$104 - 2.58 \cdot \frac{1}{5} \leqq m \leqq 104 + 2.58 \cdot \frac{1}{5}$$

 参照。

$$103.484 \leqq m \leqq 104.516$$

よって，信頼度95%の信頼区間より広い範囲になる。
（②） $\blacktriangleleft\text{答}$

標本の大きさを n とし，標本平均を m'，k を信頼度により決まる定数とすると，$A = m' - k \cdot \dfrac{2}{\sqrt{n}}$，

$B = m' + k \cdot \dfrac{2}{\sqrt{n}}$ である。

このとき，信頼区間の幅は

$$B - A = \frac{2k}{\sqrt{n}}$$

となる。この信頼区間の幅を半分にするには

(i) 信頼度を変えないとき，k の値が変わらないので，$B - A$ の値を半分にするには，$\dfrac{2k}{\sqrt{n}}$ の分母を2倍にすることである。

標本の大きさが n' になるとすると

$$\sqrt{n'} = 2\sqrt{n}$$

よって，$n' = 4n$ より，標本の大きさを4倍にすることである。$\blacktriangleleft\text{答}$

(ii) 標本の大きさを変えないとき，$\sqrt{n}$ の値が変わらないので，$B - A$ の値を半分にするには，$\dfrac{2k}{\sqrt{n}}$ の分子を $\dfrac{1}{2}$ 倍にすることである。

信頼度95%のとき，$k = 1.96$ なので，この半分の 0.98 となるときの信頼度にすることである。

よって，正規分布表から，0.98 となるときの確率が 0.3365 より

$$33.65 \times 2 = 67.3 \, （\%） \quad \blacktriangleleft\text{答}$$

にすることである。

❶ 信頼度と信頼区間

　信頼度 D% の信頼区間とは，その値を含む確率が D% であるような区間のことである。したがって，信頼度 95% とは，$\overline{X}$ を標準化した確率変数

$$Z = \frac{\overline{X} - m}{\dfrac{\sigma}{\sqrt{n}}}$$

について

$$P(-z_0 \leqq Z \leqq z_0) = 0.95$$
$$2P(0 \leqq Z \leqq z_0) = 0.95$$

すなわち

$$P(0 \leqq Z \leqq z_0) = 0.475$$

をみたすことであり，正規分布表から $z_0 = 1.96$ であることがわかる。

　信頼度 99% の場合は

$$P(-z_0 \leqq Z \leqq z_0) = 0.99$$

すなわち

$$P(0 \leqq Z \leqq z_0) = 0.495$$

をみたすので，正規分布表から $z_0 = 2.58$ であることがわかる。（2.57 も近い値であるが，一般に 2.58 が用いられる。）

■ 信頼区間の幅

　問題では，母平均 m に対する信頼度 D% の信頼区間を $A \leqq m \leqq B$ とするとき，この信頼区間の幅を $B - A$ で定めている。

　母平均 m に対する信頼度 D% の信頼区間を

$$\overline{X} - z_0 \cdot \frac{\sigma}{\sqrt{n}} \leqq m \leqq \overline{X} + z_0 \cdot \frac{\sigma}{\sqrt{n}}$$

とする。このとき，z_0 は

$$P(-z_0 \leqq Z \leqq z_0) = \frac{D}{100}$$

をみたす値なので，D を小さくすると z_0 も小さくなる。

　また，信頼区間の幅は

$$\overline{X} + z_0 \cdot \frac{\sigma}{\sqrt{n}} - \left(\overline{X} - z_0 \cdot \frac{\sigma}{\sqrt{n}}\right) = 2z_0 \cdot \frac{\sigma}{\sqrt{n}}$$

である。よって，一般に，標本の大きさ n を大きくしたり，D を小さくしたりすることで，信頼区間の幅を小さくできる。

例題 2　2022年度本試

　以下の問題を解答するにあたっては，必要に応じて331ページの正規分布表を用いてもよい。

　ジャガイモを栽培し販売している会社に勤務する花子さんは，A 地区と B 地区で収穫されるジャガイモについて調べることになった。

（1）A 地区で収穫されるジャガイモには 1 個の重さが 200g を超えるものが 25% 含まれることが経験的にわかっている。花子さんは A 地区で収穫されたジャガイモから 400 個を無作為に抽出し，重さを計測した。そのうち，重さが 200g を超えるジャガイモの個数を表す確率変数を Z とする。このとき Z は二項分布 $B\left(400,\ 0.\boxed{アイ}\right)$ に従うから，Z の平均（期待値）は $\boxed{ウエオ}$ である。

（2）Z を（1）の確率変数とし，A 地区で収穫されたジャガイモ 400 個からなる標本において，重さが 200g を超えていたジャガイモの標本における比率を $R=\dfrac{Z}{400}$ とする。このとき，R の標準偏差は $\sigma(R)=\boxed{カ}$ である。

　標本の大きさ 400 は十分に大きいので，R は近似的に正規分布 $N\left(0.\boxed{アイ},\ \left(\boxed{カ}\right)^2\right)$ に従う。

　したがって，$P(R\geqq x)=0.0465$ となるような x の値は $\boxed{キ}$ となる。ただし，$\boxed{キ}$ の計算においては $\sqrt{3}=1.73$ とする。

$\boxed{カ}$ の解答群

⓪ $\dfrac{3}{6400}$	① $\dfrac{\sqrt{3}}{4}$	② $\dfrac{\sqrt{3}}{80}$	③ $\dfrac{3}{40}$

$\boxed{キ}$ については，最も適当なものを，次の ⓪ ～ ③ のうちから一つ選べ。

⓪ 0.209	① 0.251	② 0.286	③ 0.395

（3）B 地区で収穫され，出荷される予定のジャガイモ 1 個の重さは 100g から 300g の間に分布している。B 地区で収穫され，出荷される予定のジャガイモ 1 個の重さを表す確率変数を X とするとき，X は連続型確率変数であり，X のとり得る値 x の範囲は $100\leqq x\leqq300$ である。

花子さんは，B 地区で収穫され，出荷される予定のすべてのジャガイモのうち，重さが 200g 以上のものの割合を見積もりたいと考えた。そのために花子さんは，X の確率密度関数 $f(x)$ として適当な関数を定め，それを用いて割合を見積もるという方針を立てた。

　B 地区で収穫され，出荷される予定のジャガイモから 206 個を無作為に抽出したところ，重さの標本平均は 180g であった。図1はこの標本のヒストグラムである。

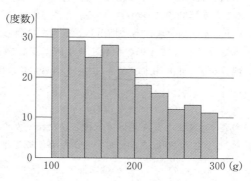

図1　ジャガイモの重さのヒストグラム

　花子さんは図1のヒストグラムにおいて，重さ x の増加とともに度数がほぼ一定の割合で減少している傾向に着目し，X の確率密度関数 $f(x)$ として，1 次関数

$$f(x) = ax + b \quad (100 \leqq x \leqq 300)$$

を考えることにした。ただし，$100 \leqq x \leqq 300$ の範囲で $f(x) \geqq 0$ とする。

　このとき，$P(100 \leqq X \leqq 300) = \boxed{ク}$ であることから

$$\boxed{ケ} \cdot 10^4 a + \boxed{コ} \cdot 10^2 b = \boxed{ク} \quad \cdots\cdots\cdots\cdots\cdots\cdots ①$$

である。

　花子さんは，X の平均（期待値）が重さの標本平均 180g と等しくなるように確率密度関数を定める方法を用いることにした。

　連続型確率変数 X のとり得る値 x の範囲が $100 \leqq x \leqq 300$ で，その確率密度関数が $f(x)$ のとき，X の平均（期待値）m は

$$m = \int_{100}^{300} x f(x) \, dx$$

で定義される。この定義と花子さんの採用した方法から

$$m = \frac{26}{3} \cdot 10^6 a + 4 \cdot 10^4 b = 180 \quad \cdots\cdots\cdots\cdots\cdots\cdots\cdots ②$$

となる。①と②により，確率密度関数は

$$f(x) = - \boxed{\text{サ}} \cdot 10^{-5}x + \boxed{\text{シス}} \cdot 10^{-3} \quad \cdots\cdots\cdots\cdots\cdots\cdots\cdots ③$$

と得られる。このようにして得られた③の $f(x)$ は，$100 \leqq x \leqq 300$ の範囲で $f(x) \geqq 0$ を満たしており，確かに確率密度関数として適当である。

したがって，この花子さんの方針に基づくと，B地区で収穫され，出荷される予定のすべてのジャガイモのうち，重さが200g以上のものは $\boxed{\text{セ}}$ ％あると見積もることができる。

$\boxed{\text{セ}}$ については，最も適当なものを，次の ⓪ ～ ③ のうちから一つ選べ。

⓪ 33	① 34	② 35	③ 36

基本事項の確認

■ 二項分布

一般に，ある試行で事象 A が起こる確率を p とすると，A が起こらない確率 q は $q = 1 - p$ である。この試行を n 回繰り返す反復試行において，A が起こる回数を X とすると，X は確率変数であり，$X = r$ となる確率 $P(X=r)$ は

$$P(X=r) = {}_nC_r p^r q^{n-r} \quad (r = 0, 1, \cdots, n)$$

このような X の確率分布を二項分布といい，$B(n, p)$ で表す。X が二項分布 $B(n, p)$ に従うとき

$$E(X) = np, \quad V(X) = npq$$

■ 確率密度関数

一般に，確率変数 X のとり得る値の範囲が $a \leqq X \leqq b$ のとき，確率変数 X に対して，1つの関数 $y = f(x)$ が $a \leqq x \leqq b$ でつねに $f(x) \geqq 0$ をみたし

① 確率 $P(c \leqq X \leqq d)$ が曲線 $y = f(x)$ と x 軸および2直線 $x = c$，$x = d$ とで囲まれた部分の面積に等しい

② $\displaystyle\int_a^b f(x)dx = 1$

であるとき，X を連続型確率変数といい，$f(x)$ を X の確率密度関数という。

解答・解説

（1）A地区で収穫されるジャガイモを母集団とする。1個の重さが200gを超えるものの母比率が0.25，無作為標本の大きさが400より，確率変数 Z は二項分布 $B(400, 0.25)$ に従う。◀◀答

よって，Z の平均（期待値）は

$$E(Z) = 400 \cdot 0.25 = 100 \quad \blacktriangleleft\blacktriangleleft \text{答}$$

（2）重さが 200g を超えていたジャガイモの標本に

おける比率 $R = \dfrac{Z}{400}$ を考える。Z の分散が

$$V(Z) = 400 \cdot 0.25 \cdot (1 - 0.25)$$
$$= 75$$

であるから，R の分散は

$$V(R) = V\left(\frac{Z}{400}\right) = \left(\frac{1}{400}\right)^2 V(Z)$$
$$= \frac{75}{400^2} = \frac{3 \cdot 5^2}{5^2 \cdot 80^2}$$
$$= \frac{3}{80^2}$$

よって，R の標準偏差は

$$\boldsymbol{\sigma(R)} = \sqrt{V(R)} = \frac{\sqrt{3}}{80} \quad (\textcircled{2}) \quad \blacktriangleleft\blacktriangleleft \text{答}$$

次に

$$E(R) = E\left(\frac{Z}{400}\right) = \frac{1}{400} E(Z)$$
$$= \frac{100}{400} = 0.25$$

であり，標本の大きさ 400 は十分大きいので，R は近
似的に正規分布 $N\left(0.25, \left(\dfrac{\sqrt{3}}{80}\right)^2\right)$ に従う。したがっ
て

$$W = \frac{R - 0.25}{\dfrac{\sqrt{3}}{80}}$$

とおくと，W は近似的に標準正規分布 $N(0, 1)$ に従
い

$$P(R \geqq x) = P\left(W \geqq \frac{x - 0.25}{\dfrac{\sqrt{3}}{80}}\right)$$

$$= P(0 \leqq W) - P\left(0 \leqq W \leqq \frac{x - 0.25}{\dfrac{\sqrt{3}}{80}}\right)$$

確率変数 X が二項分布
$B(n, p)$ に従うとき
$$E(X) = np$$

確率変数 X が二項分布
$B(n, p)$ に従うとき
$$V(X) = np(1-p)$$
$$V(aX + b) = a^2 V(X)$$

$$E(aX + b) = aE(X) + b$$

標準化。

$P(R \geqq x) = 0.0465$ のとき

$$0.0465 = 0.5 - P\left(0 \leqq W \leqq \frac{x - 0.25}{\frac{\sqrt{3}}{80}}\right)$$

$P(W \geqq 0) = 0.5$

$$P\left(0 \leqq W \leqq \frac{x - 0.25}{\frac{\sqrt{3}}{80}}\right) = 0.4535$$

正規分布表より

$$\frac{x - 0.25}{\frac{\sqrt{3}}{80}} = 1.68$$

$$x - 0.25 = 1.68 \cdot \frac{1.73}{80}$$

$\sqrt{3} = 1.73$

$$x = 0.021 \cdot 1.73 + 0.25$$

$$= 0.03633 + 0.25 = 0.28633$$

よって

$$\boldsymbol{x \fallingdotseq 0.286} \;(\text{②}) \;◀\!\!◀\text{答}$$

（3）X のとり得る値 x の範囲が $100 \leqq x \leqq 300$ だから

$$\boldsymbol{P(100 \leqq X \leqq 300) = 1} \;◀\!\!◀\text{答}$$

X の確率密度関数が $f(x) = ax + b$ のとき

$$P(100 \leqq X \leqq 300)$$

$$= \int_{100}^{300} (ax + b)\,dx$$

$$= \left[\frac{a}{2}x^2 + bx\right]_{100}^{300}$$

$$= \frac{a}{2}(300^2 - 100^2) + b(300 - 100)$$

$$= \frac{a}{2}(3^2 \cdot 10^4 - 10^4) + b(3 \cdot 10^2 - 10^2)$$

$$= 4 \cdot 10^4 a + 2 \cdot 10^2 b$$

よって

$$\frac{3^2 - 1}{2} \cdot 10^4 a$$
$$+ (3 - 1) \cdot 10^2 b$$

$$\boldsymbol{4 \cdot 10^4 a + 2 \cdot 10^2 b = 1} \;◀\!\!◀\text{答} \;\cdots\cdots\cdots ①$$

✅POINT 参照。

$m = \int_{100}^{300} x f(x)\,dx$ において，$m = 180$ より

$$\frac{26}{3} \cdot 10^6 a + 4 \cdot 10^4 b = 180 \;\cdots\cdots\cdots ②$$

✅POINT 参照。

①$\times 2 \cdot 10^2 - $② より

$$\left(8 - \frac{26}{3}\right) \cdot 10^6 a = 2 \cdot 10^2 - 180$$

$$-\frac{2}{3} \cdot 10^6 a = 20$$

$$a = -3 \cdot 10^{-5}$$

①より

$$4 \cdot 10^4 \cdot (-3 \cdot 10^{-5}) + 2 \cdot 10^2 b = 1$$

$$-12 \cdot 10^{-1} + 2 \cdot 10^2 b = 1$$

$$b = \frac{1 + 12 \cdot 10^{-1}}{2 \cdot 10^2} = \frac{22 \cdot 10^{-1}}{2 \cdot 10^2}$$

$$= 11 \cdot 10^{-3}$$

よって

$$\boldsymbol{f(x) = -3 \cdot 10^{-5} x + 11 \cdot 10^{-3}} \quad ◀◀ \fbox{答} \quad \cdots ③$$

以上より，B 地区で収穫され，出荷される予定のすべてのジャガイモのうち，重さが 200g 以上のものの割合は

$$P(200 \leqq X \leqq 300)$$

$$= \int_{200}^{300} (-3 \cdot 10^{-5} x + 11 \cdot 10^{-3}) \, dx$$

$$= \left[-\frac{3}{2} \cdot 10^{-5} x^2 + 11 \cdot 10^{-3} x\right]_{200}^{300}$$

$$= -\frac{3}{2} \cdot 10^{-5} (300^2 - 200^2) + 11 \cdot 10^{-3} (300 - 200)$$

$$= -\frac{3}{2} \cdot 10^{-5} \cdot 10^4 (3^2 - 2^2) + 11 \cdot 10^{-3} \cdot 10^2 (3 - 2)$$

$$= -\frac{15}{2} \cdot 10^{-1} + 11 \cdot 10^{-1}$$

$$= \frac{7}{2} \cdot 10^{-1}$$

$$= 0.35$$

これより，**35％**あると見積もることができる。（②）

◀◀ \fbox{答}

POINT

■ 平均（期待値）

　一般に，確率変数 X が $X=x_1,\ x_2,\ \cdots,\ x_n$ の値をとり，それぞれの値をとる確率が $p_1,\ p_2,\ \cdots,\ p_n$（ただし，$p_1+p_2+\cdots+p_n=1$）であるとき，X の平均（期待値）$E(X)$ は

$$E(X)=x_1p_1+x_2p_2+\cdots+x_np_n=\sum_{k=1}^{n}x_kp_k$$

である。

　同様に，連続型確率変数 X のとり得る値の範囲が $a\leqq x\leqq b$ で，その確率密度関数が $f(x)$ であるとき，X の平均（期待値）m は

$$m=\int_a^b xf(x)dx$$

であることは，$p_k\ (1\leqq k\leqq n)$ と $f(x)$ の対応（$x_1,\ x_2,\ \cdots,\ x_n$ に対応する確率が $p_1,\ p_2,\ \cdots,\ p_n$ で，x に対応する確率が $f(x)$ である）をイメージするとつかみやすいだろう。

■ $\int_{100}^{300}(ax+b)\,dx$ の値

　（3）の $\int_{100}^{300}(ax+b)dx$ は，右の図の台形 ABCD の面積とみて，次のように求めることもできる。

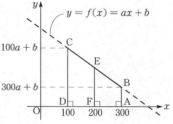

$$（台形\ ABCD）$$
$$=\frac{1}{2}(AB+DC)\cdot AD$$
$$=\frac{1}{2}\{(300a+b)+(100a+b)\}\cdot(300-100)$$
$$=\frac{1}{2}(400a+2b)\cdot200$$
$$=10^2(4\cdot10^2a+2b)$$
$$=4\cdot10^4a+2\cdot10^2b$$

また，③のように，$f(x)$ が求まったあと，重さが 200g 以上のものの割合は，台形 ABEF の面積として 0.35 と求められる。

■ $\int_{100}^{300} xf(x)\,dx$ の途中計算

（3）の問題文で省略されていた部分について補足する。

②の立式の途中計算は次のようになる。

$$\int_{100}^{300} xf(x)\,dx = \int_{100}^{300} (ax^2 + bx)\,dx$$

$$= \left[\frac{a}{3}x^3 + \frac{b}{2}x^2 \right]_{100}^{300}$$

$$= \frac{a}{3}(300^3 - 100^3) + \frac{b}{2}(300^2 - 100^2)$$

$$= \frac{a}{3}(3^3 \cdot 10^6 - 10^6) + \frac{b}{2}(3^2 \cdot 10^4 - 10^4)$$

$$= \frac{26}{3} \cdot 10^6 a + 4 \cdot 10^4 b$$

例題 3 2022年度追試

以下の問題を解答するにあたっては，必要に応じて331ページの正規分布表を用いてもよい。

太郎さんのクラスでは，確率分布の問題として，2個のさいころを同時に投げることを72回繰り返す試行を行い，2個とも1の目が出た回数を表す確率変数 X の分布を考えることとなった。そこで，21名の生徒がこの試行を行った。

（1）X は二項分布 $B\left(\boxed{\text{アイ}}, \dfrac{\boxed{\text{ウ}}}{\boxed{\text{エオ}}}\right)$ に従う。このとき，$k = \boxed{\text{アイ}}$，

$p = \dfrac{\boxed{\text{ウ}}}{\boxed{\text{エオ}}}$ とおくと，$X = r$ である確率は

$$P(X=r) = {}_k\mathrm{C}_r\, p^r\, (1-p)^{\boxed{\text{カ}}} \quad (r=0,\ 1,\ 2,\ \cdots,\ k) \ \cdots\cdots ①$$

である。

また，X の平均（期待値）は $E(X) = \boxed{\text{キ}}$，標準偏差は

$\sigma(X) = \dfrac{\sqrt{\boxed{\text{クケ}}}}{\boxed{\text{コ}}}$ である。

$\boxed{\text{カ}}$ の解答群

⓪ k	① $k+r$	② $k-r$	③ r

（2）21名全員の試行結果について，2個とも1の目が出た回数を調べたところ，次の表のような結果になった。なお，5回以上出た生徒はいなかった。

回数	0	1	2	3	4	計
人数	2	7	7	3	2	21

この表をもとに，確率変数 Y を考える。Y のとり得る値を 0，1，2，3，4 とし，各値の相対度数を確率として，Y の確率分布を次の表のとおりとする。

Y	0	1	2	3	4	計
P	$\dfrac{2}{21}$	$\dfrac{1}{3}$	$\dfrac{1}{3}$	$\dfrac{\boxed{\text{サ}}}{\boxed{\text{シ}}}$	$\dfrac{2}{21}$	$\boxed{\text{ス}}$

このとき，Y の平均は $E(Y) = \dfrac{\boxed{\text{セソ}}}{\boxed{\text{タチ}}}$，標準偏差は $\sigma(Y) = \dfrac{\sqrt{530}}{21}$ である。

（3）太郎さんは，（2）の実際の試行結果から作成した確率変数 Y の分布について，二項分布の①のように，その確率の値を数式で表したいと考えた。そこで，$Y=1$，$Y=2$ である確率が最大であり，かつ，それら二つの確率が等しくなっている確率分布について先生に相談したところ，Y の代わりとして，新しく次のような確率変数 Z を提案された。

先生の提案

Z のとり得る値は 0，1，2，3，4 であり，$Z=r$ である確率を
$$P(Z=r) = \alpha \cdot \frac{2^r}{r!} \quad (r = 0,\ 1,\ 2,\ 3,\ 4)$$
とする。ただし，α を正の定数とする。また，$r! = r(r-1)\cdots 2 \cdot 1$ であり，$0!=1$，$1!=1$，$2!=2$，$3!=6$，$4!=24$ である。

このとき，（2）と同様に Z の確率分布の表を作成することにより，

$\alpha = \dfrac{\boxed{\text{ツ}}}{\boxed{\text{テ}}}$ であることがわかる。

Z の平均は $E(Z) = \dfrac{\boxed{\text{セソ}}}{\boxed{\text{タチ}}}$，標準偏差は $\sigma(Z) = \dfrac{\sqrt{614}}{21}$ であり，$E(Z) = E(Y)$ が成り立つ。また，$Z=1$，$Z=2$ である確率が最大であり，かつ，それら二つの確率は等しい。これらのことから，太郎さんは提案されたこの Z の確率分布を利用することを考えた。

（4）（3）で考えた確率変数 Z の確率分布をもつ母集団を考え，この母集団から無作為に抽出した大きさ n の標本を確率変数 W_1，W_2，$\cdots$，W_n とし，標本平均を $\overline{W} = \dfrac{1}{n}(W_1 + W_2 + \cdots + W_n)$ とする。

$\overline{W}$ の平均を $E(\overline{W}) = m$，標準偏差を $\sigma(\overline{W}) = s$ とおくと，$m = \dfrac{\boxed{\text{トナ}}}{\boxed{\text{ニヌ}}}$，$s = \sigma(Z) \cdot \boxed{\text{ネ}}$ である。

ネ の解答群

⓪ $\dfrac{1}{n}$		① 1		② $\dfrac{1}{\sqrt{n}}$	
③ $\sqrt{n}$		④ n		⑤ n^2	

また，標本の大きさ n が十分に大きいとき，$\overline{W}$ は近似的に正規分布 $N(m,\ s^2)$ に従う。さらに，n が増加すると s^2 は ノ ので，$\overline{W}$ の分布曲線と，m と $E(X)=$ キ の大小関係に注意すれば，n が増加すると $P\left(\overline{W}\geqq\ \boxed{\text{キ}}\ \right)$ は ハ ことがわかる。

ここで，$U=$ ヒ とおくと，n が十分に大きいとき，確率変数 U は近似的に標準正規分布 $N(0,\ 1)$ に従う。このことを利用すると，$n=100$ のとき，標本の大きさは十分に大きいので

$$P\left(\overline{W}\geqq\ \boxed{\text{キ}}\ \right)=0.\boxed{\text{フヘホ}}$$

である。ただし，$0.\boxed{\text{フヘホ}}$ の計算においては $\dfrac{1}{\sqrt{614}}=\dfrac{\sqrt{614}}{614}=0.040$ とする。

$\overline{W}$ の確率分布において $E(X)$ は極端に大きな値をとっていることがわかり，$E(X)$ と $E(\overline{W})$ は等しいとはみなせない。

ノ ， ハ の解答群（同じものを繰り返し選んでもよい。）

⓪ 小さくなる		① 変化しない		② 大きくなる

ヒ の解答群

⓪ $\dfrac{\overline{W}-m}{\sqrt{n}}$		① $\dfrac{\overline{W}-m}{n}$		② $\dfrac{\overline{W}-m}{n^2}$	
③ $\dfrac{\overline{W}-m}{\sqrt{s}}$		④ $\dfrac{\overline{W}-m}{s}$		⑤ $\dfrac{\overline{W}-m}{s^2}$	

7

統計的な推測

（**1**）2個のさいころを同時に1回投げるとき，2個とも1の目が出る確率は

$$\frac{1}{6} \cdot \frac{1}{6} = \frac{1}{36}$$

であり，これを72回繰り返すので，確率変数 X は二項分布

$$B\left(72, \ \frac{1}{36}\right) \quad \blacktriangleleft\text{答}$$

に従う。

このとき，$k = 72$，$p = \frac{1}{36}$ とおくと，$X = r$ である確率は

$$P(X = r) = {}_k\mathrm{C}_r\, p^r (1-p)^{k-r} \quad (②) \quad \blacktriangleleft\text{答}$$
$$(r = 0, \ 1, \ 2, \ \cdots, \ k)$$

X の平均（期待値）は

$$E(X) = 72 \cdot \frac{1}{36} = 2 \quad \blacktriangleleft\text{答}$$

標準偏差は

$$\sigma(X) = \sqrt{72 \cdot \frac{1}{36} \cdot \left(1 - \frac{1}{36}\right)} = \frac{\sqrt{70}}{6} \quad \blacktriangleleft\text{答}$$

（**2**）21名全員の試行結果について，2個とも1の目が出た回数を表にすると

回数	0	1	2	3	4	計
人数	2	7	7	3	2	21

であり，確率変数 Y のとり得る値を 0，1，2，3，4 とし，各値の相対度数を確率とするので，$Y = 3$ のときの確率は

$$\frac{3}{21} = \frac{1}{7}$$

したがって，Y の確率分布は次の表のようになる。

Y	0	1	2	3	4	計
P	$\frac{2}{21}$	$\frac{1}{3}$	$\frac{1}{3}$	$\frac{1}{7}$	$\frac{2}{21}$	1

$\blacktriangleleft\text{答}$

反復試行の確率

確率変数 X が二項分布 $B(n, \ p)$ に従うとき
$$E(X) = np$$
$$\sigma(X) = \sqrt{np(1-p)}$$

$Y = 3$ のときの確率は，確率の合計が1であることから求めることもできる。

よって，Y の平均は

$$E(Y) = 0 \cdot \frac{2}{21} + 1 \cdot \frac{1}{3} + 2 \cdot \frac{1}{3} + 3 \cdot \frac{1}{7} + 4 \cdot \frac{2}{21}$$

$$= \frac{38}{21} \quad \blacktriangleleft 答$$

$\sigma(Y)$ は ☑ POINT 参照。

（3）$P(Z = r) = \alpha \cdot \dfrac{2^r}{r!}$ とすると

$$P(Z = 0) = \alpha \cdot \frac{2^0}{0!} = \alpha$$

$$P(Z = 1) = \alpha \cdot \frac{2^1}{1!} = 2\alpha$$

$$P(Z = 2) = \alpha \cdot \frac{2^2}{2!} = 2\alpha$$

$$P(Z = 3) = \alpha \cdot \frac{2^3}{3!} = \frac{4}{3}\alpha$$

$$P(Z = 4) = \alpha \cdot \frac{2^4}{4!} = \frac{2}{3}\alpha$$

であるから，確率変数 Z の確率分布は，次の表のようになる。

Z	0	1	2	3	4	計
P	α	2α	2α	$\frac{4}{3}\alpha$	$\frac{2}{3}\alpha$	1

よって

$$\alpha \left(1 + 2 + 2 + \frac{4}{3} + \frac{2}{3} \right) = 1$$

$$7\alpha = 1$$

$$\boldsymbol{\alpha = \frac{1}{7}} \quad \blacktriangleleft 答$$

☑ POINT 参照。

（4）$\overline{W} = \dfrac{1}{n}(W_1 + W_2 + \cdots + W_n)$ より

$$\boldsymbol{m} = E\left(\frac{1}{n}(W_1 + W_2 + \cdots + W_n) \right)$$

$$= \frac{1}{n} \cdot E(W_1 + W_2 + \cdots + W_n)$$

$$= \frac{1}{n} \{ E(W_1) + E(W_2) + \cdots + E(W_n) \}$$

$$= \frac{1}{n} \cdot n \cdot E(Z) = E(Z)$$

$$= \frac{38}{21} \quad \blacktriangleleft 答$$

$E(aX) = aE(X)$

$E(W_1), \cdots, E(W_n)$ はそれぞれ母平均 $E(Z)$ に等しい。

$E(Z) = E(Y)$ より。

215

同様にして

$$V(\overline{W})$$

$$= V\left(\frac{1}{n}(W_1 + W_2 + \cdots + W_n)\right)$$

$$= \frac{1}{n^2} \cdot V(W_1 + W_2 + \cdots + W_n) \qquad\qquad V(aX) = a^2 V(X)$$

$$= \frac{1}{n^2} \cdot \{V(W_1) + V(W_2) + \cdots + V(W_n)\}$$

$$= \frac{1}{n^2} \cdot n \cdot V(Z) \qquad\qquad V(W_1),\ \cdots,\ V(W_n) \text{ はそ}$$
れぞれ母分散 $V(Z)$ に等

$$= \frac{1}{n} \cdot V(Z) \qquad\qquad しい。$$

よって

$$s = \sqrt{V(\overline{W})} = \sqrt{\frac{1}{n} \cdot V(Z)}$$

$$= \sigma(Z) \cdot \frac{1}{\sqrt{n}} \quad (②) \quad ◀\text{答} \qquad\qquad \sqrt{V(Z)} = \sigma(Z)$$

さらに

$$s^2 = \left\{\sigma(Z) \cdot \frac{1}{\sqrt{n}}\right\}^2 = \left(\frac{\sqrt{614}}{21}\right)^2 \cdot \frac{1}{n} = \frac{614}{441n} \qquad \sigma(Z) = \frac{\sqrt{614}}{21}$$

より，n が増加すると，s^2 は小さくなる（⓪）。◀\text{答}

よって，$\overline{W}$ の分布曲線と，$m = \dfrac{38}{21}$ と $E(X) = 2$ ┃☑POINT┃ 参照。

の大小関係 $m < E(X)$ に注意すると，n が増加する

と $P(\overline{W} \geqq 2)$ は小さくなる（⓪）ことがわかる。◀\text{答}

ここで

$$U = \frac{\overline{W} - m}{s} \quad (④) \quad ◀\text{答} \qquad\qquad 標準化。$$

とおくと，$n = 100$ は十分大きいので，確率変数 U

は近似的に標準正規分布 $N(0,\ 1)$ に従い

$$P(\overline{W} \geqq 2) = P\left(U \geqq \frac{2 - m}{s}\right)$$

である。

216

したがって

$$\frac{2-m}{s} = \frac{2-\dfrac{38}{21}}{\dfrac{\sqrt{614}}{21} \cdot \dfrac{1}{\sqrt{100}}} = \frac{40}{\sqrt{614}}$$

$$= 40 \cdot 0.040 = 1.600$$

であるから

$$\begin{aligned} \boldsymbol{P(\overline{W} \geqq 2)} &= P(U \geqq 1.600) \\ &= P(U \geqq 0) - P(0 \leqq U \leqq 1.600) \\ &= 0.5 - 0.4452 = 0.0548 \\ &\fallingdotseq \boldsymbol{0.055} \quad \blacktriangleleft \text{答} \end{aligned}$$

正規分布表より
$$P(0 \leqq U \leqq 1.60)$$
$$= 0.4452$$

✓ POINT

■ （2）の $\sigma(Y) = \dfrac{\sqrt{530}}{21}$ の求め方

（2）の標準偏差 $\sigma(Y)$ は次のようにして求められる。

$$\begin{aligned} E(Y^2) &= 0^2 \cdot \frac{2}{21} + 1^2 \cdot \frac{1}{3} + 2^2 \cdot \frac{1}{3} + 3^2 \cdot \frac{1}{7} + 4^2 \cdot \frac{2}{21} \\ &= \frac{94}{21} \end{aligned}$$

より

$$\begin{aligned} \sigma(Y) &= \sqrt{E(Y^2) - \{E(Y)\}^2} = \sqrt{\frac{94}{21} - \left(\frac{38}{21}\right)^2} = \sqrt{\frac{94 \cdot 21 - 38^2}{21^2}} \\ &= \frac{\sqrt{530}}{21} \end{aligned}$$

■ （3）の Z の確率分布について

（3）の確率変数 Z の確率分布および平均と標準偏差は次のようになる。

Z	0	1	2	3	4	計
P	$\dfrac{1}{7}$	$\dfrac{2}{7}$	$\dfrac{2}{7}$	$\dfrac{4}{21}$	$\dfrac{2}{21}$	1

Z の確率分布は上の表のようになり，Z の平均 $E(Z)$ は

$$E(Z) = 0 \cdot \frac{1}{7} + 1 \cdot \frac{2}{7} + 2 \cdot \frac{2}{7} + 3 \cdot \frac{4}{21} + 4 \cdot \frac{2}{21}$$

$$= \frac{38}{21}$$

標準偏差 $\sigma(Z)$ は

$$E(Z^2) = 0^2 \cdot \frac{1}{7} + 1^2 \cdot \frac{2}{7} + 2^2 \cdot \frac{2}{7} + 3^2 \cdot \frac{4}{21} + 4^2 \cdot \frac{2}{21}$$

$$= \frac{98}{21}$$

であるから

$$\sigma(Z) = \sqrt{E(Z^2) - \{E(Z)\}^2}$$

$$= \sqrt{\frac{98}{21} - \left(\frac{38}{21}\right)^2} = \sqrt{\frac{98 \cdot 21 - 38^2}{21^2}}$$

$$= \frac{\sqrt{614}}{21}$$

■ （4）の $P(\overline{W} \geq 2)$ が小さくなること

$\overline{W}$，X の平均（期待値）をそれぞれ m，$E(X)$ とすると，$m < E(X)$ のとき，$\overline{W} \geq E(X)$ となる確率 $P(\overline{W} \geq E(X))$ は，次の図の斜線部の面積である。

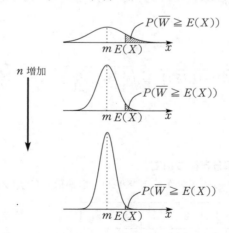

n が増加すると，$P(\overline{W} \geq E(X))$ が小さくなることがわかる。

【MEMO】

演習1 (解答は48ページ)

以下の問題を解答するにあたっては，必要に応じて331ページの正規分布表を用いてもよい。

ある企業が実施する懸賞キャンペーンは，応募すると20％の確率で当選すると言われている。太郎さんは，この懸賞キャンペーンの当選確率が本当に20％なのかを調べるために，懸賞キャンペーンの当選報告あるいは落選報告の投稿を集めることにした。無作為抽出した100件の投稿のうち，10件は当選報告であり，90件は落選報告であった。

（1）懸賞キャンペーンの当選あるいは落選の報告における当選報告の母比率を0.2とする。このとき，大きさ100の無作為標本における当選報告の件数を表す確率変数を X とすると，X は二項分布 $B\left(\boxed{\text{ ア }},\ \boxed{\text{ イ }}\right)$ に従う。また，標本の大きさ100は十分に大きいので，X は近似的に正規分布 $N\left(\boxed{\text{ ウエ }},\ \boxed{\text{ オカ }}\right)$ に従う。

$\boxed{\text{ ア }}$ の解答群

⓪ 10	① 20	② 80	③ 90	④ 100

$\boxed{\text{ イ }}$ の解答群

⓪ 0.04	① 0.16	② 0.2	③ 20	④ 400

（2）太郎さんは，当選報告の母比率は0.2ではないのかもしれないと考えた。そこで，当選報告の母比率が0.2でないといえるか，仮説検定することにした。「当選報告の母比率は0.2である」という仮説を立て，この仮説のもとで当選報告の件数が10件以下となる確率を p とおく。このとき，$p=0.\boxed{\text{ キクケ }}$ である。よって，仮説検定の結果として，この仮説は $\boxed{\text{ コ }}$。

$\boxed{\text{ コ }}$ については，最も適当なものを次の⓪〜③から一つ選べ。

⓪	有意水準5％でも有意水準1％でも棄却される
①	有意水準5％では棄却されるが，有意水準1％では棄却されない
②	有意水準5％では棄却されないが，有意水準1％では棄却される
③	有意水準5％でも有意水準1％でも棄却されない

（3）太郎さんは，当選報告の母比率が0.2ではないと考え，当選報告の母比率がどれくらいと考えるのが妥当であるか考察することにした。当選報告の母比率がrであるときの大きさ100の無作為標本における当選報告の件数が10件以下となる確率をp_rとする。このとき，$p = 0.\boxed{キクケ}$ とすると，$r < 0.2$ であるならば$p_r \boxed{サ} p$ となる。

また，母比率rに対する信頼度95％の信頼区間を$C_1 \leqq r \leqq C_2$ とすると，$C_2 - C_1 = 0.\boxed{シスセソ}$ である。

$\boxed{サ}$ の解答群

⓪ $<$	① $=$	② $>$

（4）太郎さんは，懸賞キャンペーンに落選した人の方が当選した人よりも報告の投稿をする傾向が高く，それが原因となって実際の当選確率と投稿件数の間に違いが生じているのかもしれないと考えた。

そこで，懸賞キャンペーンに当選した人のうち，当選報告を投稿する人の割合はa $(0 < a < 1)$であり，懸賞キャンペーンに落選した人のうち，落選報告を投稿する人の割合はb $(0 < b < 1)$であるとして，懸賞キャンペーンの投稿における当選報告の母比率を考えることにした。ただし，同一人物が懸賞キャンペーンに応募するのは1回限りであり，投稿するのも1回限りとする。また，懸賞キャンペーンに参加していない人が投稿する，当選した人が落選の投稿をする，落選した人が当選の投稿をする，といった虚偽の投稿はないものとする。実際の当選確率が20％であるとすると，懸賞キャンペーンの投稿における当選報告の母比率は $\boxed{タ}$ となる。

そして，$\dfrac{b}{a}$ に対する信頼度95％の信頼区間を$D_1 \leqq \dfrac{b}{a} \leqq D_2$ とすると，（3）で求めたC_1，C_2を用いて，$D_1 = \boxed{チ}$，$D_2 = \boxed{ツ}$ と表せる。

$\boxed{タ}$ の解答群

⓪ $\dfrac{4a}{b}$	① $\dfrac{a}{4b}$	② $\dfrac{a}{a+b}$	③ $\dfrac{4a}{a+b}$
④ $\dfrac{a}{4a+b}$	⑤ $\dfrac{a}{a+4b}$	⑥ $\dfrac{4a}{4a+b}$	⑦ $\dfrac{4a}{a+4b}$

$\boxed{チ}$，$\boxed{ツ}$ の解答群（同じものを繰り返し選んでもよい。）

⓪ $\dfrac{1-C_1}{C_1}$	① $\dfrac{1-C_2}{C_2}$	② $\dfrac{1-4C_1}{C_1}$	③ $\dfrac{1-4C_2}{C_2}$
④ $\dfrac{1-C_1}{4C_1}$	⑤ $\dfrac{1-C_2}{4C_2}$	⑥ $\dfrac{1-4C_1}{4C_1}$	⑦ $\dfrac{1-4C_2}{4C_2}$

（解答は50ページ）

次の図は，2045年における日本の年齢別人口をある方法で予測した結果をかいたヒストグラムである。

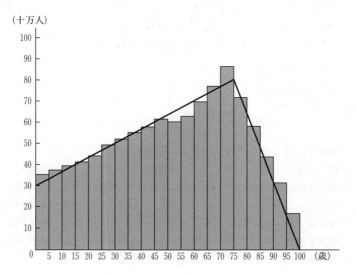

（十万人）

横軸は年齢を表す。ただし，100歳以上は省略されている。また，縦軸は人口（単位は10万人）を表す。例えば，図のヒストグラムにおいて，0歳以上5歳未満の人口は3,600,000人程度である。

図の実線は，ヒストグラムの箱の高さを近似する折れ線である。以下，図の横軸を x 軸，縦軸を y 軸とする。

（1）a を正の定数とし，$F(x) = -a(x - 100)$ とする。$75 \leqq x < 100$ の範囲でヒストグラムの箱の高さを近似する直線の方程式を $y = F(x)$ とし，75歳以上100歳未満の人を無作為に1人選んだときのその人の年齢を表す確率変数を X として，X の平均（期待値）$E(X)$ を求めよう。

X は連続的な値をとると考え，その確率密度関数を $f(x)$ とすると

$$\int_{75}^{100} f(x)\,dx = \boxed{}$$

であり，正の定数 k を用いて

$$f(x) = \frac{1}{k}F(x) \quad (75 \leqq x \leqq 100)$$

で表されると考えれば

$$k = \frac{\boxed{イウエ}}{\boxed{オ}} a$$

である。

よって X の平均 $E(X)$ は

$$E(X) = \int_{75}^{100} x f(x)\, dx = \frac{\boxed{カキク}}{\boxed{ケ}}$$

であり，a の値を大きくすると，$\boxed{\ \ コ\ \ }$

$\boxed{\ ア\ }$ の解答群

⓪ 0　　　　① 0.25　　　② 0.5　　　③ 0.75　　　④ 1

$\boxed{\ コ\ }$ の解答群

⓪ k の値も $E(X)$ の値もどちらも大きくなる。

① k の値は大きくなるが，$E(X)$ の値は変化しない。

② k の値は大きくなるが，$E(X)$ の値は小さくなる。

③ k の値は小さくなるが，$E(X)$ の値は大きくなる。

④ k の値は小さくなるが，$E(X)$ の値は変化しない。

⑤ k の値も $E(X)$ の値もどちらも小さくなる。

(2) b, c を正の定数とし，$G(x) = bx + c$ とする。$0 \leqq x < 75$ の範囲でヒストグラムの箱の高さを近似する直線の方程式を $y = G(x)$ とし，0歳以上75歳未満の人を無作為に1人選んだときのその人の年齢を表す確率変数を X' として，X' の平均(期待値) $E(X')$ を求めよう。

X' は連続的な値をとると考え，その確率密度関数を $g(x)$ とし，(1)と同じように，正の定数 k' を用いて

$$g(x) = \frac{1}{k'} G(x) \quad (0 \leqq x \leqq 75)$$

で表されると考えれば

$$k' = \frac{\boxed{サシ}}{\boxed{ス}} \left(75b + \boxed{\ セ\ } c \right)$$

である。

このとき，X' の平均 $E(X')$ は

$$E(X') = \int_0^{75} x\,g(x)\,dx = \frac{75\,(50b+c)}{75b + \boxed{\text{セ}}\,c}$$

であり，b，c の値を大きくすると，k' の値は大きくなるが，$E(X')$ の値は大きくなることもあれば小さくなることもある。

（3）0歳以上100歳未満の人を無作為に1人選んだときのその人の年齢を表す確率変数を X'' とする。(1)，(2)の考察をもとにすると，X'' の平均（期待値）は $E(X'') = \boxed{\text{ソ}}$ で与えられる。（ただし，$F(75) = G(75)$ であるとする。）

よって，$a = \dfrac{16}{5}$，$b = \dfrac{2}{3}$，$c = 30$ のとき $E(X'') = \dfrac{\boxed{\text{タチツテ}}}{\boxed{\text{トナニ}}}$ である。

$\boxed{\text{ソ}}$ の解答群

⓪ $\displaystyle \int_0^{75} x\,g(x)\,dx + \int_{75}^{100} x\,f(x)\,dx$

① $\dfrac{\displaystyle\int_0^{75} x\,G(x)\,dx}{k'} + \dfrac{\displaystyle\int_{75}^{100} x\,F(x)\,dx}{k}$

② $\dfrac{\displaystyle\int_0^{75} x\,g(x)\,dx}{k'} + \dfrac{\displaystyle\int_{75}^{100} x\,f(x)\,dx}{k}$

③ $\dfrac{\displaystyle\int_0^{75} x\,G(x)\,dx + \int_{75}^{100} x\,F(x)\,dx}{k+k'}$

④ $\dfrac{\displaystyle\int_0^{75} x\,g(x)\,dx + \int_{75}^{100} x\,f(x)\,dx}{k+k'}$

⑤ $\dfrac{\displaystyle k'\int_0^{75} x\,G(x)\,dx + k\int_{75}^{100} x\,F(x)\,dx}{k+k'}$

⑥ $\dfrac{\displaystyle k'\int_0^{75} x\,g(x)\,dx + k\int_{75}^{100} x\,f(x)\,dx}{k+k'}$

第8章　ベクトル

平面上の点 O を中心とする半径 1 の円周上に，3 点 A，B，C があり，$\overrightarrow{\mathrm{OA}} \cdot \overrightarrow{\mathrm{OB}} = -\dfrac{2}{3}$ および $\overrightarrow{\mathrm{OC}} = -\overrightarrow{\mathrm{OA}}$ を満たすとする。t を $0 < t < 1$ を満たす実数とし，線分 AB を $t : (1-t)$ に内分する点を P とする。また，直線 OP 上に点 Q をとる。

（1）$\cos \angle \mathrm{AOB} = \dfrac{\boxed{アイ}}{\boxed{ウ}}$ である。

また，実数 k を用いて，$\overrightarrow{\mathrm{OQ}} = k \overrightarrow{\mathrm{OP}}$ と表せる。したがって

$$\overrightarrow{\mathrm{OQ}} = \boxed{エ}\,\overrightarrow{\mathrm{OA}} + \boxed{オ}\,\overrightarrow{\mathrm{OB}} \quad \cdots\cdots\cdots\cdots\cdots\cdots ①$$

$$\overrightarrow{\mathrm{CQ}} = \boxed{カ}\,\overrightarrow{\mathrm{OA}} + \boxed{キ}\,\overrightarrow{\mathrm{OB}}$$

となる。

$\overrightarrow{\mathrm{OA}}$ と $\overrightarrow{\mathrm{OP}}$ が垂直となるのは，$t = \dfrac{\boxed{ク}}{\boxed{ケ}}$ のときである。

$\boxed{エ} \sim \boxed{キ}$ の解答群（同じものを繰り返し選んでもよい。）

⓪ kt	① $(k - kt)$	② $(kt + 1)$
③ $(kt - 1)$	④ $(k - kt + 1)$	⑤ $(k - kt - 1)$

以下，$t \neq \dfrac{\boxed{ク}}{\boxed{ケ}}$ とし，$\angle \mathrm{OCQ}$ が直角であるとする。

（2）$\angle \mathrm{OCQ}$ が直角であることにより，（1）の k は

$$k = \dfrac{\boxed{コ}}{\boxed{サ}\,t - \boxed{シ}} \quad \cdots\cdots\cdots\cdots\cdots\cdots\cdots ②$$

となることがわかる。

平面から直線 OA を除いた部分は，直線 OA を境に二つの部分に分けられる。そのうち，点 B を含む部分を D_1，含まない部分を D_2 とする。また，平面から直線 OB を除いた部分は，直線 OB を境に二つの部分に分けられる。そのうち，点 A を含む部分を E_1，含まない部分を E_2 とする。

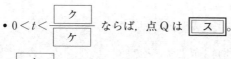

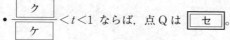

$\boxed{ス}$, $\boxed{セ}$ の解答群(同じものを繰り返し選んでもよい。)

⓪ D_1に含まれ，かつE_1に含まれる
① D_1に含まれ，かつE_2に含まれる
② D_2に含まれ，かつE_1に含まれる
③ D_2に含まれ，かつE_2に含まれる

（3）太郎さんと花子さんは，点Pの位置と $|\overrightarrow{OQ}|$ の関係について考えている。

$t = \dfrac{1}{2}$ のとき，①と②により，$|\overrightarrow{OQ}| = \sqrt{\boxed{ソ}}$ とわかる。

> 太郎：$t \neq \dfrac{1}{2}$ のときにも，$|\overrightarrow{OQ}| = \sqrt{\boxed{ソ}}$ となる場合があるかな。
>
> 花子：$|\overrightarrow{OQ}|$ を t を用いて表して，$|\overrightarrow{OQ}| = \sqrt{\boxed{ソ}}$ を満たす t の値
> について考えればいいと思うよ。
>
> 太郎：計算が大変そうだね。
>
> 花子：<u>直線 OA に関して，$t = \dfrac{1}{2}$ のときの点Qと対称な点をRとし</u>
> <u>たら，$|\overrightarrow{OR}| = \sqrt{\boxed{ソ}}$ となるよ。</u>
>
> 太郎：<u>$\overrightarrow{OR}$ を $\overrightarrow{OA}$ と $\overrightarrow{OB}$ を用いて表すことができれば，t の値が求めら</u>
> <u>れそうだね。</u>

直線 OA に関して，$t = \dfrac{1}{2}$ のときの点Qと対称な点をRとすると

$$\overrightarrow{CR} = \boxed{タ}\ \overrightarrow{CQ}$$
$$= \boxed{チ}\ \overrightarrow{OA} + \boxed{ツ}\ \overrightarrow{OB}$$

となる。

$t \neq \dfrac{1}{2}$ のとき，$|\overrightarrow{OQ}| = \sqrt{\boxed{ソ}}$ となる t の値は $\dfrac{\boxed{テ}}{\boxed{ト}}$ である。

■ ベクトルの内積

2つのベクトル $\vec{a}$, $\vec{b}$ のなす角を θ とするとき

$$\vec{a} \cdot \vec{b} = |\vec{a}||\vec{b}|\cos\theta$$

■ ベクトルの垂直条件

$\vec{a} \neq \vec{0}$, $\vec{b} \neq \vec{0}$ のとき

$$\vec{a} \perp \vec{b} \Longleftrightarrow \vec{a} \cdot \vec{b} = 0$$

■ 内分点のベクトル表示

線分 AB を $m:n$ に内分する点を P とすると

$$\overrightarrow{\mathrm{OP}} = \frac{n\overrightarrow{\mathrm{OA}} + m\overrightarrow{\mathrm{OB}}}{m+n}$$

とくに，$m=t$, $n=1-t$ $(0<t<1)$ であるとき，$m+n=t+(1-t)=1$ より

$$\overrightarrow{\mathrm{OP}} = (1-t)\overrightarrow{\mathrm{OA}} + t\overrightarrow{\mathrm{OB}}$$

解答・解説 ▶

（1）$|\overrightarrow{OA}| = |\overrightarrow{OB}| = 1$, $\overrightarrow{OA} \cdot \overrightarrow{OB} = -\dfrac{2}{3}$ より

$$\cos \angle AOB = \frac{\overrightarrow{OA} \cdot \overrightarrow{OB}}{|\overrightarrow{OA}||\overrightarrow{OB}|} = \frac{-\dfrac{2}{3}}{1 \cdot 1}$$

$$= \frac{-2}{3} \ \blacktriangleleft 答$$

$\begin{aligned} &\overrightarrow{OA} \cdot \overrightarrow{OB} \\ &= |\overrightarrow{OA}||\overrightarrow{OB}|\cos \angle AOB \end{aligned}$

$0 < t < 1$ で，点 P は線分 AB を $t : (1-t)$ に内分する点であるから

$$\overrightarrow{OP} = (1-t)\overrightarrow{OA} + t\overrightarrow{OB}$$

したがって

$$\begin{aligned} \overrightarrow{OQ} &= k\overrightarrow{OP} \\ &= k\{(1-t)\overrightarrow{OA} + t\overrightarrow{OB}\} \\ &= (k - kt)\overrightarrow{OA} + kt\,\overrightarrow{OB} \quad (\text{⓪, ⓪}) \ \blacktriangleleft 答 \end{aligned}$$
$$\cdots\cdots\cdots\cdots ①$$

$$\begin{aligned} \overrightarrow{CQ} &= \overrightarrow{OQ} - \overrightarrow{OC} \\ &= \overrightarrow{OQ} - (-\overrightarrow{OA}) \\ &= (k - kt)\overrightarrow{OA} + kt\overrightarrow{OB} + \overrightarrow{OA} \\ &= (k - kt + 1)\overrightarrow{OA} + kt\,\overrightarrow{OB} \quad (\text{④, ⓪}) \end{aligned}$$

$\blacktriangleleft 答$

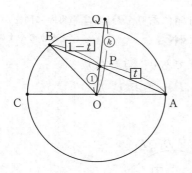

$\overrightarrow{OA}$ と $\overrightarrow{OP}$ が垂直となるのは

$$\overrightarrow{OA} \cdot \overrightarrow{OP} = 0$$

すなわち

$$\overrightarrow{OA} \cdot \{(1-t)\overrightarrow{OA} + t\overrightarrow{OB}\} = 0$$
$$(1-t)|\overrightarrow{OA}|^2 + t\overrightarrow{OA} \cdot \overrightarrow{OB} = 0$$

8

ベクトル

$$(1-t) \cdot 1^2 + t \cdot \left(-\frac{2}{3}\right) = 0$$

$$1 - \frac{5}{3}t = 0$$

よって

$$t = \frac{3}{5} \quad \blacktriangleleft 答$$

(2) $\overrightarrow{\text{CO}} \cdot \overrightarrow{\text{CQ}} = \overrightarrow{\text{OA}} \cdot \overrightarrow{\text{CQ}}$
$$= \overrightarrow{\text{OA}} \cdot \{(k-kt+1)\overrightarrow{\text{OA}} + kt\overrightarrow{\text{OB}}\}$$
$$= (k-kt+1)|\overrightarrow{\text{OA}}|^2 + kt\overrightarrow{\text{OA}} \cdot \overrightarrow{\text{OB}}$$
$$= (k-kt+1) \cdot 1^2 + kt \cdot \left(-\frac{2}{3}\right)$$
$$= 1 + \left(1-\frac{5}{3}t\right)k$$

よって，∠OCQ が直角より

$$1 + \left(1-\frac{5}{3}t\right)k = 0$$

$$3 + (3-5t)k = 0$$

$$(3-5t)k = -3$$

$t \neq \dfrac{3}{5}$ より

$$k = \frac{3}{5t-3} \quad \blacktriangleleft 答 \quad \cdots\cdots\cdots\cdots\cdots\cdots ②$$

したがって，②より，$0 < t < \dfrac{3}{5}$ のとき $k < 0$ であり，点 Q は点 O に関して点 P と反対側にあり，D_2 に含まれ，かつ E_2 に含まれる。（③）◀答

実際に図をかいて考えるとわかりやすい。

また，$\dfrac{3}{5} < t < 1$ のとき $k > 0$ であり，点 Q は点 O に関して点 P と同じ側にあり，D_1 に含まれ，かつ E_1 に含まれる。（⓪）◀答

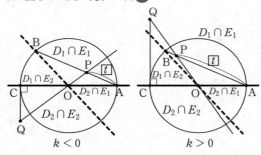

（**3**）$t = \dfrac{1}{2}$ のとき，②より

$$k = \frac{3}{5 \cdot \frac{1}{2} - 3} = -6$$

$t = \dfrac{1}{2}$，$k = -6$ のとき，①より

$$\overrightarrow{OQ} = k(1-t)\overrightarrow{OA} + kt\overrightarrow{OB}$$

$$= -3\left(\overrightarrow{OA} + \overrightarrow{OB}\right)$$

$$|\overrightarrow{OQ}|^2 = (-3)^2 |\overrightarrow{OA} + \overrightarrow{OB}|^2$$

$$= 9\left(|\overrightarrow{OA}|^2 + 2\overrightarrow{OA} \cdot \overrightarrow{OB} + |\overrightarrow{OB}|^2\right)$$

$$= 9\left\{1^2 + 2 \cdot \left(-\frac{2}{3}\right) + 1^2\right\}$$

$$= 9 \cdot \frac{2}{3} = 6$$

ゆえに

$$|\overrightarrow{OQ}| = \sqrt{6} \quad \blacktriangleleft\text{答}$$

直線 OA に関して，$t = \dfrac{1}{2}$ のときの点 Q と対称な点を R とすると

$$\triangle OCQ \equiv \triangle OCR$$

となるから

$$|\overrightarrow{OR}| = |\overrightarrow{OQ}| = \sqrt{6}$$

$$\overrightarrow{CR} = -\overrightarrow{CQ} \quad \blacktriangleleft\text{答}$$

$t = \dfrac{1}{2}$，$k = -6$ のとき，$kt = -3$ より

$$\overrightarrow{CR} = -\overrightarrow{CQ}$$

$$= -\{-6 - (-3) + 1\}\overrightarrow{OA} - (-3)\overrightarrow{OB}$$

$$= 2\overrightarrow{OA} + 3\overrightarrow{OB} \quad \blacktriangleleft\text{答}$$

さらに

$$\overrightarrow{OR} = \overrightarrow{CR} - \overrightarrow{CO}$$

$$= 2\overrightarrow{OA} + 3\overrightarrow{OB} - \overrightarrow{OA}$$

$$= \overrightarrow{OA} + 3\overrightarrow{OB}$$

$$= 4 \cdot \frac{\overrightarrow{OA} + 3\overrightarrow{OB}}{4}$$

であり，線分 AB を 3：1
に内分する点を S とすると
$$\overrightarrow{OR} = 4\overrightarrow{OS}$$
この R と S がそれぞれ Q
と P のとき，$t \neq \dfrac{1}{2}$ で
$|\overrightarrow{OQ}| = \sqrt{6}$ となる。

よって，$t \neq \dfrac{1}{2}$ のとき
$$|\overrightarrow{OQ}| = \sqrt{6}$$
となる t の値は
$$t = \dfrac{3}{4} \quad \text{◀答}$$

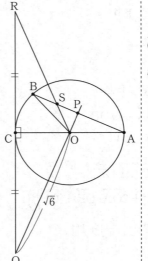

$\overrightarrow{OS} = \dfrac{1}{4}\overrightarrow{OA} + \dfrac{3}{4}\overrightarrow{OB}$ より
$t = \dfrac{3}{4}$ が求められる。

✔ POINT

❗ 図をかいて考える

　本問は t, k の値によって点 Q の位置が大きく変わるため，図をかいて考えることが大切である。

　（2）は，$k < 0$ のとき点 Q が D_2 に含まれ，$k > 0$ のとき点 Q が D_1 に含まれることは，$\overrightarrow{OQ} = k\overrightarrow{OP}$ の式から明らかであるが，点 Q が E_1, E_2 のどちらに含まれるかは，実際に図をかいてみた方がわかりやすい。

　（3）は，「直線 OA に関して，$t = \dfrac{1}{2}$ のときの点 Q と対称な点を R としたら」という花子さんの発言にあるように，実際に点 R を図示した上で，「$\overrightarrow{OR}$ を $\overrightarrow{OA}$ と $\overrightarrow{OB}$ を用いて表すことができれば」という太郎さんの発言に沿った処理を行う必要がある。

　（2）で点 Q の位置を 2 通り考えたことが，（3）の 2 通りの場合につながっているのは，共通テストらしい流れである。

例題 **2** オリジナル問題

OA=OB=3 の二等辺三角形 OAB の辺 OA 上に点 L，辺 OB 上に点 M，辺 AB 上に点 N があり，OL：LA=AN：NB=2：1，∠LNM=90° を満たすとする。$\overrightarrow{OA}=\vec{a}$，$\overrightarrow{OB}=\vec{b}$，∠AOB=$\theta$，$\overrightarrow{OM}=s\vec{b}$（$s$ は実数）とおき，$0°<\theta<180°$ とするとき，次の問いに答えよ。

（1）s を θ を用いた式で表そう。

$$\overrightarrow{ON}=\frac{\boxed{\text{ア}}}{\boxed{\text{イ}}}\vec{a}+\frac{\boxed{\text{ウ}}}{\boxed{\text{エ}}}\vec{b}$$

であり，$\overrightarrow{OL}=\dfrac{2}{3}\vec{a}$，$\overrightarrow{OM}=s\vec{b}$ より

$$\overrightarrow{LN}=-\frac{\boxed{\text{オ}}}{\boxed{\text{カ}}}\vec{a}+\frac{\boxed{\text{キ}}}{\boxed{\text{ク}}}\vec{b}$$

$$\overrightarrow{MN}=\frac{\boxed{\text{ケ}}}{\boxed{\text{コ}}}\vec{a}+\left(\frac{\boxed{\text{サ}}}{\boxed{\text{シ}}}-s\right)\vec{b}$$

である。よって，$\boxed{\boxed{\text{ス}}}=0$ より

$$s=\frac{\boxed{\text{セ}}}{\boxed{\text{ソ}}-\cos\theta}$$

であり，s のとり得る値の範囲は $\dfrac{\boxed{\text{タ}}}{\boxed{\text{チ}}}<s<\boxed{\text{ツ}}$ である。

$\boxed{\text{ス}}$ の解答群

| ⓪ $\overrightarrow{OL}\cdot\overrightarrow{OM}$ | ① $\overrightarrow{LN}\cdot\overrightarrow{MN}$ | ② $\overrightarrow{LM}\cdot\overrightarrow{AB}$ | ③ $\overrightarrow{ON}\cdot\overrightarrow{AB}$ |

（2）△OAB の重心を G とする。このとき

$$\overrightarrow{OG}=\frac{\boxed{\text{テ}}}{\boxed{\text{ト}}}(\vec{a}+\vec{b})$$

であり，点 G が線分 LM 上にあるときの s の値を求めると

$$s=\frac{\boxed{\text{ナ}}}{\boxed{\text{ニ}}}$$

である。

(3) 線分 LM 上以外に，△OAB の重心 G の位置について考えられるものを，次の ⓪〜⑤ のうちから二つ選べ。ただし，三角形の内部には辺上を含まないものとする。 $\boxed{\text{ヌ}}$ ， $\boxed{\text{ネ}}$

$\boxed{\text{ヌ}}$ ， $\boxed{\text{ネ}}$ の解答群(解答の順序は問わない。)

⓪ 線分 LN 上	① 線分 MN 上	② △OLM の内部
③ △LMN の内部	④ △LAN の内部	⑤ △MNB の内部

■ 三角形の重心の位置ベクトル

3点 $A(\vec{a})$，$B(\vec{b})$，$C(\vec{c})$ を頂点とする △ABC の重心の位置ベクトルは

$$\frac{\vec{a}+\vec{b}+\vec{c}}{3}$$

解答・解説

(1) AN：NB＝2：1 より

$$\overrightarrow{ON}=\frac{1}{3}\vec{a}+\frac{2}{3}\vec{b} \quad \blacktriangleleft 答$$

であり

$$\overrightarrow{LN}=\overrightarrow{ON}-\overrightarrow{OL}$$
$$=\left(\frac{1}{3}-\frac{2}{3}\right)\vec{a}+\frac{2}{3}\vec{b}$$
$$=-\frac{1}{3}\vec{a}+\frac{2}{3}\vec{b} \quad \blacktriangleleft 答$$

$$\overrightarrow{MN}=\overrightarrow{ON}-\overrightarrow{OM}$$
$$=\frac{1}{3}\vec{a}+\left(\frac{2}{3}-s\right)\vec{b} \quad \blacktriangleleft 答$$

である。ここで，∠LNM＝90° より

$$\overrightarrow{LN}\cdot\overrightarrow{MN}=\boldsymbol{0} \ (⓪) \quad \blacktriangleleft 答$$

であるから，$\overrightarrow{LN}\cdot\overrightarrow{MN}$ を計算すると

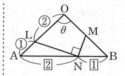

$$\overrightarrow{LN} \cdot \overrightarrow{MN}$$

$$= \left(-\frac{1}{3}\vec{a} + \frac{2}{3}\vec{b} \right) \cdot \left\{ \frac{1}{3}\vec{a} + \left(\frac{2}{3} - s \right)\vec{b} \right\}$$

$$= -\frac{1}{9}|\vec{a}|^2 + \left\{ -\frac{1}{3}\left(\frac{2}{3} - s \right) + \frac{2}{3} \cdot \frac{1}{3} \right\}\vec{a} \cdot \vec{b}$$

$$+ \frac{2}{3}\left(\frac{2}{3} - s \right)|\vec{b}|^2$$

であり

$$|\vec{a}|^2 = |\vec{b}|^2 = 3^2 = 9$$

$$\vec{a} \cdot \vec{b} = |\vec{a}||\vec{b}|\cos\theta = 9\cos\theta$$

OA＝OB＝3

を代入すると

$$\overrightarrow{LN} \cdot \overrightarrow{MN} = -1 + 3s \cdot \cos\theta + 4 - 6s$$

$$= 3s(\cos\theta - 2) + 3$$

となるので，$\overrightarrow{LN} \cdot \overrightarrow{MN} = 0$ より

$$3s(\cos\theta - 2) + 3 = 0$$

$\cos\theta \neq 2$ より

$$\boxed{s = \frac{1}{2 - \cos\theta}} \blacktriangleleft \text{答}$$

であり，$-1 < \cos\theta < 1$ より，s のとり得る値の範囲は

$$\boxed{\frac{1}{3} < s < 1} \blacktriangleleft \text{答}$$

$-1 < \cos\theta < 1$ より

$$1 < 2 - \cos\theta < 3$$

$$\frac{1}{3} < \frac{1}{2 - \cos\theta} < 1$$

（2）点 G は △OAB の重心であるから

$$\boxed{\overrightarrow{OG} = \frac{1}{3}(\vec{a} + \vec{b})} \blacktriangleleft \text{答}$$

であり，点 G が線分 LM 上にあるとき，$\alpha + \beta = 1$ を満たす実数 α，β を用いて

$$\overrightarrow{OG} = \alpha\overrightarrow{OL} + \beta\overrightarrow{OM} = \left(\alpha \cdot \frac{2}{3} \right)\vec{a} + (\beta \cdot s)\vec{b}$$

と表すこともできるので

$$\alpha \cdot \frac{2}{3} = \frac{1}{3}, \quad \beta \cdot s = \frac{1}{3}$$

$\vec{a}$, $\vec{b}$ は $\vec{0}$ でなく，平行でもない。

より

$$\boxed{\alpha = \beta = \frac{1}{2}, \quad s = \frac{2}{3}} \blacktriangleleft \text{答}$$

（3）（2）より，$s = \frac{2}{3}$ のとき

$$\frac{1}{2 - \cos\theta} = \frac{2}{3}$$

$$\cos\theta=\frac{1}{2}\qquad \theta=60°$$

であるから

点 G は線分 LM 上

$0°<\theta<60°$ すなわち $\frac{2}{3}<s<1$ のとき

点 G は △OLM の内部

$60°<\theta<180°$ すなわち $\frac{1}{3}<s<\frac{2}{3}$ のとき

点 G は △LMN の内部

にある。

よって，△OAB の重心 G の位置について考えられるものは②，③である。◀◀**答**

直線 OG と線分 AB の交点を P，直線 LG と線分 OB の交点を Q とすると

$$OL:LA=OG:GP$$
$$=2:1$$

より OQ:QB=2:1 であるから，点 Q と点 M の位置関係すなわち

$s と \frac{2}{3}$ の大小関係

から線分 LM と点 G の位置関係を調べることができる。

$0°<\theta<60°$ のとき

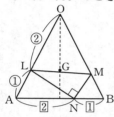

$60°<\theta<180°$ のとき

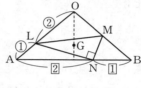

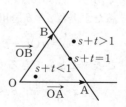

■ 点の位置

同一平面上に異なる 3 点 O，A，B と点 P があり，実数 s，t を用いて

$$\overrightarrow{OP}=s\overrightarrow{OA}+t\overrightarrow{OB}$$

で表されるとき

$s+t=1 \Longleftrightarrow$ P は直線 AB 上の点

が成り立ち，さらに $s>0$ かつ $t>0$ であれば

$s+t=1$ かつ $s>0$ かつ $t>0$

$\Longleftrightarrow$ P は線分 AB 上の点（ただし，点 A，B を除く）

が成り立つ。

また，$s>0$ かつ $t>0$ かつ $s+t<1$ であれば

P は三角形 OAB の内部の点

となる。本問では，これらを応用して，点の位置についての考察をしている。

例題 3 2021年度本試第1日程

1辺の長さが1の正五角形の対角線の長さを a とする。

（1）1辺の長さが1の正五角形 $OA_1B_1C_1A_2$ を考える。

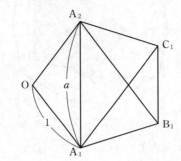

$\angle A_1C_1B_1 = \boxed{\text{アイ}}^\circ$, $\angle C_1A_1A_2 = \boxed{\text{アイ}}^\circ$ となることから，$\overrightarrow{A_1A_2}$ と $\overrightarrow{B_1C_1}$ は平行である。ゆえに

$$\overrightarrow{A_1A_2} = \boxed{\text{ウ}}\,\overrightarrow{B_1C_1}$$

であるから

$$\overrightarrow{B_1C_1} = \frac{1}{\boxed{\text{ウ}}}\overrightarrow{A_1A_2} = \frac{1}{\boxed{\text{ウ}}}\left(\overrightarrow{OA_2} - \overrightarrow{OA_1}\right)$$

また，$\overrightarrow{OA_1}$ と $\overrightarrow{A_2B_1}$ は平行で，さらに，$\overrightarrow{OA_2}$ と $\overrightarrow{A_1C_1}$ も平行であることから

$$\begin{aligned}
\overrightarrow{B_1C_1} &= \overrightarrow{B_1A_2} + \overrightarrow{A_2O} + \overrightarrow{OA_1} + \overrightarrow{A_1C_1} \\
&= -\boxed{\text{ウ}}\,\overrightarrow{OA_1} - \overrightarrow{OA_2} + \overrightarrow{OA_1} + \boxed{\text{ウ}}\,\overrightarrow{OA_2} \\
&= \left(\boxed{\text{エ}} - \boxed{\text{オ}}\right)\left(\overrightarrow{OA_2} - \overrightarrow{OA_1}\right)
\end{aligned}$$

となる。したがって

$$\frac{1}{\boxed{\text{ウ}}} = \boxed{\text{エ}} - \boxed{\text{オ}}$$

が成り立つ。$a > 0$ に注意してこれを解くと，$a = \dfrac{1+\sqrt{5}}{2}$ を得る。

（2） 次の図のような，1辺の長さが1の正十二面体を考える。正十二面体とは，どの面もすべて合同な正五角形であり，どの頂点にも三つの面が集まっているへこみのない多面体のことである。

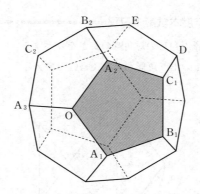

面 $OA_1B_1C_1A_2$ に着目する。$\overrightarrow{OA_1}$ と $\overrightarrow{A_2B_1}$ が平行であることから

$$\overrightarrow{OB_1} = \overrightarrow{OA_2} + \overrightarrow{A_2B_1} = \overrightarrow{OA_2} + \boxed{\ \text{ウ}\ }\,\overrightarrow{OA_1}$$

である。また

$$\left|\overrightarrow{OA_2} - \overrightarrow{OA_1}\right|^2 = \left|\overrightarrow{A_1A_2}\right|^2 = \frac{\boxed{\ \text{カ}\ } + \sqrt{\boxed{\ \text{キ}\ }}}{\boxed{\ \text{ク}\ }}$$

に注意すると

$$\overrightarrow{OA_1} \cdot \overrightarrow{OA_2} = \frac{\boxed{\ \text{ケ}\ } - \sqrt{\boxed{\ \text{コ}\ }}}{\boxed{\ \text{サ}\ }}$$

を得る。

ただし，$\boxed{\ \text{カ}\ } \sim \boxed{\ \text{サ}\ }$ は，文字 a を用いない形で答えること。

238

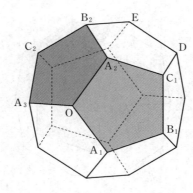

次に，面 $OA_2B_2C_2A_3$ に着目すると

$$\overrightarrow{OB_2} = \overrightarrow{OA_3} + \boxed{} \overrightarrow{OA_2}$$

である。さらに

$$\overrightarrow{OA_2} \cdot \overrightarrow{OA_3} = \overrightarrow{OA_3} \cdot \overrightarrow{OA_1} = \frac{\boxed{} - \sqrt{\boxed{}}}{\boxed{}}$$

が成り立つことがわかる。ゆえに

$$\overrightarrow{OA_1} \cdot \overrightarrow{OB_2} = \boxed{}, \quad \overrightarrow{OB_1} \cdot \overrightarrow{OB_2} = \boxed{}$$

である。

$\boxed{}$, $\boxed{}$ の解答群(同じものを繰り返し選んでもよい。)

⓪ 0	① 1	② -1	③ $\dfrac{1+\sqrt{5}}{2}$
④ $\dfrac{1-\sqrt{5}}{2}$	⑤ $\dfrac{-1+\sqrt{5}}{2}$	⑥ $\dfrac{-1-\sqrt{5}}{2}$	⑦ $-\dfrac{1}{2}$
⑧ $\dfrac{-1+\sqrt{5}}{4}$	⑨ $\dfrac{-1-\sqrt{5}}{4}$		

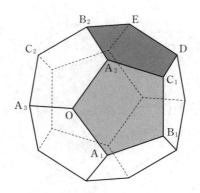

 最後に，面 $A_2C_1DEB_2$ に着目する。

$$\overrightarrow{B_2D} = \boxed{} \overrightarrow{A_2C_1} = \overrightarrow{OB_1}$$

であることに注意すると，4点 O，B_1，D，B_2 は同一平面上にあり，四角形 OB_1DB_2 は $\boxed{\text{セ}}$ ことがわかる。

$\boxed{\text{セ}}$ の解答群

⓪ 正方形である

① 正方形ではないが，長方形である

② 正方形ではないが，ひし形である

③ 長方形でもひし形でもないが，平行四辺形である

④ 平行四辺形ではないが，台形である

⑤ 台形でない

ただし，少なくとも一組の対辺が平行な四角形を台形という。

基本事項の確認

■ **内積の性質**

① $\vec{a}\cdot\vec{b} = \vec{b}\cdot\vec{a}$　　② $\vec{a}\cdot\vec{a} = |\vec{a}|^2$

③ $(k\vec{a})\cdot\vec{b} = k(\vec{a}\cdot\vec{b}) = \vec{a}\cdot(k\vec{b})$　（k は実数）

④ $\vec{a}\cdot(\vec{b}+\vec{c}) = \vec{a}\cdot\vec{b} + \vec{a}\cdot\vec{c}$　　⑤ $(\vec{a}+\vec{b})\cdot\vec{c} = \vec{a}\cdot\vec{c} + \vec{b}\cdot\vec{c}$

■ **三角形と内積**

$\triangle OAB$ において，$\overrightarrow{OA} = \vec{a}$，$\overrightarrow{OB} = \vec{b}$ とすると

$$OA = |\vec{a}|,\ OB = |\vec{b}|,\ AB = |\vec{b}-\vec{a}|$$

であり

$$|\vec{b}-\vec{a}|^2 = |\vec{b}|^2 + |\vec{a}|^2 - 2\vec{a}\cdot\vec{b}$$

解答・解説 ▶

（1）$\triangle B_1 C_1 A_1$ は，$B_1A_1 = B_1C_1$ の二等辺三角形で，

$\angle A_1B_1C_1 = 108°$ であるから

$$\angle \mathbf{A_1C_1B_1} = \frac{180° - 108°}{2} = 36° \quad ◀\text{答}$$

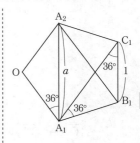

また，$\angle C_1A_1A_2 = 108° - 2 \cdot 36° = 36°$ であり，

$\angle A_1C_1B_1 = \angle C_1A_1A_2$ より錯角が等しい。

よって，$\overrightarrow{A_1A_2}$ と $\overrightarrow{B_1C_1}$ は平行で，

$A_1A_2 : B_1C_1 = a : 1$ より

$$\overrightarrow{\mathbf{A_1A_2}} = a\overrightarrow{\mathbf{B_1C_1}} \quad ◀\text{答}$$

であるから

$$\overrightarrow{B_1C_1} = \frac{1}{a}\overrightarrow{A_1A_2} = \frac{1}{a}\left(\overrightarrow{OA_2} - \overrightarrow{OA_1}\right)$$

また，同様に考えて，$\overrightarrow{OA_1}$ と $\overrightarrow{A_2B_1}$ も平行で，さらに，$\overrightarrow{OA_2}$ と $\overrightarrow{A_1C_1}$ も平行であることから

$$\begin{aligned}
\overrightarrow{B_1C_1} &= \overrightarrow{B_1A_2} + \overrightarrow{A_2O} + \overrightarrow{OA_1} + \overrightarrow{A_1C_1} \\
&= -a\overrightarrow{OA_1} - \overrightarrow{OA_2} + \overrightarrow{OA_1} + a\overrightarrow{OA_2} \\
&= (a-1)\left(\overrightarrow{\mathbf{OA_2}} - \overrightarrow{\mathbf{OA_1}}\right) \quad ◀\text{答}
\end{aligned}$$

となる。したがって

$$\frac{1}{a} = a - 1$$
$$a^2 - a - 1 = 0$$
$$a = \frac{1 \pm \sqrt{5}}{2}$$

$a > 0$ より

$$a = \frac{1 + \sqrt{5}}{2}$$

である。

（2）面 $OA_1B_1C_1A_2$ に着目すると

$$\begin{aligned}
\overrightarrow{OB_1} &= \overrightarrow{OA_2} + \overrightarrow{A_2B_1} \\
&= \overrightarrow{OA_2} + a\overrightarrow{OA_1} \quad \cdots\cdots\cdots\cdots\cdots\cdots ①
\end{aligned}$$

$\overrightarrow{B_1C_1} = \frac{1}{a}\left(\overrightarrow{OA_2} - \overrightarrow{OA_1}\right)$ と，

$\overrightarrow{B_1C_1} = (a-1)\left(\overrightarrow{OA_2} - \overrightarrow{OA_1}\right)$

より。

また

$$|\overrightarrow{OA_2}-\overrightarrow{OA_1}|^2=|\overrightarrow{A_1A_2}|^2$$

$$=a^2$$

$$=\left(\frac{1+\sqrt{5}}{2}\right)^2$$

$$=\frac{3+\sqrt{5}}{2} \quad \blacktriangleleft 答$$

であるから

$$|\overrightarrow{OA_2}-\overrightarrow{OA_1}|^2$$

$$=|\overrightarrow{OA_2}|^2-2\overrightarrow{OA_2}\cdot\overrightarrow{OA_1}+|\overrightarrow{OA_1}|^2$$

$$=1^2-2\overrightarrow{OA_2}\cdot\overrightarrow{OA_1}+1^2$$

$$=2-2\overrightarrow{OA_2}\cdot\overrightarrow{OA_1}$$

より

$$2-2\overrightarrow{OA_2}\cdot\overrightarrow{OA_1}=\frac{3+\sqrt{5}}{2}$$

ゆえに

$$\overrightarrow{\mathbf{OA_1}}\cdot\overrightarrow{\mathbf{OA_2}}=\frac{1-\sqrt{5}}{4} \quad \blacktriangleleft 答$$

を得る。

　次に，面 $OA_2B_2C_2A_3$ に着目すると

$$\overrightarrow{OB_2}=\overrightarrow{OA_3}+a\overrightarrow{OA_2} \quad \cdots\cdots\cdots\cdots②$$

$\overrightarrow{OA_1}\cdot\overrightarrow{OA_2}$ と同様に考えて

$$\overrightarrow{OA_2}\cdot\overrightarrow{OA_3}=\overrightarrow{OA_3}\cdot\overrightarrow{OA_1}=\frac{1-\sqrt{5}}{4}$$

が成り立つので，②より

$$\overrightarrow{\mathbf{OA_1}}\cdot\overrightarrow{\mathbf{OB_2}}=\overrightarrow{OA_1}\cdot(\overrightarrow{OA_3}+a\overrightarrow{OA_2})$$

$$=\overrightarrow{OA_1}\cdot\overrightarrow{OA_3}+a\overrightarrow{OA_1}\cdot\overrightarrow{OA_2}$$

$$=\frac{1-\sqrt{5}}{4}+\frac{1+\sqrt{5}}{2}\cdot\frac{1-\sqrt{5}}{4}$$

$$=\frac{-1-\sqrt{5}}{4} \quad (⑨) \quad \blacktriangleleft 答$$

①，②より

$a^2-a-1=0$ より

$$a^2=a+1$$

$$=\frac{1+\sqrt{5}}{2}+1$$

$$=\frac{3+\sqrt{5}}{2}$$

としてもよい。

$$\overrightarrow{OB_2}=\overrightarrow{OA_3}+\overrightarrow{A_3B_2}$$

$$=\overrightarrow{OA_3}+a\overrightarrow{OA_2}$$

$$\overrightarrow{OB_1} \cdot \overrightarrow{OB_2}$$
$$= \left(\overrightarrow{OA_2} + a\overrightarrow{OA_1}\right) \cdot \left(\overrightarrow{OA_3} + a\overrightarrow{OA_2}\right)$$
$$= \overrightarrow{OA_2} \cdot \overrightarrow{OA_3} + a\left|\overrightarrow{OA_2}\right|^2$$
$$\qquad\qquad + a\overrightarrow{OA_1} \cdot \overrightarrow{OA_3} + a^2\overrightarrow{OA_1} \cdot \overrightarrow{OA_2}$$
$$= \frac{1-\sqrt{5}}{4} + \frac{1+\sqrt{5}}{2} \cdot 1^2$$
$$\qquad\qquad + \frac{1+\sqrt{5}}{2} \cdot \frac{1-\sqrt{5}}{4} + \frac{3+\sqrt{5}}{2} \cdot \frac{1-\sqrt{5}}{4}$$
$$= 0 \quad (\text{⓪}) \quad \blacktriangleleft\text{答}$$

である。

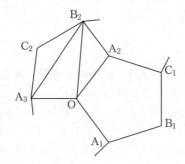

最後に，面 $A_2C_1DEB_2$ に着目して

$$\overrightarrow{B_2D} = a\overrightarrow{A_2C_1} = \overrightarrow{OB_1}$$

であることに注意すると，四角形 OB_1DB_2 は平行四辺形であり，①，②より

1 組の対辺が平行でその長さが等しいので，四角形 OB_1DB_2 は平行四辺形である。

$$OB_1 = OB_2 = a$$
$$\overrightarrow{OB_1} \cdot \overrightarrow{OB_2} = 0 \;\; \text{より}$$
$$\angle B_1OB_2 = 90°$$

であるから，平行四辺形 OB_1DB_2 は，4 辺が等しく，内角の一つが $90°$ であることがわかる。よって，正方形である（⓪）ことがわかる。 $\blacktriangleleft\text{答}$

平行四辺形において，4 辺が等しいだけだと，ひし形の可能性がある。

❗ ゴールを確認する

　本問は，（1）で正五角形 $OA_1B_1C_1A_2$ について考察し，（2）で正十二面体の面について，面 $OA_1B_1C_1A_2$ →面 $OA_2B_2C_2A_3$ →面 $A_2C_1DEB_2$ の順に考察するが，流れに沿って問題を解いているだけでは，何をゴールとして考察を進めているのかが見えにくい問題である。このような問題では，先にゴールを確認すると見通しが立てやすくなる。

　$\boxed{セ}$ で，四角形 OB_1DB_2 がどのような図形であるかが問われていることに着目すると，四角形 OB_1DB_2 の辺や角について考察しようとしていることがわかり，そのために $\overrightarrow{OB_1}\cdot\overrightarrow{OB_2}$ や $\overrightarrow{B_2D}=a\overrightarrow{A_2C_1}=\overrightarrow{OB_1}$ を求めていることもわかるので，問題の全体像が見えやすくなる。

■ $OB_1=B_1D=DB_2=B_2O$

　四角形 OB_1DB_2 について，1辺の長さが1の正五角形の対角線に着目することで $OB_1=B_1D=DB_2=B_2O$ であることがわかるが，このことだけで四角形 OB_1DB_2 を正方形かひし形のどちらかであると結論づけるのは誤りである。4点 O, B_1, D, B_2 が同一平面上になくても $OB_1=B_1D=DB_2=B_2O$ となる場合があるので，$\overrightarrow{B_2D}=\overrightarrow{OB_1}$ を示すなどして，4点 O, B_1, D, B_2 が同一平面上にあることを示す必要がある。

例題 4 2018年度試行調査・改

（1） 右の図のような立体を考える。ただし，
六つの面 OAC，OBC，OAD，OBD，ABC，
ABD は 1 辺の長さが 1 の正三角形である。
この立体の ∠COD の大きさを調べたい。

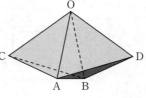

線分 AB の中点を M，線分 CD の中点を
N とおく。

$\overrightarrow{OA} = \vec{a}$, $\overrightarrow{OB} = \vec{b}$, $\overrightarrow{OC} = \vec{c}$, $\overrightarrow{OD} = \vec{d}$ とおくとき，次の問いに答えよ。

（ⅰ） 次の ┃ ア ┃ ～ ┃ エ ┃ に当てはまる数を求めよ。

$$\overrightarrow{OM} = \frac{\boxed{ア}}{\boxed{イ}}(\vec{a}+\vec{b}), \quad \overrightarrow{ON} = \frac{\boxed{ア}}{\boxed{イ}}(\vec{c}+\vec{d})$$

$$\vec{a}\cdot\vec{b} = \vec{a}\cdot\vec{c} = \vec{a}\cdot\vec{d} = \vec{b}\cdot\vec{c} = \vec{b}\cdot\vec{d} = \frac{\boxed{ウ}}{\boxed{エ}}$$

（ⅱ） 3 点 O，N，M は同一直線上にある。内積 $\overrightarrow{OA}\cdot\overrightarrow{CN}$ の値を用いて，
$\overrightarrow{ON} = k\overrightarrow{OM}$ を満たす k の値を求めよ。

$$k = \frac{\boxed{オ}}{\boxed{カ}}$$

（ⅲ） ∠COD $= \theta$ とおき，$\cos\theta$ の値を求めたい。次の**方針1**または**方針2**
について，┃ キ ┃ ～ ┃ シ ┃ に当てはまる数を求めよ。

┌─**方針1**────────────────────
│ $\vec{d}$ を $\vec{a}$, $\vec{b}$, $\vec{c}$ を用いて表すと，
│
│ $$\vec{d} = \frac{\boxed{キ}}{\boxed{ク}}\vec{a} + \frac{\boxed{ケ}}{\boxed{コ}}\vec{b} - \vec{c}$$
│
│ であり，$\vec{c}\cdot\vec{d} = \cos\theta$ から $\cos\theta$ が求められる。
└────────────────────────────

（iv）　**方針 1** または**方針 2** を用いて $\cos\theta$ の値を求めよ。

$$\cos\theta = \frac{\boxed{\text{スセ}}}{\boxed{\text{ソ}}}$$

（2）　（1）の図形から，四つの面 OAC，OBC，OAD，OBD だけを使って，下のような図形を作成したところ，この図形は ∠AOB を変化させると，それにともなって ∠COD も変化することがわかった。

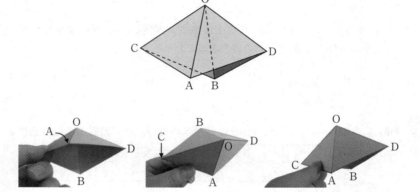

∠AOB = α，∠COD = β とおき，$\alpha > 0°$，$\beta > 0°$ とする。このときも，線分 AB の中点と線分 CD の中点および点 O は一直線上にある。

（i）　α と β が満たす関係式は（1）の**方針 2** を用いると求めることができる。その関係式として正しいものを，次の⓪～④のうちから一つ選べ。　$\boxed{\text{タ}}$

タ の解答群

⓪ $\cos\alpha + \cos\beta = 1$

① $(1+\cos\alpha)(1+\cos\beta) = 1$

② $(1+\cos\alpha)(1+\cos\beta) = -1$

③ $(1+2\cos\alpha)(1+2\cos\beta) = \dfrac{2}{3}$

④ $(1-\cos\alpha)(1-\cos\beta) = \dfrac{2}{3}$

（ⅱ） $\alpha = \beta$ のとき，$\alpha = \boxed{\text{チツ}}^\circ$ であり，このとき，点 D は $\boxed{\text{テ}}$ にある。$\boxed{\text{チツ}}$ に当てはまる数を求めよ。また，$\boxed{\text{テ}}$ に当てはまるものを，次の⓪〜②のうちから一つ選べ。

テ の解答群

⓪ 平面 ABC に関して O と同じ側

① 平面 ABC 上

② 平面 ABC に関して O と異なる側

(1) (ⅰ)

$$\overrightarrow{\mathrm{OM}} = \frac{1}{2}\left(\vec{a} + \vec{b}\right) \quad \blacktriangleleft 答$$

点 M は線分 AB の中点である。

$$\overrightarrow{\mathrm{ON}} = \frac{1}{2}\left(\vec{c} + \vec{d}\right)$$

△OAC, △OBC, △ABC が正三角形なので, OA = OB = AB より, △OAB は 1 辺の長さが 1 の正三角形である。よって

$$\vec{a} \cdot \vec{b} = \vec{a} \cdot \vec{c} = \vec{a} \cdot \vec{d} = \vec{b} \cdot \vec{c} = \vec{b} \cdot \vec{d}$$

$$= 1 \cdot 1 \cdot \cos 60° = \frac{1}{2} \quad \blacktriangleleft 答$$

(ⅱ) $\overrightarrow{\mathrm{OA}} \cdot \overrightarrow{\mathrm{CN}} = \vec{a} \cdot \left\{ \dfrac{1}{2}\left(\vec{c} + \vec{d}\right) - \vec{c} \right\}$

$\overrightarrow{\mathrm{OA}} \cdot (\overrightarrow{\mathrm{ON}} - \overrightarrow{\mathrm{OC}})$

$$= \vec{a} \cdot \left\{ \frac{1}{2}\left(\vec{d} - \vec{c}\right) \right\}$$

$$= \frac{1}{4} - \frac{1}{4} = 0$$

$\dfrac{1}{2}\vec{a} \cdot \vec{d} - \dfrac{1}{2}\vec{a} \cdot \vec{c}$

$\overrightarrow{\mathrm{ON}} = k\overrightarrow{\mathrm{OM}}$ とおくと

$$\overrightarrow{\mathrm{OA}} \cdot \overrightarrow{\mathrm{CN}} = \vec{a} \cdot \left\{ \frac{k}{2}\left(\vec{a} + \vec{b}\right) - \vec{c} \right\}$$

$$= \frac{k}{2} + \frac{k}{4} - \frac{1}{2}$$

$\dfrac{k}{2}|\vec{a}|^2 + \dfrac{k}{2}\vec{a} \cdot \vec{b} - \vec{a} \cdot \vec{c}$

$$= \frac{3}{4}k - \frac{1}{2}$$

よって

$$\frac{3}{4}k - \frac{1}{2} = 0$$

$$k = \frac{2}{3} \quad \blacktriangleleft 答$$

(ⅲ), (ⅳ)**方針 1** について

$$\vec{d} = 2\overrightarrow{\mathrm{ON}} - \vec{c} = \frac{4}{3}\overrightarrow{\mathrm{OM}} - \vec{c}$$

$\overrightarrow{\mathrm{ON}} = \dfrac{1}{2}\left(\vec{c} + \vec{d}\right)$

$$= \frac{2}{3}\vec{a} + \frac{2}{3}\vec{b} - \vec{c} \quad \blacktriangleleft 答$$

これより

$$\cos\theta = \vec{c}\cdot\vec{d}$$

$$= \vec{c}\cdot\left(\frac{2}{3}\vec{a}+\frac{2}{3}\vec{b}-\vec{c}\right)$$

$$= \frac{1}{3}+\frac{1}{3}-1$$

$$= \frac{-1}{3} \quad \blacktriangleleft\text{答}$$

また，方針2について

$$\left|\overrightarrow{ON}\right|^2 = \left|\frac{1}{2}\left(\vec{c}+\vec{d}\right)\right|^2$$

$$= \frac{1}{4}\left(\left|\vec{c}\right|^2 + 2\vec{c}\cdot\vec{d} + \left|\vec{d}\right|^2\right)$$

$$= \frac{1}{2}+\frac{1}{2}\cos\theta \quad \blacktriangleleft\text{答}$$

（2）（i）$\vec{a}\cdot\vec{b}=1\cdot1\cdot\cos\alpha,\ \vec{c}\cdot\vec{d}=1\cdot1\cdot\cos\beta$ である。

$$\left|\overrightarrow{ON}\right|^2 = \frac{1}{4}\left(\left|\vec{c}\right|^2 + 2\vec{c}\cdot\vec{d} + \left|\vec{d}\right|^2\right)$$

$$= \frac{1}{2}\left(1+\cos\beta\right)$$

であり

$$\left|\overrightarrow{OM}\right|^2 = \frac{1}{4}\left(\left|\vec{a}\right|^2 + 2\vec{a}\cdot\vec{b} + \left|\vec{b}\right|^2\right)$$

$$= \frac{1}{2}\left(1+\cos\alpha\right)$$

次に，（1）と同様に，$\overrightarrow{OA}\cdot\overrightarrow{CN}=0$ である。

$\overrightarrow{ON}=k'\overrightarrow{OM}$ とおくと

$$\overrightarrow{OA}\cdot\overrightarrow{CN} = \vec{a}\cdot\left\{\frac{k'}{2}\left(\vec{a}+\vec{b}\right)-\vec{c}\right\}$$

$$= \frac{k'}{2}\left(1+\cos\alpha\right)-\frac{1}{2}$$

したがって

$$\frac{k'}{2}\left(1+\cos\alpha\right)-\frac{1}{2}=0$$

$\vec{c}\cdot\vec{d}=\left|\vec{c}\right|\left|\vec{d}\right|\cos\theta$
$\qquad = \cos\theta$
より。

$$\frac{2}{3}\vec{a}\cdot\vec{c}+\frac{2}{3}\vec{b}\cdot\vec{c}-\left|\vec{c}\right|^2$$

（1）と同様に，線分 CD の中点を N とする。

（1）と同様に，線分 AB の中点を M とする。

ゆえに

$$k' = \frac{1}{1+\cos\alpha}$$

これより

$$|\overrightarrow{OM}||\overrightarrow{ON}| = |k'||\overrightarrow{OM}|^2$$
$$= \frac{1}{1+\cos\alpha} \cdot \frac{1}{2}(1+\cos\alpha)$$
$$= \frac{1}{2}$$

よって

$$\frac{1}{2}(1+\cos\alpha) \cdot \frac{1}{2}(1+\cos\beta) = \left(\frac{1}{2}\right)^2$$

であるから

$$(1+\cos\alpha)(1+\cos\beta) = 1 \quad (\mathbb{0}) \quad \blacktriangleleft 答$$

（ⅱ）$\alpha = \beta$ のとき

$$(1+\cos\alpha)^2 = 1 \quad \text{すなわち} \quad \cos\alpha = 0$$

つまり，$\boldsymbol{\alpha = 90°}$ である。◀答

$\alpha = \beta = 90°$ のとき，$k' = 1$ であるから

$$\overrightarrow{OM} = \overrightarrow{ON}$$
$$\vec{a} + \vec{b} = \vec{c} + \vec{d}$$

これより

$$\vec{d} - \vec{a} = \vec{b} - \vec{c}$$
$$\vec{d} - \vec{a} = \vec{b} - \vec{a} - (\vec{c} - \vec{a})$$

ゆえに

$$\overrightarrow{AD} = \overrightarrow{AB} - \overrightarrow{AC}$$

よって，点 D は平面 ABC 上（⓪）にある。◀答

$$\overrightarrow{OM} \cdot \overrightarrow{ON}$$
$$= \frac{1}{4}(\vec{a} + \vec{b}) \cdot (\vec{c} + \vec{d})$$
$$= \frac{1}{4}(\vec{a} \cdot \vec{c} + \vec{a} \cdot \vec{d}$$
$$\qquad + \vec{b} \cdot \vec{c} + \vec{b} \cdot \vec{d})$$
$$= \frac{1}{2}$$

と $\overrightarrow{OM} \cdot \overrightarrow{ON} = |\overrightarrow{OM}||\overrightarrow{ON}|$
より

$$|\overrightarrow{OM}||\overrightarrow{ON}| = \frac{1}{2}$$

を求めることもできる。
$|\overrightarrow{OM}|^2|\overrightarrow{ON}|^2 = \left(\frac{1}{2}\right)^2$
より。

線分 AB の中点 M と，線分 CD の中点 N が一致することから，4 点 A，B，C，D は同一平面上にあることがわかる。

✓ POINT

❗ 2つの方針

（1）（iii），（iv）は，$\cos\theta$ の値を求める**方針1**，**方針2**について考え，実際に $\cos\theta$ の値を求める問題である。

「解答・解説」では，**方針1**を用いて $\cos\theta$ の値を求めたが，**方針2**を用いて $\cos\theta$ の値を求めると次のようになる。

$$|\overrightarrow{\mathrm{OM}}||\overrightarrow{\mathrm{ON}}| = \overrightarrow{\mathrm{OM}}\cdot\overrightarrow{\mathrm{ON}} = \frac{1}{4}(\vec{a}+\vec{b})\cdot(\vec{c}+\vec{d})$$
$$= \frac{1}{4}\left(\frac{1}{2}+\frac{1}{2}+\frac{1}{2}+\frac{1}{2}\right) = \frac{1}{2} \quad\cdots\cdots\cdots\cdots ①$$

また

$$|\overrightarrow{\mathrm{OM}}|^2 = \frac{1}{4}|\vec{a}+\vec{b}|^2 = \frac{3}{4}$$

より

$$|\overrightarrow{\mathrm{OM}}|^2|\overrightarrow{\mathrm{ON}}|^2 = \frac{3}{4}|\overrightarrow{\mathrm{ON}}|^2 \quad\cdots\cdots\cdots\cdots\cdots\cdots\cdots\cdots ②$$

したがって，①，②より

$$\frac{3}{4}|\overrightarrow{\mathrm{ON}}|^2 = \left(\frac{1}{2}\right)^2$$
$$|\overrightarrow{\mathrm{ON}}|^2 = \frac{1}{3}$$

よって，$|\overrightarrow{\mathrm{ON}}|^2 = \frac{1}{2}+\frac{1}{2}\cos\theta$ より

$$\cos\theta = 2|\overrightarrow{\mathrm{ON}}|^2 - 1 = -\frac{1}{3}$$

❗ 図形の拡張・一般化

（1）では，OAC，OBC，OAD，OBD，ABC，ABD の6つの面からなる立体を考え，（2）では，OAC，OBC，OAD，OBD の4つの面からなる立体を考えている。（1）は，ABC，ABD の2つの面があることで，∠AOB が決まっており，それにともなって ∠COD も決まっていたが，（2）は，ABC，ABD の2つの面がないために，∠AOB を変化させることができ，それにともなって ∠COD も変化する。

つまり，（2）において ∠AOB と ∠COD が特定の値をとるときについて考えているのが（1）であるから，（2）を解き進めるにあたっては，(1)との違いを意識して取り組むと考えやすくなる。

四面体 OABC について，OA⊥BC が成り立つための条件を考えよう。次の問いに答えよ。ただし，$\overrightarrow{OA}=\vec{a}$, $\overrightarrow{OB}=\vec{b}$, $\overrightarrow{OC}=\vec{c}$ とする。

(1) O (0, 0, 0)，A (1, 1, 0)，B (1, 0, 1)，C (0, 1, 1)のとき，$\vec{a}\cdot\vec{b}=$ ﾎ ｱ ﾎ となる。$\overrightarrow{OA}\neq\vec{0}$, $\overrightarrow{BC}\neq\vec{0}$ であることに注意すると，$\overrightarrow{OA}\cdot\overrightarrow{BC}=$ ﾎ ｲ ﾎ により OA⊥BC である。

(2) 四面体 OABC について，OA⊥BC となるための必要十分条件を，次の ⓪～③のうちから一つ選べ。 ﾎ ｳ ﾎ

ﾎ ｳ ﾎ の解答群

| ⓪ $\vec{a}\cdot\vec{b}=\vec{b}\cdot\vec{c}$ | ① $\vec{a}\cdot\vec{b}=\vec{a}\cdot\vec{c}$ | ② $\vec{b}\cdot\vec{c}=0$ | ③ $|\vec{a}|^2=\vec{b}\cdot\vec{c}$ |

(3) OA⊥BC が常に成り立つ四面体を，次の ⓪～⑤のうちから一つ選べ。
ﾎ ｴ ﾎ

ﾎ ｴ ﾎ の解答群

| ⓪ OA=OB かつ ∠AOB=∠AOC であるような四面体 OABC |
| ① OA=OB かつ ∠AOB=∠BOC であるような四面体 OABC |
| ② OB=OC かつ ∠AOB=∠AOC であるような四面体 OABC |
| ③ OB=OC かつ ∠AOC=∠BOC であるような四面体 OABC |
| ④ OC=OA かつ ∠AOC=∠BOC であるような四面体 OABC |
| ⑤ OC=OA かつ ∠AOB=∠BOC であるような四面体 OABC |

(4) OC=OB=AB=AC を満たす四面体 OABC について，OA⊥BC が成り立つことを次のように証明した。

【証明】

線分 OA の中点を D とする。

$\overrightarrow{BD}=\dfrac{1}{2}(\boxed{\ \text{オ}\ }+\boxed{\ \text{カ}\ })$, $\overrightarrow{OA}=\boxed{\ \text{オ}\ }-\boxed{\ \text{カ}\ }$ により

$\overrightarrow{BD}\cdot\overrightarrow{OA}=\dfrac{1}{2}\left\{\left|\boxed{\ \text{オ}\ }\right|^2-\left|\boxed{\ \text{カ}\ }\right|^2\right\}$ である。

また，$\left|\boxed{\ \text{オ}\ }\right|=\left|\boxed{\ \text{カ}\ }\right|$ により $\overrightarrow{OA}\cdot\overrightarrow{BD}=0$ である。

同様に，$\boxed{\ \text{キ}\ }$ により $\overrightarrow{OA}\cdot\overrightarrow{CD}=0$ である。

このことから $\overrightarrow{OA}\neq\vec{0}$, $\overrightarrow{BC}\neq\vec{0}$ であることに注意すると，

$\overrightarrow{OA}\cdot\overrightarrow{BC}=\overrightarrow{OA}\cdot(\overrightarrow{BD}-\overrightarrow{CD})=0$ により $OA\perp BC$ である。

（ i ） $\boxed{\ \text{オ}\ }$, $\boxed{\ \text{カ}\ }$ に当てはまるものを，次の ⓪〜③ のうちからそれぞれ一つずつ選べ。ただし，同じものを選んでもよい。

⓪ $\overrightarrow{BA}$	① $\overrightarrow{BC}$	② $\overrightarrow{BD}$	③ $\overrightarrow{BO}$

（ ii ） $\boxed{\ \text{キ}\ }$ に当てはまるものを，次の ⓪〜④ のうちから一つ選べ。

⓪ $\|\overrightarrow{CO}\|=\|\overrightarrow{CB}\|$	① $\|\overrightarrow{CO}\|=\|\overrightarrow{CA}\|$	② $\|\overrightarrow{OB}\|=\|\overrightarrow{OC}\|$
③ $\|\overrightarrow{AB}\|=\|\overrightarrow{AC}\|$	④ $\|\overrightarrow{BO}\|=\|\overrightarrow{BA}\|$	

（5）（4）の証明は，OC＝OB＝AB＝AC のすべての等号が成り立つことを条件として用いているわけではない。このことに注意して，OA⊥BC が成り立つ四面体を，次の ⓪〜③ のうちから一つ選べ。 $\boxed{\ \text{ク}\ }$

$\boxed{\ \text{ク}\ }$ の解答群

⓪ OC＝AC かつ OB＝AB かつ OB≠OC であるような四面体 OABC

① OC＝AB かつ OB＝AC かつ OC≠OB であるような四面体 OABC

② OC＝AB＝AC かつ OC≠OB であるような四面体 OABC

③ OC＝OB＝AC かつ OC≠AB であるような四面体 OABC

■ 成分表示された空間のベクトル

$\vec{x}=(x_1,\ x_2,\ x_3),\ \vec{y}=(y_1,\ y_2,\ y_3)$ のとき

$$\vec{x}\cdot\vec{y}=x_1y_1+x_2y_2+x_3y_3$$

$$|\vec{y}-\vec{x}|=\sqrt{(y_1-x_1)^2+(y_2-x_2)^2+(y_3-x_3)^2}$$

解答・解説

（1）$\vec{a}\cdot\vec{b}=1\cdot1+1\cdot0+0\cdot1=1$ ◀◀答

となり

$$\overrightarrow{BC}=(0,\ 1,\ 1)-(1,\ 0,\ 1)=(-1,\ 1,\ 0)$$

より

$$\overrightarrow{OA}\cdot\overrightarrow{BC}=1\cdot(-1)+1\cdot1+0\cdot0=0 \quad ◀◀答$$

（2）線分 OA，BC は四面体 OABC の辺より，
$\overrightarrow{OA}\neq\vec{0}$, $\overrightarrow{BC}\neq\vec{0}$ としてよく

$$\begin{aligned}\overrightarrow{OA}\cdot\overrightarrow{BC}&=\overrightarrow{OA}\cdot(\overrightarrow{OC}-\overrightarrow{OB})\\&=\overrightarrow{OA}\cdot\overrightarrow{OC}-\overrightarrow{OA}\cdot\overrightarrow{OB}\\&=\vec{a}\cdot\vec{c}-\vec{a}\cdot\vec{b}\end{aligned}$$

であり，$\overrightarrow{OA}\cdot\overrightarrow{BC}=0$ となるとき

$$\vec{a}\cdot\vec{c}-\vec{a}\cdot\vec{b}=0$$

ゆえに

$$\vec{a}\cdot\vec{c}=\vec{a}\cdot\vec{b}$$

であるから，OA⊥BC となるための必要十分条件は，
$\vec{a}\cdot\vec{b}=\vec{a}\cdot\vec{c}$ である。（⓪）◀◀答

（3）$\vec{a}\cdot\vec{b}=\vec{a}\cdot\vec{c}$ より

$$|\vec{a}||\vec{b}|\cos\angle AOB=|\vec{a}||\vec{c}|\cos\angle AOC$$

であり，$|\vec{a}|\neq0$ より

$$|\vec{b}|\cos\angle AOB=|\vec{c}|\cos\angle AOC$$

であるから

OB=OC かつ ∠AOB=∠AOC で
あるような四面体 OABC

では，OA⊥BC が常に成り立つ。（②）◀◀答

$\vec{x}=(x_1,\ x_2,\ x_3),$
$\vec{y}=(y_1,\ y_2,\ y_3)$ のとき
$\vec{x}\cdot\vec{y}$
$=x_1y_1+x_2y_2+x_3y_3$

$\overrightarrow{OA}\neq\vec{0},\ \overrightarrow{BC}\neq\vec{0}$ より，
OA⊥BC となるための必要十分条件は $\overrightarrow{OA}\cdot\overrightarrow{BC}=0$ である。

$|\vec{b}|=|\vec{c}|$ かつ
$\cos\angle AOB=\cos\angle AOC$
であれば
$\vec{a}\cdot\vec{b}=\vec{a}\cdot\vec{c}$ である。

（4）（ⅰ）線分 OA の中点を D とすると

$$\overrightarrow{BD}=\frac{1}{2}(\overrightarrow{BA}+\overrightarrow{BO})\quad (⓪,\ ③)\ \blacktriangleleft\text{答}$$

$$\overrightarrow{OA}=\overrightarrow{BA}-\overrightarrow{BO}$$

より

$$\overrightarrow{BD}\cdot\overrightarrow{OA}=\frac{1}{2}(\overrightarrow{BA}+\overrightarrow{BO})\cdot(\overrightarrow{BA}-\overrightarrow{BO})$$

$$=\frac{1}{2}\left\{|\overrightarrow{BA}|^2-|\overrightarrow{BO}|^2\right\}$$

である。また，$|\overrightarrow{BA}|=|\overrightarrow{BO}|$ より

$$\frac{1}{2}\left\{|\overrightarrow{BA}|^2-|\overrightarrow{BO}|^2\right\}=0\ \text{すなわち}\ \overrightarrow{OA}\cdot\overrightarrow{BD}=0$$

である。

（ⅱ）同様に

$$|\overrightarrow{CO}|=|\overrightarrow{CA}|\quad (⓪)\ \blacktriangleleft\text{答}$$

により

$$|\overrightarrow{CA}|^2-|\overrightarrow{CO}|^2=0$$

$$\frac{1}{2}\left\{|\overrightarrow{CA}|^2-|\overrightarrow{CO}|^2\right\}=0$$

$$\frac{1}{2}(\overrightarrow{CA}+\overrightarrow{CO})\cdot(\overrightarrow{CA}-\overrightarrow{CO})=0$$

$$\overrightarrow{CD}\cdot\overrightarrow{AO}=0$$

すなわち $\overrightarrow{OA}\cdot\overrightarrow{CD}=0$ である。

（5）（4）の証明で用いているのは

$$|\overrightarrow{BA}|=|\overrightarrow{BO}|\quad\cdots\cdots\cdots\cdots\cdots\cdots\cdots①$$

$$|\overrightarrow{CO}|=|\overrightarrow{CA}|\quad\cdots\cdots\cdots\cdots\cdots\cdots\cdots②$$

であり，OB＝OC でなくても，①，②が成り立つならば

$$OA\perp BC$$

となるので，OA⊥BC が成り立つ四面体は

OC＝AC かつ OB＝AB かつ

OB≠OC であるような四面体 OABC（⓪）

である。◀答

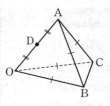

$|\overrightarrow{BA}|=|\overrightarrow{BO}|$ から

$\overrightarrow{OA}\cdot\overrightarrow{BD}=0$

と $|\overrightarrow{CO}|=|\overrightarrow{CA}|$ から

$\overrightarrow{OA}\cdot\overrightarrow{CD}=0$

が対応する。

8

ベクトル

❗ 四面体 OABC について OA⊥BC が成り立つための条件

本問では，四面体 OABC について OA⊥BC が成り立つための条件を

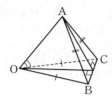

　　OB＝OC かつ ∠AOB＝∠AOC

すなわち

　　OB＝OC かつ AB＝AC

と

　　OC＝AC かつ OB＝AB

すなわち

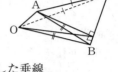

　　△OBC≡△ABC

の 2 通りで表現している。いずれの場合も

　　A から BC に下ろした垂線と，O から BC に下ろした垂線

が交わり，OA⊥BC となることがわかる。

　本問では，（1）で具体的に 4 点 O，A，B，C が決まっている場合について考察し，「（2）と（3）」，「（4）と（5）」で，OA⊥BC が成り立つときについて，それぞれ異なる条件を導き出していることがポイントである。よって，共通テストの対策にあたっては，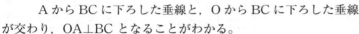1 つの図形に対していろいろな見方ができるようにしておくことが大切である。

【MEMO】

演習1 (解答は54ページ)

PA=6, PB=4, AB=5 の △PAB において, ∠APB の二等分線と ∠PAB の二等分線の交点を I とし, 辺 PA 上に点 Q, 辺 PB 上に点 R をとる。ただし, 点 Q と点 A が一致したり, 点 R と点 B が一致する場合も含めるものとする。

正の数 s, t を用いて, $\overrightarrow{PQ}=s\overrightarrow{PA}$, $\overrightarrow{PR}=t\overrightarrow{PB}$ とおくとき, 次の問いに答えよ。

(1) $\overrightarrow{PI}$ を $\overrightarrow{PA}$ と $\overrightarrow{PB}$ を用いて表そう。直線 PI と辺 AB との交点を C とすると, $\overrightarrow{PC} = \dfrac{\boxed{ア}}{\boxed{イ}}\overrightarrow{PA} + \dfrac{\boxed{ウ}}{\boxed{エ}}\overrightarrow{PB}$ より

$$\overrightarrow{PI} = \dfrac{\boxed{オ}}{\boxed{カキ}}\overrightarrow{PA} + \dfrac{\boxed{ク}}{\boxed{ケ}}\overrightarrow{PB}$$

である。

(2) 点 I が線分 QR 上にあるときを考える。このとき, $\overrightarrow{PI}$ を $\overrightarrow{PQ}$ と $\overrightarrow{PR}$ を用いて表すと

$$\overrightarrow{PI} = \dfrac{\boxed{コ}}{\boxed{サシ}\,s}\overrightarrow{PQ} + \dfrac{\boxed{ス}}{\boxed{セ}\,t}\overrightarrow{PR}$$

かつ

$$\dfrac{\boxed{コ}}{\boxed{サシ}\,s} + \dfrac{\boxed{ス}}{\boxed{セ}\,t} = \boxed{ソ}$$

であるから, s の値が一つ決まれば, t の値が一つ決まることがわかる。

(3) 次の s, t の値の組について当てはまるものを, 下の ⓪〜② のうちから一つずつ選べ。ただし, 三角形の内部や外部に辺上は含まないものとする。

(i) $s=\dfrac{1}{3}$, $t=\dfrac{2}{3}$ のとき $\boxed{\quad タ \quad}$

(ii) $s=\dfrac{1}{2}$, $t=\dfrac{6}{7}$ のとき $\boxed{\quad チ \quad}$

(iii) $s=\dfrac{8}{15}$, $t=\dfrac{4}{5}$ のとき $\boxed{\quad ツ \quad}$

$\boxed{タ}$ 〜 $\boxed{ツ}$ の解答群(同じものを繰り返し選んでもよい。)

⓪ 点 I は △PQR の内部にある。
① 点 I は線分 QR 上にある。
② 点 I は △PQR の外部にある。

演習2 (解答は55ページ)

OA＝AB＝BO＝AC＝CO＝1 で，∠BOC＝θを満たす四面体 OABC がある。頂点 A から平面 OBC に引いた垂線と平面 OBC との交点を P，直線 OP と辺 BC との交点を D とする。このとき，点 P の位置について調べたい。

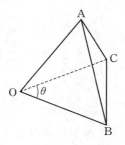

（1）$\theta = 30°$ のとき

$$\overrightarrow{OA} \cdot \overrightarrow{OB} = \overrightarrow{OA} \cdot \overrightarrow{OC} = \frac{\boxed{ア}}{\boxed{イ}}$$

$$\overrightarrow{OB} \cdot \overrightarrow{OC} = \frac{\sqrt{\boxed{ウ}}}{\boxed{エ}}$$

であるから，$\overrightarrow{OB} \cdot \overrightarrow{AP} = \overrightarrow{OC} \cdot \overrightarrow{AP} = 0$ より

$$\overrightarrow{OP} = \left(\boxed{オ} - \sqrt{\boxed{カ}} \right) \left(\overrightarrow{OB} + \overrightarrow{OC} \right)$$

であり，線分 OD の中点を M，△OBC の重心を G としたときに，5 点 O，P，M，G，D は同一直線上にあり，$\boxed{キ}$ の順に並ぶことがわかる。

$\boxed{キ}$ の解答群

⓪ O→G→M→P→D	① O→G→P→M→D
② O→M→G→P→D	③ O→M→P→G→D
④ O→P→G→M→D	⑤ O→P→M→G→D

（2）$\overrightarrow{OP} = \dfrac{1}{\boxed{ク}\left(\boxed{ケ} + \cos\theta \right)} \left(\overrightarrow{OB} + \overrightarrow{OC} \right)$ であるから，4 点 O，A，B，C によって四面体 OABC がつくられることに注意して θ のとり得る値の範囲を求めると，$0° < \theta < \boxed{コサシ}°$ である。

以下，$0° < \theta < \boxed{コサシ}°$ として，点 P の位置について調べる。

（3）OP ＝ AP を満たすときの θ の値を求めると
$$\theta = \boxed{スセ}°$$
である。

（4）θ の値を $0°$ から $\boxed{コサシ}°$ まで変化させたときの点 D や点 P の位置についての記述として**誤っているもの**は $\boxed{ソ}$ である。

$\boxed{ソ}$ の解答群

- ⓪ 点 D は常に辺 BC の中点である。
- ① 点 P は三角形 OBC の外部にある場合もある。
- ② 点 P が三角形 OBC の外接円の中心となるのは $\theta = 60°$ の場合に限られる。
- ③ 点 P は直線 OD 上を，点 O との距離が長くなるように移動する。

演習 3 (解答は59ページ)

△ABC の外接円において，点 A を通る直径のもう一方の端を点 D とし，$\overrightarrow{AB}=\vec{b}$，$\overrightarrow{AC}=\vec{c}$ とおく。

（1）AB＝4，AC＝3，∠A＝60° とする。

（ i ）$\vec{b}\cdot\vec{c}=\boxed{}$ である。

（ ii ）実数 x, y を用いて $\overrightarrow{AD}=x\vec{b}+y\vec{c}$ とおくと，AB⊥BD であることから

$$\boxed{}\,x+\boxed{}\,y=8$$

また，AC⊥CD であることから

$$\boxed{}\,x+\boxed{}\,y=3$$

である。したがって，$x=\dfrac{\boxed{}}{\boxed{}}$，$y=\dfrac{\boxed{}}{\boxed{}}$ となるから

$$\overrightarrow{AD}=\dfrac{\boxed{}}{\boxed{}}\,\vec{b}+\dfrac{\boxed{}}{\boxed{}}\,\vec{c}$$

である。

（2）太郎さんと花子さんは，点 D の位置について考えている。

> 太郎：AB＝4，AC＝3，∠A＝60° の △ABC のように，D が B，C
> と一致しないときは，AB⊥BD と AC⊥CD から，$\overrightarrow{AD}$ を $\vec{b}$ と $\vec{c}$
> で表すことができるんだね。
> 花子：D が B，C のどちらかと一致するときはどうなるのかな。
> 太郎：AB が △ABC の外接円の直径のときは，D が B と一致するね。
> 花子：D が B と一致するときは AB⊥BD とは言えないね。

次の ⓪ ～ ③ のうち，D が B と一致するときの説明として正しいものは $\boxed{}$ である。

$\boxed{}$ の解答群

> ⓪ $\overrightarrow{AB}\cdot\overrightarrow{BD}=0$ と $\overrightarrow{AC}\cdot\overrightarrow{CD}=0$ はどちらも成り立たない。
> ① $\overrightarrow{AB}\cdot\overrightarrow{BD}=0$ は成り立つが，$\overrightarrow{AC}\cdot\overrightarrow{CD}=0$ は成り立たない。
> ② $\overrightarrow{AB}\cdot\overrightarrow{BD}=0$ は成り立たないが，$\overrightarrow{AC}\cdot\overrightarrow{CD}=0$ は成り立つ。
> ③ $\overrightarrow{AB}\cdot\overrightarrow{BD}=0$ と $\overrightarrow{AC}\cdot\overrightarrow{CD}=0$ はどちらも成り立つ。

右の図のような1辺の長さが1の正四面体OABC
がある。辺OA上に点L，辺AB上に点M，辺OC
上に点Nがあり，点Lは線分OAの中点，点Nは
線分OCを3:1に内分する点である。

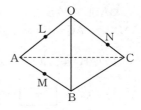

3点L，M，Nを通る平面と辺BCとの交点をP
とし，3点L，M，Nを通る平面で正四面体OABC
を切断したときの切断面LMPNについて調べよう。

（1）点Pは3点L，M，Nを通る平面上にあるので，$\overrightarrow{\text{OP}}$は，実数$\alpha$，$\beta$を用
いて

$$\overrightarrow{\text{OP}} = \boxed{\ \ \text{ア}\ \ }$$

と表すことができる。

$\boxed{\ \text{ア}\ }$ の解答群

⓪	$\overrightarrow{\text{OL}}+\alpha\overrightarrow{\text{OB}}+\beta\overrightarrow{\text{OC}}$	①	$\overrightarrow{\text{OA}}+\alpha\overrightarrow{\text{OB}}+\beta\overrightarrow{\text{OC}}$
②	$\overrightarrow{\text{OL}}+\alpha\overrightarrow{\text{LM}}+\beta\overrightarrow{\text{LN}}$	③	$\overrightarrow{\text{OA}}+\alpha\overrightarrow{\text{LM}}+\beta\overrightarrow{\text{LN}}$

よって，点Mが線分ABの中点であるとき，$\overrightarrow{\text{OP}}$を$\alpha$，$\beta$と$\overrightarrow{\text{OA}}$，$\overrightarrow{\text{OB}}$，
$\overrightarrow{\text{OC}}$を用いて表すと

$$\overrightarrow{\text{OP}} = \frac{\boxed{\ \text{イ}\ }-\beta}{\boxed{\ \text{ウ}\ }}\overrightarrow{\text{OA}}+\frac{\alpha}{\boxed{\ \text{エ}\ }}\overrightarrow{\text{OB}}+\frac{\boxed{\ \text{オ}\ }\beta}{\boxed{\ \text{カ}\ }}\overrightarrow{\text{OC}}$$

となり，点Pが辺BC上の点でもあることからα，βの値を求めると

$$\alpha = \frac{\boxed{\ \text{キ}\ }}{\boxed{\ \text{ク}\ }}, \quad \beta = \boxed{\ \ \text{ケ}\ \ }$$

である。

このとき，BP:PC$=\boxed{\ \ \text{コ}\ \ }$:1であるから，切断面LMPNは$\boxed{\ \ \text{サ}\ \ }$
である。

$\boxed{\ \text{サ}\ }$ の解答群

⓪ 長方形	① 平行四辺形	② 辺LMと辺NPが平行な台形
③ 辺LNと辺MPが平行な台形	④ 平行な辺をもたない四角形	

以下，点 M を辺 AB 上(ただし，2 点 A，B 上を除く)で動かすとする。

（2） $0<x<1$，$0<y<1$ とする。AM$=x$，BP$=y$としたときの x と y について成り立つ式を，ベクトルを用いて求めてみよう。

直線 LN と直線 AC の交点を Q とすると

$$\overrightarrow{OQ}=-\frac{\boxed{シ}}{\boxed{ス}}\overrightarrow{OA}+\frac{\boxed{セ}}{\boxed{ソ}}\overrightarrow{OC}$$

である。点 P が辺 BC 上にあることから

$$\overrightarrow{AP}=\boxed{タ}\,\overrightarrow{AB}+\boxed{チ}\,\overrightarrow{AC} \quad\cdots\cdots\cdots\cdots\cdots\cdots①$$

であり，点 P が線分 MQ を $z:(1-z)$ に内分する点であるとき

$$\overrightarrow{AP}=\boxed{ツ}\,(1-z)\overrightarrow{AB}+\frac{\boxed{テ}}{\boxed{ト}}z\overrightarrow{AC} \quad\cdots\cdots\cdots\cdots②$$

である。

$\boxed{タ}$〜$\boxed{ツ}$ の解答群(同じものを繰り返し選んでもよい。)

⓪ x	① $(1-x)$	② $(1+x)$
③ y	④ $(1-y)$	⑤ $(1+y)$

よって，①，②より

$$\boxed{ナ}\,x+\boxed{ニ}\,y-\boxed{ヌ}\,xy=3$$

である。

（3）（2）で求めた式から，x の値がわかれば y の値を求めることが可能である。点 P が線分 BC の中点となるとき，点 M は線分 AB を $\boxed{ネ}:1$ に内分する点である。

四面体 OABC について，OA⊥(平面 OBC) が成り立つための条件を考えよう。

（1）O$(0,\ 0,\ 0)$，A$(1,\ 2,\ 3)$，B$(x,\ y,\ 0)$，C$(-x,\ y,\ 1)$ において，OA⊥(平面 OBC) が成り立つときの $x,\ y$ の値を求めると

$$x = \frac{\boxed{\text{ア}}}{\boxed{\text{イ}}},\ y = \frac{\boxed{\text{ウエ}}}{\boxed{\text{オ}}}$$

である。

（2）四面体 OABC について，OA⊥(平面 OBC) となるための必要十分条件を，次の ⓪〜⑤ のうちから二つ選べ。 $\boxed{\text{カ}}$ ， $\boxed{\text{キ}}$

⓪ $\overrightarrow{\mathrm{OA}}\cdot\overrightarrow{\mathrm{AC}}=0$ かつ $\overrightarrow{\mathrm{OA}}\cdot\overrightarrow{\mathrm{AB}}=0$
① $\overrightarrow{\mathrm{OA}}\cdot\overrightarrow{\mathrm{OB}}=0$ かつ $\overrightarrow{\mathrm{OA}}\cdot\overrightarrow{\mathrm{BC}}=0$
② $\overrightarrow{\mathrm{OA}}\cdot\overrightarrow{\mathrm{BC}}=0$ かつ $\overrightarrow{\mathrm{OA}}\cdot\overrightarrow{\mathrm{AB}}=0$
③ $\overrightarrow{\mathrm{OA}}\cdot\overrightarrow{\mathrm{OC}}=0$ かつ $\overrightarrow{\mathrm{OA}}\cdot\overrightarrow{\mathrm{BC}}=0$
④ $|\overrightarrow{\mathrm{OA}}|=|\overrightarrow{\mathrm{OB}}|=|\overrightarrow{\mathrm{OC}}|$ かつ $\overrightarrow{\mathrm{OA}}\cdot\overrightarrow{\mathrm{BC}}=0$
⑤ $|\overrightarrow{\mathrm{OA}}|=|\overrightarrow{\mathrm{OB}}|=|\overrightarrow{\mathrm{OC}}|$ かつ $|\overrightarrow{\mathrm{AB}}|=|\overrightarrow{\mathrm{AC}}|=|\overrightarrow{\mathrm{BC}}|$

（3）OA⊥(平面 OBC) が成り立つ四面体 OABC を，次の ⓪〜③ のうちから二つ選べ。 $\boxed{\text{ク}}$ ， $\boxed{\text{ケ}}$

⓪ OA⊥BC かつ $\sqrt{2}$AB=OA かつ ∠OAB=45° である四面体
① OA⊥BC かつ AB=$\sqrt{2}$OA かつ ∠OAB=45° である四面体
② OA=BC=2，OB=OC=$\sqrt{5}$，AB=AC=3 である四面体
③ OA=BC=2，OB=OC=AB=AC=$\sqrt{5}$ である四面体

第9章　平面上の曲線

方程式 $4x^2 + 9y^2 + 16x - 18y - 11 = 0$ で表される xy 平面上の曲線 C について考える。

（1）C の方程式は

$$\frac{\left(x + \boxed{\text{ア}}\right)^2}{\boxed{\text{イ}}} + \frac{\left(y - \boxed{\text{ウ}}\right)^2}{\boxed{\text{エ}}} = 1$$

と変形できるから，C は楕円であり，その焦点は

$$\left(\sqrt{\boxed{\text{オ}} - \boxed{\text{カ}}}, \ \boxed{\text{キ}}\right)$$

および

$$\left(-\sqrt{\boxed{\text{オ}} - \boxed{\text{カ}}}, \ \boxed{\text{キ}}\right)$$

である。

（2）方程式 $4x^2 + 9y^2 - 16x + 18y - 11 = 0$ で表される xy 平面上の曲線を C' とする。C と C' の関係について調べよう。

太郎さんと花子さんは，C と C' の式を見ながら話している。

太郎：（1）のように式をうまく変形すれば，C と C' の関係について調べることができそうだね。

花子：C と C' の式はよく似ているね。各項の係数に着目して調べることもできるのではないかな。

（ i ）C' の方程式は

$$\frac{\left(x - \boxed{\text{ク}}\right)^2}{\boxed{\text{ケ}}} + \frac{\left(y + \boxed{\text{コ}}\right)^2}{\boxed{\text{サ}}} = 1$$

と変形できるから，C' は C を x 軸方向に $\boxed{\text{シ}}$ ，y 軸方向に $\boxed{\text{スセ}}$ だけ平行移動した曲線である。

（ii）C の方程式と C' の方程式の x の項と y の項の係数を比較すると，C' は C を $\boxed{\text{ソ}}$ について対称移動したものであることがわかる。

$\boxed{\text{ソ}}$ の解答群

⓪ x 軸	① y 軸	② 原点

（3）C を，直線 $y=x$ について対称移動した曲線の方程式は $\boxed{\text{タ}}$ である。また，C を，直線 $y=x+3$ について対称移動した曲線の方程式は $\boxed{\text{チ}}$ である。

$\boxed{\text{タ}}$，$\boxed{\text{チ}}$ の解答群（同じものを繰り返し選んでもよい。）

⓪ $9x^2 + 4y^2 + 18x - 16y - 11 = 0$
① $9x^2 + 4y^2 - 18x + 16y - 11 = 0$
② $9x^2 + 4y^2 + 18x - 16y + 4 = 0$
③ $9x^2 + 4y^2 - 18x + 16y + 4 = 0$
④ $9x^2 + 4y^2 + 36x - 8y - 11 = 0$
⑤ $9x^2 + 4y^2 - 36x + 8y - 11 = 0$
⑥ $9x^2 + 4y^2 + 36x - 8y + 4 = 0$
⑦ $9x^2 + 4y^2 - 36x + 8y + 4 = 0$

9

平面上の曲線

■ 楕円の方程式

楕円 $\dfrac{x^2}{a^2}+\dfrac{y^2}{b^2}=1\ (a>b>0)$ について

焦点 $\mathrm{F}(\sqrt{a^2-b^2},\ 0)$, $\mathrm{F'}(-\sqrt{a^2-b^2},\ 0)$

楕円上の任意の点 P について $\mathrm{PF}+\mathrm{PF'}=2a$

（焦点までの距離の和が等しい）

長軸の長さは $2a$，短軸の長さは $2b$，
中心は原点 O

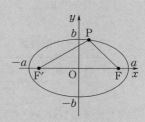

■ 曲線の平行移動

曲線 $F(x,\ y)=0$ を，x 軸方向に p，y 軸方向に q だけ平行移動して得られる
曲線の方程式は

$$F(x-p,\ y-q)=0$$

■ 曲線の対称移動

曲線 $C:F(x,\ y)=0$ とする。

C を原点について対称移動した曲線の方程式　　$F(-x,\ -y)=0$

C を直線 $y=x$ について対称移動した曲線の方程式　　$F(y,\ x)=0$

解答・解説

（1） C の方程式は

$$4x^2+9y^2+16x-18y-11=0$$

$$4(x+2)^2+9(y-1)^2-36=0$$

$$\dfrac{(x+2)^2}{9}+\dfrac{(y-1)^2}{4}=1 \quad \blacktriangleleft 答$$

> 平方完成する。

と変形できるから，C は楕円 $\dfrac{x^2}{9}+\dfrac{y^2}{4}=1$ を x 軸方

向に -2，y 軸方向に 1 だけ平行移動した曲線である。
よって，C の焦点は

$$(\pm\sqrt{9-4}-2,\ 0+1)$$

すなわち

$$(\sqrt{5}-2,\ 1)\ および\ (-\sqrt{5}-2,\ 1) \quad \blacktriangleleft 答$$

> 楕円 $\dfrac{x^2}{a^2}+\dfrac{y^2}{b^2}=1$
>
> $(a>b>0)$ の焦点の座標は
>
> $(\pm\sqrt{a^2-b^2},\ 0)$

（2）（ⅰ）C' の方程式は

$$4x^2 + 9y^2 - 16x + 18y - 11 = 0$$
$$4(x-2)^2 + 9(y+1)^2 - 36 = 0$$
$$\frac{(x-2)^2}{9} + \frac{(y+1)^2}{4} = 1 \quad \blacktriangleleft \text{答}$$

と変形できるから，C' は C を x 軸方向に 4，y 軸方向に -2 だけ平行移動した曲線である。$\blacktriangleleft$ 答

（ⅱ）C' の方程式は，C の方程式において，$x \to -x$，$y \to -y$ と置き換えたものと考えられる。よって，C' は C を原点（⓪）について対称移動した曲線でもある。$\blacktriangleleft$ 答

（3）C を直線 $y=x$ に関して対称移動した曲線の方程式は，C の方程式 $4x^2 + 9y^2 + 16x - 18y - 11 = 0$ において，$x \to y$，$y \to x$ と置き換えたものと考えられるから

$$4y^2 + 9x^2 + 16y - 18x - 11 = 0$$

すなわち

$$9x^2 + 4y^2 - 18x + 16y - 11 = 0 \quad (⓪) \quad \blacktriangleleft \text{答}$$

C を直線 $y=x+3$ に関して対称移動した曲線について，C の中心 $\mathrm{P}(-2, 1)$ は直線 $y=x+3$ 上にあるから，対称移動によって中心 P は動かない。

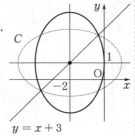

（1）で求めた C の焦点を

$$\mathrm{F}(\sqrt{5}-2, 1),$$
$$\mathrm{F}'(-\sqrt{5}-2, 1)$$

とおく。対称移動によって，直線 $y=1$ は直線 $x=-2$ に移るので，焦点は直線 $y=1$ 上の2点F，F'から，GP＝G'Pを満たす直線 $x=-2$ 上の2点G，G'に移る。よって，求める曲線の方程式は

$$\frac{(x+2)^2}{4} + \frac{(y-1)^2}{9} = 1$$
$$9(x+2)^2 + 4(y-1)^2 = 36$$
$$9x^2 + 4y^2 + 36x - 8y + 4 = 0 \quad (⑥) \quad \blacktriangleleft \text{答}$$

C' の中心 $(2, -1)$ が，C の中心 $(-2, 1)$ をどれだけ平行移動した点かを考える。

$$4x^2 + 9y^2 - 16x + 18y - 11$$
$$= 4(-x)^2 + 9(-y)^2$$
$$\quad + 16(-x) - 18(-y) - 11$$

なお，C の中心 $(-2, 1)$ と C' の中心 $(2, -1)$ が原点について対称であることに着目してもよい。

$$\frac{(x+2)^2}{9} + \frac{(y-1)^2}{4} = 1$$

の分母を入れ換えるだけである。

■ 曲線の移動

　本問では，式を適切に変形して平面上の曲線の平行移動や対称移動の様子を捉える必要がある。ここで，「平行移動は標準形から考える」，「対称移動は $ax^2+by^2+cx+dy+e=0$ の形で考える」のようにパターン化して考えていると，本問の（3）のような形式に対応しにくくなる。（3）では，（1），（2）で考えてきたことを組み合わせて考える必要がある。図をかいて移動の様子をイメージしてから，どのように式を変形すればよいか判断するようにしよう。

■ $y=x+3$ についての対称移動

　$y=x+3$ についての対称移動を「y 軸方向に -3 だけ平行移動」→「$y=x$ について対称移動」→「y 軸方向に 3 だけ平行移動」と分けて考えてもよい。

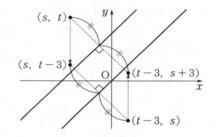

　C の方程式は
$$\frac{(x+2)^2}{9}+\frac{(y-1)^2}{4}=1$$
であるから，C を y 軸方向に -3 だけ平行移動した曲線の方程式は，$y→y+3$ として
$$\frac{(x+2)^2}{9}+\frac{(y+2)^2}{4}=1$$
さらに，$y=x$ について対称移動した曲線の方程式は，$x→y,\ y→x$ として
$$\frac{(y+2)^2}{9}+\frac{(x+2)^2}{4}=1$$
さらに，y 軸方向に 3 だけ平行移動した曲線の方程式は，$y→y-3$ として
$$\frac{(y-1)^2}{9}+\frac{(x+2)^2}{4}=1$$
であるから，（3）で求めた曲線の方程式と一致する。

例題 **2** オリジナル問題 ━━━━━━

太郎さんと花子さんは，次の問題について考えている。

問題 xy 平面上の双曲線 $H : \dfrac{x^2}{4} - y^2 = 1$ について，点 $\left(1, \dfrac{1}{2}\right)$ を通る双曲線 H の接線の本数を求めよ。

（1）双曲線 H の漸近線は 2 本あり，その方程式は

$$y = \boxed{\ \ ア\ \ }\, x, \quad y = \boxed{\ \ イ\ \ }\, x$$

である。

$\boxed{\ \ ア\ \ }$，$\boxed{\ \ イ\ \ }$ の解答群（解答の順序は問わない。）

⓪ 2	① $\dfrac{1}{2}$	② 4	③ $\dfrac{1}{4}$
④ -2	⑤ $-\dfrac{1}{2}$	⑥ -4	⑦ $-\dfrac{1}{4}$

（2）

（ⅰ）太郎さんは，この問題を解くために，次の構想を立てた。

┌─ **太郎さんの構想** ─────────

　双曲線 H 上の点 (p, q) における接線の方程式を考え，これが点 $\left(1, \dfrac{1}{2}\right)$ を通ることから p, q の値を求める。

└─────────────────────

太郎さんの構想について考えてみよう。

双曲線 $\dfrac{x^2}{a^2} - \dfrac{y^2}{b^2} = 1$ 上の点 (x_0, y_0) における接線の方程式は

$$\frac{x_0 x}{a^2} - \frac{y_0 y}{b^2} = 1$$

と表されることを利用すると，H 上の点 (p, q) における接線の方程式は

$$\frac{px}{\boxed{\ \ ウ\ \ }} - qy = \boxed{\ \ エ\ \ }$$

である。これが点 $\left(1, \dfrac{1}{2}\right)$ を通ることから，p, q は

$$p = \boxed{\ \ オ\ \ }\left(q + \boxed{\ \ カ\ \ }\right)$$

を満たす。また，点 (p, q) は H 上の点であるから

$$\frac{p^2}{4} - q^2 = 1$$

を満たす。よって，$p = \dfrac{\boxed{\text{キ}}}{\boxed{\text{ク}}}$，$q = \dfrac{\boxed{\text{ケコ}}}{\boxed{\text{サ}}}$ である。

　このことから，太郎さんは点 $\left(1, \dfrac{1}{2}\right)$ を通る双曲線 H の接線の本数は 1本であると結論づけた。

（ⅱ）花子さんは，この問題を解くために，次の構想を立てた。

> ───花子さんの構想───
>
> 　点 $\left(1, \dfrac{1}{2}\right)$ を通る双曲線 H の接線は，図形的に y 軸と平行にはならないので，m を実数とし，接線の方程式を
> $$y = m(x - 1) + \frac{1}{2}$$
> として，H の方程式と連立させる。

　花子さんの構想について考えてみよう。

　接線の方程式を $y = m(x - 1) + \dfrac{1}{2}$ として，H の方程式と連立すると

$$(1 - 4m^2)x^2 + 4m(2m - 1)x - 4m^2 + 4m - 5 = 0 \quad \cdots\cdots\cdots(*)$$

が得られる。$(*)$ を x の2次方程式としたときの判別式を D とすると

$$\frac{D}{4} = \boxed{\text{シ}}\left(\boxed{\text{ス}}\,m + \boxed{\text{セ}}\right)\left(\boxed{\text{ソ}}\,m - \boxed{\text{タ}}\right)$$

である。

　このことから，花子さんは点 $\left(1, \dfrac{1}{2}\right)$ を通る双曲線 H の接線の本数は

2本であると結論づけた。

（3）点 $\left(1, \dfrac{1}{2}\right)$ を通る双曲線 H の接線は $\boxed{\text{チ}}$ 。

$\boxed{\text{チ}}$ の解答群

⓪　存在しない	①　ちょうど1本だけ存在する
②　ちょうど2本だけ存在する	③　3本以上存在する

基本事項の確認

■ 双曲線の方程式

双曲線 $\dfrac{x^2}{a^2} - \dfrac{y^2}{b^2} = 1$ $(a>0,\ b>0)$ について

焦点 $\mathrm{F}\left(\sqrt{a^2+b^2},\ 0\right)$, $\mathrm{F}'\left(-\sqrt{a^2+b^2},\ 0\right)$

双曲線上の任意の点 P について

$|\mathrm{PF} - \mathrm{PF}'| = 2a$

（焦点までの距離の差が等しい）

漸近線 $y = \dfrac{b}{a}x,\ y = -\dfrac{b}{a}x$

中心は原点 O

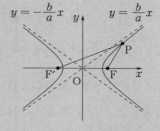

解答・解説

（1）双曲線 $H : \dfrac{x^2}{4} - y^2 = 1$ の漸近線の方程式は

$$y = \dfrac{1}{2}x,\ \ y = -\dfrac{1}{2}x \quad (⓪,\ ⑤) \quad ◀◀答$$

（2）（ⅰ）H 上の点 $(p,\ q)$ における H の接線の方程式は

$$\dfrac{px}{4} - qy = 1 \quad ◀◀答$$

これが点 $\left(1,\ \dfrac{1}{2}\right)$ を通ることから

$$\dfrac{p}{4} - \dfrac{1}{2}q = 1$$

$$p = 2(q+2) \quad ◀◀答 \quad \cdots\cdots\cdots\cdots\cdots ①$$

また，点 $(p,\ q)$ は H 上の点なので

$$\dfrac{p^2}{4} - q^2 = 1$$

を満たす。よって，①より p を消去すると

$$\dfrac{\{2(q+2)\}^2}{4} - q^2 = 1$$

$$(q+2)^2 - q^2 = 1$$

$$q = \dfrac{-3}{4} \quad ◀◀答$$

双曲線 $\dfrac{x^2}{a^2} - \dfrac{y^2}{b^2} = 1$

$(a>0,\ b>0)$ の漸近線
の方程式は

$$y = \pm \dfrac{b}{a}x$$

問題文で与えられた式に，$a = 2$，$b = 1$，$x_0 = p$，$y_0 = q$ を代入する。また，接線の方程式は公式として覚えておくとよい。

①に代入して

$$p=\frac{5}{2}$$ ◀◀答

$p=2\left(-\frac{3}{4}+2\right)$
$=\frac{5}{2}$

となるので，点$\left(1,\ \frac{1}{2}\right)$を通る$H$の接線は１本である。

（ⅱ）点$\left(1,\ \frac{1}{2}\right)$を通る$H$の接線が$y$軸に平行になることはないので，接線の方程式は$y=m(x-1)+\frac{1}{2}$とおくことができる。これと$H$の方程式を連立して$y$を消去すると

Hの接線のうち，y軸に平行なものは，頂点$(\pm2,\ 0)$における接線のみであるが，いずれも点$\left(1,\ \frac{1}{2}\right)$を通らない。

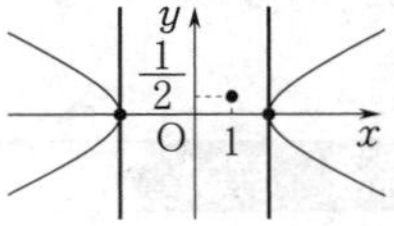

$$\frac{x^2}{4}-\left\{m(x-1)+\frac{1}{2}\right\}^2=1$$

$$\frac{x^2}{4}-\left\{m^2(x-1)^2+m(x-1)+\frac{1}{4}\right\}=1$$

$$x^2-\{4m^2(x-1)^2+4m(x-1)+1\}=4$$

$$(1-4m^2)x^2+4m(2m-1)x-4m^2+4m-5=0 \quad \cdots\cdots\cdots\cdots\cdots\cdots(*)$$

であるから，$(*)$をxの２次方程式とみたときの判別式をDとすると

ここでxの２次方程式とみていることから，本当は$1-4m^2\neq0$という条件を加えて考える必要がある。

$$\begin{aligned}\frac{D}{4}&=4m^2(2m-1)^2-(1-4m^2)(-4m^2+4m-5)\\&=4m^2(4m^2-4m+1)+4m^2-4m+5\\&\qquad+4m^2(-4m^2+4m-5)\\&=4m^2\cdot(-4)+4m^2-4m+5\\&=-12m^2-4m+5\\&=-(6m+5)(2m-1)\end{aligned}$$ ◀◀答

$(4m^2-4m+1)$
$+(-4m^2+4m-5)$
$=-4$
より。

である。$-(6m+5)(2m-1)=0$のときのmの値を求めると

$$m=-\frac{5}{6},\ \frac{1}{2}$$

（3）花子さんの構想では，$1-4m^2=0$のとき，xの方程式$(*)$がxについての２次方程式にならない。よって，正しくは

$$1-4m^2\neq0 \text{ かつ } D=0$$

を満たす m を求めなければならないため，$D=0$ から得られる $m=-\dfrac{5}{6}$ と $m=\dfrac{1}{2}$ のうち，後者は不適である。したがって，点 $\left(1,\ \dfrac{1}{2}\right)$ を通る双曲線 H の接線はちょうど1本だけ存在する（⓪）。◀◀答

$m=-\dfrac{5}{6}$ より，接線の方程式は
$$y=-\dfrac{5}{6}x+\dfrac{4}{3}$$
であり，これは太郎さんの構想で得た式とも一致する。

✔ POINT

■ 接線の方程式を求める際の注意点

　本問の花子さんのように，2次方程式の判別式を用いて接線の方程式を考える際には，「そもそも対象となる方程式が2次方程式であるか」つまり，「2次の項の係数が0でないか」に注意する必要がある。このことに注意すれば，花子さんの構想でも，次のように正しい答えを導くことができる。

$$(1-4m^2)\,x^2+4m(2m-1)\,x-4m^2+4m-5=0 \quad\cdots\cdots\cdots (\ast)$$

について，次の2つの場合について考える。

（ⅰ）$1-4m^2 \neq 0$ の場合

　$(\ast)$は x の2次方程式とみることができるから，判別式を D とすると

$$\dfrac{D}{4}=-(6m+5)(2m-1)$$

$y=m(x-1)+\dfrac{1}{2}$ が H と接するとき，$D=0$ であるから

$$-(6m+5)(2m-1)=0$$

$1-4m^2 \neq 0$ より，$m \neq \pm\dfrac{1}{2}$ に注意して

$$m=-\dfrac{5}{6}$$

（ⅱ）$1-4m^2=0$ すなわち $m=\pm\dfrac{1}{2}$ の場合

　直線 $y=m(x-1)+\dfrac{1}{2}$ は，点 $\left(1,\ \dfrac{1}{2}\right)$ を通り，漸近線と平行な直線である。

　$m=\dfrac{1}{2}$ のとき，直線 $y=\dfrac{1}{2}(x-1)+\dfrac{1}{2}$

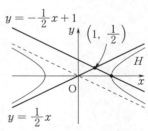

すなわち $y=\dfrac{1}{2}x$ は H の漸近線である。よって，接線ではない。

$m = -\dfrac{1}{2}$ のとき，直線 $y = -\dfrac{1}{2}(x-1) + \dfrac{1}{2}$ すなわち $y = -\dfrac{1}{2}x + 1$ は点 $(2,\ 0)$ で H と交わる。よって，接線ではない。

（ i ），（ ii ）より，条件を満たす m は $m = -\dfrac{5}{6}$ のみであるから，点 $\left(1,\ \dfrac{1}{2}\right)$ を通る双曲線 H の接線はちょうど 1 本だけ存在する。

■ 接線の方程式

太郎さんが接線の方程式を求めるのに用いた式を改めて整理しておく。

双曲線 $\dfrac{x^2}{a^2} - \dfrac{y^2}{b^2} = 1$ 上の点 $(x_0,\ y_0)$ における接線の方程式は

$$\dfrac{x_0 x}{a^2} - \dfrac{y_0 y}{b^2} = 1$$

と表される。

また，楕円 $\dfrac{x^2}{a^2} + \dfrac{y^2}{b^2} = 1$ 上の点 $(x_0,\ y_0)$ における接線の方程式は

$$\dfrac{x_0 x}{a^2} + \dfrac{y_0 y}{b^2} = 1$$

と表される。どちらもまとめて公式としておさえておこう。

例題 3　オリジナル問題

Oを原点とするxy平面上にある楕円 $C:\dfrac{x^2}{4}+y^2=1$ について考える。

（1）直交座標で表されたC上の点 $\left(\dfrac{2}{\sqrt{5}},\ \dfrac{2}{\sqrt{5}}\right)$ を，Oを極とし，x軸の正の部分を始線とする極座標で表すと

$$\left(\dfrac{\boxed{ア}\sqrt{\boxed{イウ}}}{\boxed{エ}},\ \dfrac{\pi}{\boxed{オ}}\right)$$

となる。

　Cを，Oを極とし，x軸の正の部分を始線とする極方程式で表そう。

　直交座標で表されたC上の点P$(x,\ y)$について，$OP=r$ とし，x軸の正の部分を始線とする動径OPの表す角をθとすると

$$x=\boxed{カ},\ y=\boxed{キ}$$

が成り立つ。よって，Cを極方程式で表すと

$$r^2=\dfrac{4}{\boxed{ク}-\boxed{ケ}\cos^2\theta}$$

となる。

　よって，直線OPと楕円Cの交点のうち，Pでない方をQとすると，$0\leqq\theta<2\pi$ の範囲でθを増加させるとき，$\dfrac{1}{OP}+\dfrac{1}{OQ}$ は $\boxed{コ}$。

$\boxed{カ}$，$\boxed{キ}$ の解答群（同じものを繰り返し選んでもよい。）

⓪ $r\sin\theta$	① $r\cos\theta$	② $r\tan\theta$
③ $r^2\sin\theta$	④ $r^2\cos\theta$	⑤ $r^2\tan\theta$

$\boxed{コ}$ の解答群

⓪ つねに増加する	① つねに減少する
② 増加したり，減少したりする	③ つねに一定である

（2）C の焦点の座標は

$$\left(\sqrt{\boxed{\ \text{サ}\ }},\ 0\right),\ \left(-\sqrt{\boxed{\ \text{サ}\ }},\ 0\right)$$

である。

C を，点 $\mathrm{F}\left(\sqrt{\boxed{\ \text{サ}\ }},\ 0\right)$ を極とし，x 軸の $x \geqq \sqrt{\boxed{\ \text{サ}\ }}$ の部分を始線

とする極方程式で表そう。

C 上の点 $\mathrm{P'}$ について，$\mathrm{FP'}=r'$，x 軸の $x \geqq \sqrt{\boxed{\ \text{サ}\ }}$ の部分を始線とする動径 $\mathrm{FP'}$ の表す角を θ' とすると

$$r' = \frac{1}{\boxed{\ \text{シ}\ } + \sqrt{\boxed{\ \text{ス}\ }}\cos\theta'}$$

となる。

よって，直線 $\mathrm{FP'}$ と楕円 C の交点のうち，$\mathrm{P'}$ でない方を $\mathrm{Q'}$ とすると，$0 \leqq \theta' < 2\pi$ の範囲で θ' を増加させるとき，$\dfrac{1}{\mathrm{FP'}} + \dfrac{1}{\mathrm{FQ'}}$ は $\boxed{\ \text{セ}\ }$。

$\boxed{\ \text{セ}\ }$ の解答群

⓪ つねに増加する	① つねに減少する
② 増加したり，減少したりする	③ つねに一定である

基本事項の確認

■ 極座標

　xy 平面上の原点 O ではない任意の点 P は，O からの距離 r と，x 軸の正の部分を始線とする動径 OP の表す角 θ を用いて表すことができる。このとき，$(r,\ \theta)$ を点 P の極座標といい，点 O を極という。任意の角 θ について，$(0,\ \theta)$ は極 O を表す。

　点 P が直交座標 $(x,\ y)$ で表されるとき

$$x = r\cos\theta,\qquad y = r\sin\theta$$
$$r = \sqrt{x^2 + y^2}$$

■ 極方程式

　平面上の曲線 C が，極座標 $(r,\ \theta)$ を用いて，方程式

$$r = f(\theta)\quad や\quad F(r,\ \theta) = 0$$

で表されるとき，その方程式を曲線 C の**極方程式**という。

解答・解説

（1）$A\left(\dfrac{2}{\sqrt{5}},\ \dfrac{2}{\sqrt{5}}\right)$, $B\left(\dfrac{2}{\sqrt{5}},\ 0\right)$ とおくと, $\triangle OAB$ は $BO=BA$ の直角二等辺三角形である。

$$OA=\sqrt{\left(\dfrac{2}{\sqrt{5}}\right)^2+\left(\dfrac{2}{\sqrt{5}}\right)^2}=\dfrac{2\sqrt{10}}{5}$$

であり, x 軸の正の部分を始線とする動径 OA の表す角は

$$\angle AOB=\dfrac{\pi}{4}$$

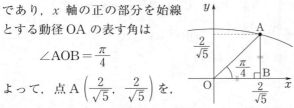

よって, 点 $A\left(\dfrac{2}{\sqrt{5}},\ \dfrac{2}{\sqrt{5}}\right)$ を, O を極とし, x 軸の正の部分を始線とする極座標で表すと

$$\left(\dfrac{2\sqrt{10}}{5},\ \dfrac{\pi}{4}\right)\ ◀◀答$$

C 上の点 $P(x,\ y)$ について, $OP=r$ とし, x 軸の正の部分を始線とする動径 OP の表す角を θ とすると

$$x=r\cos\theta\ (⓪),\quad y=r\sin\theta\ (⓪)\quad ◀◀答$$

であるから, これを C の方程式 $\dfrac{x^2}{4}+y^2=1$ に代入して

$$\dfrac{r^2\cos^2\theta}{4}+r^2\sin^2\theta=1$$
$$r^2(\cos^2\theta+4\sin^2\theta)=4$$
$$r^2(4-3\cos^2\theta)=4$$

すなわち

$$r^2=\dfrac{4}{4-3\cos^2\theta}\quad ◀◀答$$

x 軸の正の部分を始線とする動径 OP の表す角が θ であるとき, 動径 OQ の表す角は $\theta+\pi$ とすることができる。O を極としたときの C の極方程式は

$r=\dfrac{2}{\sqrt{4-3\cos^2\theta}}$ であるから

$$OP=\dfrac{2}{\sqrt{4-3\cos^2\theta}}$$
$$OQ=\dfrac{2}{\sqrt{4-3\cos^2(\theta+\pi)}}=\dfrac{2}{\sqrt{4-3\cos^2\theta}}$$

先に $\angle AOB=\dfrac{\pi}{4}$ を求めて, $OA:OB=\sqrt{2}:1$ より

$$OA=\sqrt{2}\cdot\dfrac{2}{\sqrt{5}}=\dfrac{2\sqrt{10}}{5}$$

としてもよい。

9

平面上の曲線

直角三角形を考えるとよい。

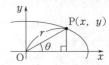

$$\sin^2\theta=1-\cos^2\theta$$

$$\cos^2(\theta+\pi)=(-\cos\theta)^2$$
$$=\cos^2\theta$$

したがって

$$\frac{1}{\mathrm{OP}} + \frac{1}{\mathrm{OQ}} = \frac{\sqrt{4-3\cos^2\theta}}{2} + \frac{\sqrt{4-3\cos^2\theta}}{2}$$
$$= \sqrt{4-3\cos^2\theta}$$

$0 \leq \theta < 2\pi$ の範囲で θ を増加させるとき，$\cos\theta$ は $-1 \leq \cos\theta \leq 1$ の範囲で増加したり，減少したりする。このとき，$4-3\cos^2\theta$ も $1 \leq 4-3\cos^2\theta \leq 4$ の範囲で増加したり，減少したりするから，$\dfrac{1}{\mathrm{OP}} + \dfrac{1}{\mathrm{OQ}}$ は増加したり，減少したりする（②）。◀◀ 答

$0 \leq \cos^2\theta \leq 1$

（**2**）C の焦点の座標は

$$(\pm\sqrt{4-1},\ 0)$$

すなわち

$$(\sqrt{3},\ 0),\ (-\sqrt{3},\ 0)\ \ \text{◀◀ 答}$$

である。そこで，$\mathrm{F}(\sqrt{3},\ 0)$ として，F を極とし，x 軸の $x \geq \sqrt{3}$ の部分を始線とする極座標を考える。

C 上の点 P' について，$\mathrm{FP}' = r'$，動径 FP' の表す角を θ' とし，$\mathrm{P}'(x,\ y)$ とおくと

$$x = r'\cos\theta' + \sqrt{3}$$
$$y = r'\sin\theta'$$

であるから，これを C の方程式に代入して

$$\frac{(r'\cos\theta' + \sqrt{3})^2}{4} + (r'\sin\theta')^2 = 1$$
$$r'^2\cos^2\theta' + 2\sqrt{3}r'\cos\theta' + 3 + 4r'^2\sin^2\theta' = 4$$
$$\{\cos^2\theta' + 4(1-\cos^2\theta')\}r'^2 + 2\sqrt{3}\cos\theta' \cdot r' - 1 = 0$$
$$(4-3\cos^2\theta')r'^2 + 2\sqrt{3}\cos\theta' \cdot r' - 1 = 0$$
$$\{(2+\sqrt{3}\cos\theta')r'-1\}\{(2-\sqrt{3}\cos\theta')r'+1\} = 0$$

$2-\sqrt{3}\cos\theta' > 0$ と $r' > 0$ より

$$(2-\sqrt{3}\cos\theta')r' + 1 > 0$$

であるから

$$(2+\sqrt{3}\cos\theta')r' - 1 = 0$$
$$r' = \frac{1}{2+\sqrt{3}\cos\theta'}\ \ \text{◀◀ 答}$$

$4 - 3\cos^2\theta'$
$= (2+\sqrt{3}\cos\theta')(2-\sqrt{3}\cos\theta')$
$2\sqrt{3}\cos\theta'$
$= (2+\sqrt{3}\cos\theta')-(2-\sqrt{3}\cos\theta')$

x 軸の $x \geqq \sqrt{3}$ の部分を始線とする動径 FP′ の表す角が θ' であるとき，動径 FQ′ の表す角は $\theta' + \pi$ とすることができる。よって

$$\mathrm{FP'} = \frac{1}{2 + \sqrt{3}\cos\theta'}$$

$$\mathrm{FQ'} = \frac{1}{2 + \sqrt{3}\cos(\theta' + \pi)} = \frac{1}{2 - \sqrt{3}\cos\theta'}$$

$\cos(\theta' + \pi) = -\cos\theta'$

したがって

$$\frac{1}{\mathrm{FP'}} + \frac{1}{\mathrm{FQ'}} = (2 + \sqrt{3}\cos\theta') + (2 - \sqrt{3}\cos\theta')$$

$$= 4$$

であるから，$0 \leqq \theta' < 2\pi$ の範囲で θ' を増加させるとき，$\dfrac{1}{\mathrm{FP'}} + \dfrac{1}{\mathrm{FQ'}}$ はつねに一定である（⑩）。　◀◀ **答**

✔ **POINT**

■ 極と始線を明確にする

　曲線を極方程式で表すときは，極と始線が何であるかに注意しよう。本問の（1）では，原点を極とした極方程式を考えているが，（2）では，楕円 C の焦点の一つを極とした極方程式を考えており，（1）と異なる式が得られる。

　極方程式は，原点を極として考えることが多いが，原点と異なる点を極とすると，同じ曲線であっても極方程式が異なるものになることがある。極方程式は，極と始線が何であるかを明らかにしてから扱うようにしよう。

■ 極座標を用いて長さを考察する

　本問の（1）と（2）の後半部分では，それぞれ $\dfrac{1}{\mathrm{OP}} + \dfrac{1}{\mathrm{OQ}}$ や $\dfrac{1}{\mathrm{FP'}} + \dfrac{1}{\mathrm{FQ'}}$ を求めることになる。これを直交座標を用いて求めた場合，点 P や点 P′ の x 座標，y 座標を考慮する必要があり処理が複雑になるが，極座標を用いることで効率的に処理することができる。

　本問では，極座標を用いて考えるよう誘導が与えられているが，誘導が与えられていない問題でも，直交座標と極座標のどちらを用いた方が考えやすいかを検討してから解き始めるようにしよう。

演習1 (解答は65ページ)

xy平面上を，ある規則にしたがって動く点の軌跡について考える。

(1) 点$A(0, 2)$との距離と，直線 $y=-2$ との距離が等しい点をPとする。Pの座標を (x, y) とすると

$$AP=\sqrt{x^2+\left(y-\boxed{ア}\right)^2}$$

である。また，点Pと直線 $y=-2$ との距離をdとすると

$$d=\left|y+\boxed{イ}\right|$$

であるから，点Pの軌跡の方程式は

$$y=\frac{1}{\boxed{ウ}}x^2$$

である。

(2) 円 $C_1:x^2+(y-3)^2=1$ の中心をBとする。

(i) C_1と互いに外接し，x軸とも接する円C_2の中心をQとする。C_2の半径をrとすると

$$BQ=r+\boxed{エ}$$

である。rの値に関係なく定まるx軸に平行な直線 $y=\boxed{オカ}$ と点Qの距離は$r+\boxed{エ}$ と等しいので，点Qの軌跡は，(1)の点Pの軌跡をy軸方向に $\boxed{キ}$ だけ平行移動したものと一致する。

$\boxed{キ}$ の解答群

⓪ 1	① 2	② 3
③ -1	④ -2	⑤ -3

（ⅱ） 円 $C_3 : x^2 + (y+2)^2 = 4$ について，二つの円 C_1，C_3 と互いに外接する円 C_4 の中心Rの軌跡がつくる図形を A とする。

C_3 の中心をCとすると $\boxed{\ ク\ }$ が成り立つことから，A は $\boxed{\ ケ\ }$ の一部である。

また，二つの円 C_1，C_3 とそれぞれ内接する円 C_5 の中心の軌跡がつくる図形を A' とすると，A' は A を $\boxed{\ コ\ }$ 方向に $\boxed{\ サ\ }$ だけ平行移動したあと，$\boxed{\ シ\ }$ に関して対称移動したものと一致する。

$\boxed{\ ク\ }$ の解答群

⓪	$2RB = RC$	①	$RB = 2RC$
②	$RB = RC+1$	③	$RB = RC-1$
④	$RB = RC$		

$\boxed{\ ケ\ }$ の解答群

⓪	放物線	①	楕円	②	双曲線

$\boxed{\ コ\ }$，$\boxed{\ シ\ }$ の解答群（同じものを繰り返し選んでもよい。）

⓪	x軸	①	y軸

$\boxed{\ サ\ }$ の解答群

⓪	1	①	2	②	3
③	-1	④	-2	⑤	-3

（1）xy 平面上に楕円 $C:\dfrac{x^2}{4}+(y-1)^2=1$ がある。

　（i）　C と直線 $y=1$ の交点のうち，x 座標が正のものをA，x 座標が負のものをBとすると

$$A\left(\boxed{\ \text{ア}\ },\ 1\right),\ B\left(\boxed{\ \text{イウ}\ },\ 1\right)$$

である。

　　　また，点PがA，Bを除くC上にあるとき，△PABの面積の最大値は $\boxed{\ \text{エ}\ }$ である。

　（ii）　C と直線 $y=x$ の交点のうち，x 座標が小さい方の点をC，x 座標が大きい方の点をDとする。点QがC，Dを除くC上にあるとき，△QCDの面積の最大値を求めよう。

　　　楕円Cの接線のうち，直線 $y=x$ と平行なものは二つ存在し，その方程式は $y=x+\sqrt{\boxed{\ \text{オ}\ }}+\boxed{\ \text{カ}\ }$ および $y=x-\sqrt{\boxed{\ \text{オ}\ }}+\boxed{\ \text{カ}\ }$ である。

　　　よって，△QCDの面積の最大値は

$$\frac{\boxed{\ \text{キ}\ }\left(\sqrt{\boxed{\ \text{ク}\ }}+\boxed{\ \text{ケ}\ }\right)}{\boxed{\ \text{コ}\ }}$$

である。

（2）xy 平面上に双曲線 $C':\dfrac{x^2}{4}-(y-2)^2=1$ がある。

　　C' のうち $x>0$ を満たす部分と直線 $y=x$ の交点のうち，x 座標が小さい方の点をE，x 座標が大きい方の点をFとする。

　　このとき，点Fのx座標は $\dfrac{\boxed{\ \text{サシ}\ }}{\boxed{\ \text{ス}\ }}$ である。また，点RがC'のうち $x<0$ を満たす部分にあるとき，△REFの面積の最小値は

$$\frac{\boxed{\ \text{セ}\ }\left(\sqrt{\boxed{\ \text{ソ}\ }}+\boxed{\ \text{タ}\ }\right)}{\boxed{\ \text{チ}\ }}$$

である。

演習3 （解答は70ページ）

　半径1の円盤Dがある。長さが2πの伸び縮みしないひもが，一方の端を点Pに固定され，時計回りに緩むことなくDの周に沿って巻きつけてある。

　このひものPに固定されている方とは異なる端をQとし，次の図1のようにひもが緩むことがないようにしながらひもを解いていく。

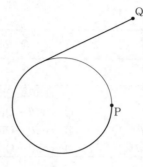

図1

　このとき，点Qの軌跡について調べよう。

　Dの中心を原点O，点Pの座標を$(1, 0)$とするxy平面において，図2のように，ひもの解かれた部分とDの接点を$R(\cos\theta, \sin\theta)$ $(0 \leqq \theta < 2\pi)$ とする。

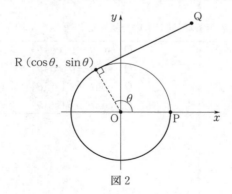

図2

（1）QRを，θを用いて表すと

$$QR = \boxed{\quad \text{ア} \quad}$$

である。

また，点Qのx座標を$x(\theta)$とおくと，$x(\theta) = \boxed{\quad \text{イ} \quad}$ が成り立つ。

$\boxed{\text{ア}}$ の解答群

⓪ $\dfrac{1}{4}\theta$	① $\dfrac{1}{2}\theta$	② θ	③ 2θ	④ 4θ

$\boxed{\text{イ}}$ の解答群

⓪ $\sin\theta + QR\sin\theta$	① $\cos\theta + QR\sin\theta$
② $\sin\theta + QR\cos\theta$	③ $\cos\theta + QR\cos\theta$
④ $\sin\theta + QR\cdot|\sin\theta|$	⑤ $\cos\theta + QR\cdot|\sin\theta|$
⑥ $\sin\theta + QR\cdot|\cos\theta|$	⑦ $\cos\theta + QR\cdot|\cos\theta|$

（2）点Qの座標をθを用いて表すと

$$Q\left(\boxed{\quad \text{ウ} \quad},\ \boxed{\quad \text{エ} \quad}\right)$$

である。

$\boxed{\text{ウ}}$，$\boxed{\text{エ}}$ の解答群（同じものを繰り返し選んでもよい。）

⓪ $\sin\theta + \theta\cos\theta$	① $\sin\theta + \theta|\cos\theta|$
② $\sin\theta - \theta\cos\theta$	③ $\sin\theta - \theta|\cos\theta|$
④ $\cos\theta + \theta\sin\theta$	⑤ $\cos\theta + \theta|\sin\theta|$
⑥ $\cos\theta - \theta\sin\theta$	⑦ $\cos\theta - \theta|\sin\theta|$

第10章　複素数平面

O を原点とする複素数平面上の点について考える。

（1）円 $|z|=1$ 上の異なる 3 点 A(α)，B(β)，C(γ) がこの順で反時計回りに正三角形の頂点をなし

$$\alpha^3 = \frac{\sqrt{3}}{2} + \frac{1}{2}i$$

を満たしている。

（i）$0 \leqq \arg\alpha < \dfrac{\pi}{2}$ とする。このとき，α，β，γ の偏角を求めよう。

$\dfrac{\sqrt{3}}{2} + \dfrac{1}{2}i$ を極形式で表すと

$$\frac{\sqrt{3}}{2} + \frac{1}{2}i = \cos\left(\frac{\pi}{\boxed{ア}} + 2n\pi\right) + i\sin\left(\frac{\pi}{\boxed{ア}} + 2n\pi\right)$$

（n は整数）

であり，$\theta = \arg\alpha$ とおくと，$\arg\alpha^3 = \boxed{イ}\,\theta$ であることから

$$\theta = \frac{\pi}{\boxed{ウエ}}$$

である。そして，△ABC は正三角形であるから

$$\arg\beta = \frac{\boxed{オカ}}{\boxed{ウエ}}\pi, \quad \arg\gamma = \frac{\boxed{キク}}{\boxed{ウエ}}\pi$$

と求められる。

$\boxed{イ}$ の解答群

⓪ $\dfrac{1}{6}$	① $\dfrac{1}{3}$	② $\dfrac{3}{2}$	③ 3	④ 6

（ii）$0 \leqq \arg\alpha < 2\pi$ とする。頂点をなす 3 点の位置がすべて一致するものは同じ正三角形とみなすとき，条件を満たす正三角形は全部で $\boxed{ケ}$ 通りある。

（2）円 $|z-1|=1$ 上の異なる 4 点が正方形の頂点をなし，その 4 点のうちの一つの頂点 $\delta\,(0\leqq\arg\,(\delta-1)<2\pi)$ が

$$(\delta-1)^6=-\frac{1}{2}+\frac{\sqrt{3}}{2}i$$

を満たしているとする。

（ⅰ）正方形の頂点をなす 4 点の位置がすべて一致するものは同じ正方形とみなすとき，条件を満たす正方形は全部で $\boxed{\ \text{コ}\ }$ 通りある。

（ⅱ）$\arg\delta$ のうち最小のものは

$$\arg\delta=\frac{\pi}{\boxed{\ \text{サシ}\ }}$$

である。

基本事項の確認

■ **複素数の極形式**

複素数平面上で，0 でない複素数 $z=a+bi$ を表す点を P とする。

線分 OP の長さを $r=\sqrt{a^2+b^2}$ とし，動径 OP の表す角を θ とすると

$$z=r(\cos\theta+i\sin\theta) \quad\cdots\cdots\cdots\cdots\cdots(*)$$

である。このとき，$(*)$ を複素数 z の**極形式**という。

また，θ を z の**偏角**といい，$\arg z$ で表す。

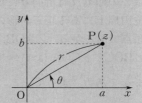

■ **ド・モアブルの定理**

整数 n に対して

$$(\cos\theta+i\sin\theta)^n=\cos n\theta+i\sin n\theta$$

（ 1 ）（ i ） $\cos\dfrac{\pi}{6}=\dfrac{\sqrt{3}}{2}$, $\sin\dfrac{\pi}{6}=\dfrac{1}{2}$ であるから,

$\dfrac{\sqrt{3}}{2}+\dfrac{1}{2}i$ を極形式で表すと

$$\frac{\sqrt{3}}{2}+\frac{1}{2}i=\cos\left(\frac{\pi}{6}+2n\pi\right)+i\sin\left(\frac{\pi}{6}+2n\pi\right)$$

（ n は整数 ） ◀◀答

$\theta=\arg\alpha$ とおくと

$$\mathbf{arg}\,\boldsymbol{\alpha}^3=3\boldsymbol{\theta}\quad（③）\ \text{◀◀答}$$

であり, $0\leqq\arg\alpha<\dfrac{\pi}{2}$ より

$$0\leqq 3\theta<\frac{3}{2}\pi$$

なので

$$3\theta=\frac{\pi}{6}$$

$$\boldsymbol{\theta}=\frac{\boldsymbol{\pi}}{\mathbf{18}}\ \text{◀◀答}$$

> $\dfrac{\pi}{6}+2n\pi$ において, 条件を満たすのは, $n=0$ のときである。

3 点 A(α), B(β), C(γ) はこの順で反時計回りに単位円周上にある正三角形の頂点であるから, $\angle$AOB, $\angle$BOC, $\angle$COA はすべて $\dfrac{2}{3}\pi$ である。よって

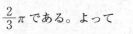

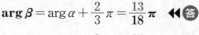

$$\mathbf{arg}\,\boldsymbol{\beta}=\arg\alpha+\frac{2}{3}\pi=\frac{13}{18}\boldsymbol{\pi}\ \text{◀◀答}$$

> $\dfrac{\pi}{18}+\dfrac{2}{3}\pi=\dfrac{13}{18}\pi$

$$\mathbf{arg}\,\boldsymbol{\gamma}=\arg\beta+\frac{2}{3}\pi=\frac{25}{18}\boldsymbol{\pi}\ \text{◀◀答}$$

> $\dfrac{13}{18}\pi+\dfrac{2}{3}\pi=\dfrac{25}{18}\pi$

（ ii ） $0\leqq\arg\alpha<2\pi$ より, （ i ）と同様に $\theta=\arg\alpha$ とおくと

$$0\leqq 3\theta<6\pi$$

なので

$$3\theta=\frac{\pi}{6},\ \frac{13}{6}\pi,\ \frac{25}{6}\pi$$

$$\theta=\frac{\pi}{18},\ \frac{13}{18}\pi,\ \frac{25}{18}\pi$$

> $\dfrac{\pi}{6}+2n\pi$ において, 条件を満たすのは, $n=0,\ 1,\ 2$ のときである。

$\theta = \dfrac{13}{18}\pi$ のとき，A，B，C はそれぞれ（ i ）の B，C，A と一致する。

$\theta = \dfrac{25}{18}\pi$ のとき，A，B，C はそれぞれ（ i ）の C，A，B と一致する。

以上より，条件を満たす正三角形は全部で 1 通りある。◀◀答

（**2**）（ i ）$\cos\dfrac{2}{3}\pi = -\dfrac{1}{2}$，$\sin\dfrac{2}{3}\pi = \dfrac{\sqrt{3}}{2}$ である

から，$-\dfrac{1}{2}+\dfrac{\sqrt{3}}{2}i$ を極形式で表すと

$$-\dfrac{1}{2}+\dfrac{\sqrt{3}}{2}i$$
$$= \cos\left(\dfrac{2}{3}\pi + 2m\pi\right) + i\sin\left(\dfrac{2}{3}\pi + 2m\pi\right)$$

$$(m \text{ は整数})$$

となるので，$\varphi = \arg(\delta - 1)$ とおくと

$$\arg(\delta - 1)^6 = 6\varphi$$

であることから

$$6\varphi = \dfrac{2}{3}\pi + 2m\pi$$

$0 \leqq \arg(\delta - 1) < 2\pi$ より

$$0 \leqq 6\varphi < 12\pi$$

なので

$$6\varphi = \dfrac{2}{3}\pi,\ \dfrac{8}{3}\pi,\ \dfrac{14}{3}\pi,\ \dfrac{20}{3}\pi,\ \dfrac{26}{3}\pi,\ \dfrac{32}{3}\pi$$

$$\varphi = \dfrac{\pi}{9},\ \dfrac{4}{9}\pi,\ \dfrac{7}{9}\pi,\ \dfrac{10}{9}\pi,\ \dfrac{13}{9}\pi,\ \dfrac{16}{9}\pi$$

このうち

$$\dfrac{\pi}{9} \text{ と } \dfrac{10}{9}\pi,\ \dfrac{4}{9}\pi \text{ と } \dfrac{13}{9}\pi,\ \dfrac{7}{9}\pi \text{ と } \dfrac{16}{9}\pi$$

は φ と $\varphi + \pi$ の関係になっており，同じ正方形を表すことになる。φ と $\varphi + \dfrac{\pi}{2}$，φ と $\varphi + \dfrac{3}{2}\pi$ の関係にあるものは存在しないので，条件を満たす正方形は全部で 3 通りある。◀◀答

$\dfrac{2}{3}\pi + 2m\pi$ において，条件を満たすのは，$m = 0$，1，2，3，4，5 のときである。

（ⅱ）（ⅰ）より，$\varphi = \dfrac{\pi}{9}$,
$\dfrac{4}{9}\pi$, $\dfrac{7}{9}\pi$ の場合を考え
ればよい。点 δ は円
$|z-1|=1$ 上にあるので，
D(δ)，P(1)，原点 O に
対して

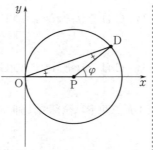

$$\arg\delta = \angle \mathrm{DOP}$$

が最小になるものを考えればよい。$0 \leqq \varphi < \pi$ のとき，円周角と中心角の関係より

$$\arg\delta = \angle \mathrm{DOP} = \dfrac{1}{2}\varphi$$

よって，$\varphi = \dfrac{\pi}{9}$ のとき $\arg\delta$ は最小で

$$\boldsymbol{\arg\delta = \dfrac{\pi}{18}} \;\blacktriangleleft\fbox{答}$$

δ は $0 \leqq \arg\delta < \dfrac{\pi}{2}$ または $\dfrac{3}{2}\pi < \arg\delta < 2\pi$ の範囲に存在する。また，原点 O の偏角は定まらない。

✔ POINT

■ 偏角を一般角で考える

偏角 θ は代表となる角として $0 \leqq \theta < 2\pi$ や $-\pi \leqq \theta < \pi$ で表すことも多いが，本問のように 2π よりも大きい角の考察が必要とされる場合は

$$\arg z = \theta + 2n\pi \quad （n は整数）$$

のように一般角で考える必要がある。（1）（ⅱ）では $0 \leqq 3\theta < 6\pi$ の角を扱うため，一般角で考えないと $\theta = \dfrac{13}{18}\pi$, $\dfrac{25}{18}\pi$ を求めることができない。

偏角を用いた考察を行う際には，問題の場面から一般角で考えた方がよいか判断してから考察を進めるようにしよう。

■ （1）と（2）の共通点に着目する

本問の（2）を（1）と比較すると，いくつかの共通点を見つけることができる。たとえば，（1）では α^3 についての条件が与えられているが，（2）では $(\delta-1)^6$ についての条件が与えられている。このことから，「（1）では3倍した角を考えたから，（2）では6倍した角について考えるのではないだろうか」のように，見通しをもって問題を解くようにするとよい。

例 題 2 オリジナル問題

複素数 z が $|z-(1+2i)|=1$ を満たすように変化するとき，z を用いた式によって定められた点が，O を原点とする複素数平面上でどのような図形を描くかを考えよう。

（1）まず，$w_1=(1+i)z$ を満たす点 w_1 がどのような図形を描くか考えよう。

点 z は，点 $1+2i$ を中心とする半径 1 の円を描く。この円を C とする。
このとき

$$1+i=\sqrt{\boxed{\text{ア}}}\left(\cos\frac{\pi}{\boxed{\text{イ}}}+i\sin\frac{\pi}{\boxed{\text{イ}}}\right)$$

であるから，w_1 が描く図形は，C を O を中心として $\dfrac{\pi}{\boxed{\text{イ}}}$ だけ回転し，

O を中心に $\sqrt{\boxed{\text{ア}}}$ 倍に拡大したものである。

すなわち，w_1 が描く図形は円であり，その中心を α_1，半径を r_1 とおくと

$$\alpha_1=\boxed{\text{ウエ}}+\boxed{\text{オ}}\,i,\quad r_1=\sqrt{\boxed{\text{カ}}}$$

である。

（2）次に，$\overline{w_2}=\dfrac{z+1}{1+\sqrt{3}\,i}$ を満たす点 w_2 がどのような図形を描くか考えよう。

このとき

$$w_2=\frac{\boxed{\text{キ}}+\sqrt{\boxed{\text{ク}}}\,i}{\boxed{\text{ケ}}}(\overline{z}+1)$$

である。

ここで，点 $\overline{z}+1$ が描く図形は円であるから，その中心を α_2，半径を r_2 とおく。すると，w_2 が描く図形も円であり，その中心を α_3，半径を r_3 とおくと，α_3 は α_2 を $\boxed{\text{コ}}$ した点であり，$r_3=\dfrac{\boxed{\text{サ}}}{\boxed{\text{シ}}}$ である。ただし，r_1 は（1）で求めたものとする。

$\boxed{\text{コ}}$ の解答群

⓪ O を中心として $\dfrac{\pi}{3}$ だけ回転し，O からの距離を r_1 倍に拡大

① O を中心として $\dfrac{\pi}{3}$ だけ回転し，O からの距離を $\dfrac{1}{2}$ 倍に縮小

② O を中心として $\dfrac{\pi}{3}$ だけ回転し，a_2 からの距離を r_1 倍に拡大

③ O を中心として $\dfrac{\pi}{3}$ だけ回転し，a_2 からの距離を $\dfrac{1}{2}$ 倍に縮小

④ 実軸に関して対称移動し，実軸方向に 1 だけ平行移動したうえで，O からの距離を r_1 倍に拡大

⑤ 実軸に関して対称移動し，実軸方向に 1 だけ平行移動したうえで，O からの距離を $\dfrac{1}{2}$ 倍に縮小

⑥ 虚軸に関して対称移動し，実軸方向に 1 だけ平行移動したうえで，O からの距離を r_1 倍に拡大

⑦ 虚軸に関して対称移動し，実軸方向に 1 だけ平行移動したうえで，O からの距離を $\dfrac{1}{2}$ 倍に縮小

基本事項の確認

■ 複素数平面と複素数の積・商

複素数 z と複素数 $\alpha = r(\cos\theta + i\sin\theta)$ について

（ⅰ）点 αz は，点 z を，原点を中心として θ だけ回転し，原点からの距離を r 倍した点である。

（ⅱ）$r \neq 0$ とする。点 $\dfrac{z}{\alpha}$ は，点 z を，原点を中心として $-\theta$ だけ回転し，原点からの距離を $\dfrac{1}{r}$ 倍した点である。

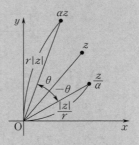

■ 共役複素数と対称移動

$a,\ b$ を実数とする。複素数 $z = a + bi$ に対し，$a - bi$ を z の共役な複素数，または共役複素数といい，$\bar{z}$ で表す。

複素数平面において

　　点 z と点 $\bar{z}$ は実軸に関して対称

　　点 z と点 $-z$ は原点に関して対称

　　点 z と点 $-\bar{z}$ は虚軸に関して対称

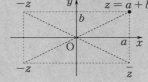

解答・解説

（1）$1+i$ を極形式で表すと

$$1+i = \sqrt{2}\left(\cos\frac{\pi}{4} + i\sin\frac{\pi}{4}\right) \quad \blacktriangleleft\text{答}$$

$w_1 = (1+i)z$ より，w_1 は z を O を中心として $\frac{\pi}{4}$ だけ回転し，O からの距離を $\sqrt{2}$ 倍した点である。よって，w_1 が描く図形は，C を O を中心として $\frac{\pi}{4}$ だけ回転し，O を中心に $\sqrt{2}$ 倍に拡大した円であり，その中心 α_1 は

$$\alpha_1 = (1+i)(1+2i) = -1+3i \quad \blacktriangleleft\text{答}$$

半径 r_1 は

$$r_1 = \sqrt{2}\cdot 1 = \sqrt{2} \quad \blacktriangleleft\text{答}$$

（2）$\overline{w_2} = \dfrac{z+1}{1+\sqrt{3}\,i} = \dfrac{1-\sqrt{3}\,i}{(1+\sqrt{3}\,i)(1-\sqrt{3}\,i)}(z+1)$

$$= \frac{1-\sqrt{3}\,i}{4}(z+1)$$

より

$$w_2 = \overline{\left(\frac{1-\sqrt{3}\,i}{4}\right)}\cdot\overline{(z+1)} = \frac{1+\sqrt{3}\,i}{4}(\overline{z}+1)$$

$$\blacktriangleleft\text{答}$$

$\overline{z}$ は z を実軸に関して対称移動した点であるから，点 $\overline{z}$ が描く図形は，C を実軸に関して対称移動した円 C' である。

また，$\overline{z}+1$ は $\overline{z}$ を実軸方向に 1 だけ平行移動した点であるから，点 $\overline{z}+1$ が描く図形は，C' を実軸方向に 1 だけ平行移動した円である。C' の半径は 1 であるから，$r_2 = 1$ である。

w_2 は

$$w_2 = \frac{1}{2}\left(\cos\frac{\pi}{3} + i\sin\frac{\pi}{3}\right)(\overline{z}+1)$$

と表すことができるので，（1）と同様に考えると，点 w_2 は，点 $\overline{z}+1$ を O を中心として $\frac{\pi}{3}$ だけ回転し，O からの距離を $\frac{1}{2}$ 倍した点である。よって，α_3 は，α_2

$|1+i| = \sqrt{2}$ より

$$1+i = \sqrt{2}\left(\frac{1}{\sqrt{2}} + i\cdot\frac{1}{\sqrt{2}}\right)$$

であるから

$$\cos\theta = \sin\theta = \frac{1}{\sqrt{2}}$$

となる $\theta\,(0\leqq\theta<2\pi)$ を探す。

10

複素数平面

円 C' の中心は点 $1-2i$，半径は 1 である。

円 C を対称移動したあとに平行移動しただけなので，半径は C と等しい。

を O を中心として $\dfrac{\pi}{3}$ だけ回転し，O からの距離

を $\dfrac{1}{2}$ 倍に縮小した点（①）である。◀◀答

　また，半径 r_3 は

$$r_3 = \dfrac{1}{2} r_2 = \dfrac{1}{2} \quad \text{◀◀答}$$

✓ **POINT**

■ 複素数の計算を複素数平面で捉える

　本問を解くにあたっては，複素数の四則演算が複素数平面上でどのような移動を表すのかということや，共役な複素数どうしを表す点が複素数平面上ではどのような位置関係にあるのかということを理解しておく必要がある。

　日々の演習にあたっては，複素数の計算を速く正確に行えるようにするだけでなく，複素数の計算が複素数平面上でどのような移動にあたるかも意識しよう。

例題 3 オリジナル問題

（1）太郎さんと花子さんは，次の問題に取り組んでいる。

> 問題 複素数平面上に，異なる 3 点 A(z)，B(z^2)，C(z^3) がある。
> $\angle ACB = \dfrac{\pi}{2}$ を満たすように A が動くとき，A の軌跡はどのような図形を描くか。

> 太郎：$z=1$ や $z=0$ のときは，3 点 A，B，C が一致するから除外できるね。
> 花子：$\angle ACB = \dfrac{\pi}{2}$ であることを式に表して考えてみよう。

（ⅰ）太郎さんは次のような方針を立てた。

> ─太郎さんの方針─
> $\angle ACB = \dfrac{\pi}{2}$ より，k を 0 でない実数として，$\dfrac{z-z^3}{z^2-z^3} = ki$ とおける。
> さらに，$z \neq 0$，$z \neq 1$ より，この式は
> $$\frac{1+z}{z} = ki$$
> と変形できるので，z の実部，虚部をそれぞれ k を用いて表すことができる。

太郎さんの方針に基づくと，0 でない実数 k を用いて，z の実部は ア ，虚部は イ と表すことができる。

ア ， イ の解答群（同じものを繰り返し選んでもよい。）

⓪ $\dfrac{1}{1-k^2}$	① $-\dfrac{1}{1-k^2}$	② $\dfrac{1}{1+k^2}$	③ $-\dfrac{1}{1+k^2}$
④ $\dfrac{k}{1-k^2}$	⑤ $-\dfrac{k}{1-k^2}$	⑥ $\dfrac{k}{1+k^2}$	⑦ $-\dfrac{k}{1+k^2}$

（ⅱ）花子さんは次のような方針を立てた。

> ┌─**花子さんの方針**─────────────────────
> $\dfrac{z-z^3}{z^2-z^3}$ が純虚数であることから，$\dfrac{z-z^3}{z^2-z^3}+\overline{\left(\dfrac{z-z^3}{z^2-z^3}\right)}$ の値が
>
> 求められることを利用する。
> └──────────────────────────────

花子さんの方針に基づくと，$z \neq 0$，$z \neq 1$ のもとで

$$\frac{1+z}{z}+\overline{\left(\frac{1+z}{z}\right)}=\boxed{}$$

であることがわかる。

$\boxed{\text{ウ}}$ の解答群

⓪ -1	① 0	② 1	③ i	④ $-i$

（ⅲ）A は，点 $\dfrac{\boxed{\text{エオ}}}{\boxed{\text{カ}}}$ を中心とする半径 $\dfrac{\boxed{\text{キ}}}{\boxed{\text{ク}}}$ の円周上に存在する。

（2）次の⓪～③のうち，複素数平面上の 3 点 $\mathrm{D}(w)$，$\mathrm{E}(w^2)$，$\mathrm{F}(w^3)$ について
正しく述べたものは $\boxed{\text{ケ}}$ である。

$\boxed{\text{ケ}}$ の解答群

> ⓪ $\angle\mathrm{FDE}=\dfrac{\pi}{2}$ を満たす D，$\angle\mathrm{DEF}=\dfrac{\pi}{2}$ を満たす D のどちらも
> 存在する。
>
> ① $\angle\mathrm{FDE}=\dfrac{\pi}{2}$ を満たす D は存在するが，$\angle\mathrm{DEF}=\dfrac{\pi}{2}$ を満たす
> D は存在しない。
>
> ② $\angle\mathrm{FDE}=\dfrac{\pi}{2}$ を満たす D は存在しないが，$\angle\mathrm{DEF}=\dfrac{\pi}{2}$ を満た
> す D は存在する。
>
> ③ $\angle\mathrm{FDE}=\dfrac{\pi}{2}$ を満たす D，$\angle\mathrm{DEF}=\dfrac{\pi}{2}$ を満たす D のどちらも
> 存在しない。

基本事項の確認

■ 半直線のなす角

複素数平面上の異なる 3 点 A(α)，B(β)，C(γ) に対して，半直線 AB から半直線 AC へ向きを含めて測った角を $\angle$BAC とすると

$$\angle\text{BAC} = \arg\frac{\gamma-\alpha}{\beta-\alpha}$$

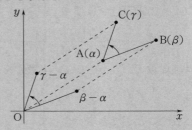

とくに

3 点 A，B，C が一直線上にある

$\Longleftrightarrow \dfrac{\gamma-\alpha}{\beta-\alpha}$ が実数

2 直線 AB，AC が垂直である

$\Longleftrightarrow \dfrac{\gamma-\alpha}{\beta-\alpha}$ が純虚数

（**1**）$z=0$, $z=1$ の場合, 3 点 A(z), B(z^2), C(z^3) は一致するので, $z \neq 0$, $z \neq 1$ としてよい。

（**i**）$\angle \mathrm{ACB} = \dfrac{\pi}{2}$ より

$$\frac{z-z^3}{z^2-z^3} = \frac{z(1-z)(1+z)}{z^2(1-z)} = \frac{1+z}{z} \quad \cdots\cdots ①$$

は純虚数であり, 0 でない実数 k を用いて

$$\frac{1+z}{z} = ki$$

と表すことができる。よって

$$\frac{1}{z} + 1 = ki$$

すなわち

$$z = \frac{1}{-1+ki} = \frac{-1-ki}{(-1+ki)(-1-ki)}$$

$$= \frac{-1-ki}{1+k^2}$$

よって

z の実部：$-\dfrac{1}{1+k^2}$ （③） ◀◀答

z の虚部：$-\dfrac{k}{1+k^2}$ （⑦） ◀◀答

（**ii**）$\dfrac{z-z^3}{z^2-z^3}$ は純虚数なので

$$\frac{z-z^3}{z^2-z^3} + \overline{\left(\frac{z-z^3}{z^2-z^3}\right)} = 0$$

①より

$$\frac{1+z}{z} + \overline{\left(\frac{1+z}{z}\right)} = 0 \quad （⓪） ◀◀答 \quad \cdots\cdots ②$$

（**iii**）**花子さんの方針で考える。**②の両辺に $z\bar{z}$ をかけて整理すると

$$(1+z)\bar{z} + (1+\bar{z})z = 0$$

$$2z\bar{z} + z + \bar{z} = 0$$

$$z\bar{z} + \frac{1}{2}z + \frac{1}{2}\bar{z} = 0$$

$z=0$ のとき $z=z^2=z^3=0$,
$z=1$ のとき $z=z^2=z^3=1$
である。

B(z^2) を C(z^3) のまわりに $\pm\dfrac{\pi}{2}$ だけ回転させ, k 倍した点が A(z) であるから

$$z-z^3$$
$$= k\left\{\cos\left(\pm\frac{\pi}{2}\right) + i\sin\left(\pm\frac{\pi}{2}\right)\right\}$$
$$\times (z^2-z^3)$$

であり, k の符号を考慮して

$$\frac{1+z}{z} = ki$$

と表すことができる。
$z=x+yi$ とおき

$$\frac{1}{x+yi} + 1 = ki$$

を整理して z の実部と虚部を求めることもできるが, 手間が増え, 計算ミスをする可能性が高くなる。

α が純虚数であるとき
$$\bar{\alpha} = -\alpha$$
より
$$\alpha + \bar{\alpha} = 0$$

$$\left(z+\frac{1}{2}\right)\left(\overline{z}+\frac{1}{2}\right)=\frac{1}{4}$$

$$\left|z+\frac{1}{2}\right|^2=\left(\frac{1}{2}\right)^2$$

$$\left|z+\frac{1}{2}\right|=\frac{1}{2}$$

複素数 α について
$$\alpha\overline{\alpha}=|\alpha|^2$$
$\left|z+\frac{1}{2}\right|\geqq 0$ より。

と変形できるから，A は，点 $\dfrac{-1}{2}$ を中心とする半径 $\dfrac{1}{2}$ の円周上に存在する。◀◀答

（2） $\angle\mathrm{FDE}=\dfrac{\pi}{2}$ とし，**花子さんの方針**を用いると

$$\frac{w^3-w}{w^2-w}+\overline{\left(\frac{w^3-w}{w^2-w}\right)}=0$$
$$w+1+\overline{w}+1=0$$
$$w+\overline{w}=-2$$

より，D(w) は実部が -1 で虚軸に平行な直線上に存在する。たとえば，$w=-1+i$ とすれば，$w^2=-2i$，$w^3=2+2i$ となって，$\angle\mathrm{FDE}=\dfrac{\pi}{2}$ を満たすので，$\angle\mathrm{FDE}=\dfrac{\pi}{2}$ を満たす D は存在する。

$\angle\mathrm{DEF}=\dfrac{\pi}{2}$ とすると，**花子さんの方針**を用いて

$$\frac{w^3-w^2}{w-w^2}+\overline{\left(\frac{w^3-w^2}{w-w^2}\right)}=0$$
$$-w+\overline{(-w)}=0$$
$$w+\overline{w}=0$$

$\overline{(-w)}=-\overline{w}$

より，D(w) は虚軸上に存在する。たとえば，$w=i$ とすれば，$w^2=-1$，$w^3=-i$ となって，$\angle\mathrm{DEF}=\dfrac{\pi}{2}$ を満たすので，$\angle\mathrm{DEF}=\dfrac{\pi}{2}$ を満たす D は存在する。

以上より，$\angle\mathrm{FDE}=\dfrac{\pi}{2}$ を満たす D，$\angle\mathrm{DEF}=\dfrac{\pi}{2}$ を満たす D のどちらも存在する。（⓪）◀◀答

10

複素数平面

■ 考え方のよさを見極める

本問では，（1）の太郎さんの方針と花子さんの方針を理解するだけでなく，（1）(iii)や（2）で，どちらの方法を用いた方が効率的に処理できるかを判断する必要がある。（i）と（ii）の考察を踏まえ，「太郎さんの方針だと，分数を含む式の処理が難しそうだ」のように判断できるようにしよう。

■ 軌跡を求める際の注意点

本問では，A が点 $-\dfrac{1}{2}$ を中心とする半径 $\dfrac{1}{2}$ の円周上に存在することを求めた。この円を C とすると，点 1 は円 C 上にないから，$z \neq 1$ である。また，$z = 0$ のとき $z = z^2 = z^3 = 0$，$z = -1$ のとき $z = z^3 = -1$ であり，いずれも「3 点が異なる」という条件を満たさないことから，A の軌跡は，円 C から原点および点 -1 を除いたものになることに注意しよう。

同様に，$\angle\mathrm{FDE} = \dfrac{\pi}{2}$ を満たす点 D の軌跡は，実部が -1 で虚軸に平行な直線から点 -1 を除いたものになる（$w = w^3 = -1$ より）。また，$\angle\mathrm{DEF} = \dfrac{\pi}{2}$ を満たす点 D の軌跡は，虚軸から原点を除いたものになる（$w = w^2 = w^3 = 0$ より）。

点の軌跡を求める際には，除く必要がある点がないかを確かめよう。

■ 太郎さんの方針を用いた考え方

（1）(iii)および（2）を太郎さんの方針で考えると次のようになる。

（1）(iii)について，z の実部を x，虚部を y とすると

$$x = -\frac{1}{1+k^2}, \ y = -\frac{k}{1+k^2}$$

$x \neq 0$ より，$\dfrac{y}{x} = k$ であるから

$$x = -\frac{1}{1+\left(\dfrac{y}{x}\right)^2} = -\frac{x^2}{x^2+y^2}$$

$x \neq 0$ より

$$1 = -\frac{x}{x^2 + y^2}$$

$$x^2 + y^2 + x = 0$$

$$\left(x + \frac{1}{2}\right)^2 + y^2 = \left(\frac{1}{2}\right)^2$$

よって，A は点 $-\frac{1}{2}$ を中心とする半径 $\frac{1}{2}$ の円周上に存在する。

（2）について，$\angle \text{FDE} = \frac{\pi}{2}$ とすると，0 でない実数 k' を用いて

$$\frac{w^3 - w}{w^2 - w} = k'i$$

$$w + 1 = k'i$$

$$w = -1 + k'i$$

となるので，D(w) は実部が -1 で虚軸に平行な直線上に存在する。

さらに，$\angle \text{DEF} = \frac{\pi}{2}$ とすると，0 でない実数 k'' を用いて

$$\frac{w^3 - w^2}{w - w^2} = k''i$$

$$-w = k''i$$

$$w = -k''i$$

となるので，D(w) は虚軸上に存在する。

演習1 (解答は72ページ)

太郎さんと花子さんは次の問題に取り組んでいる。

> **問題** k を実数とする。複素数平面上で，$\alpha = 5 + 5i$，$\beta = -4 + 2i$，
> $\gamma = -2 - 2i$，$\delta = 4 + ki$ によって表される点をそれぞれ A，B，C，
> D とする。
> 　4点 A，B，C，D が一つの円周上にあるような k の値を定めよ。

（1）

> 太郎：四角形 ABCD が円に内接するとき，向かい合う角の和は π だね。
> 花子：4点 A，B，C，D がこの順で反時計まわりに並ぶときについて，
> 　　　$\angle$ABC と $\angle$CDA の大きさに着目して考えてみようか。

太郎さんはまず，$\angle$ABC の大きさを θ $(0 < \theta < \pi)$ とおき，$\cos\theta$ と
$\sin\theta$ の値を求めることにした。

> ─太郎さんの答案─
>
> $\dfrac{\gamma - \beta}{\alpha - \beta}$ を極形式で表すと
>
> $$\frac{\gamma - \beta}{\alpha - \beta} = \left|\frac{\gamma - \beta}{\alpha - \beta}\right|(\cos\theta + i\sin\theta) \quad\cdots\cdots\cdots\cdots\cdots\cdots\text{(a)}$$
>
> である。
>
> $$\frac{\gamma - \beta}{\alpha - \beta} = \frac{1 - 7i}{15} \quad\cdots\cdots\cdots\cdots\cdots\cdots\cdots\cdots\cdots\text{(b)}$$
>
> より
>
> $$\left|\frac{\gamma - \beta}{\alpha - \beta}\right| = \frac{\sqrt{2}}{3} \quad\cdots\cdots\cdots\cdots\cdots\cdots\cdots\cdots\cdots\text{(c)}$$
>
> であるから
>
> $$\cos\theta = \frac{\sqrt{2}}{10}, \quad \sin\theta = -\frac{7\sqrt{2}}{10}$$

> 花子：$\cos\theta > 0$，$\sin\theta < 0$ ということは，θ は $0 < \theta < \pi$ を満たさな
> 　　　いということだよね。
> 太郎：答案の中に，どこか誤りがあるのかな。

（ⅰ）次の⓪～③のうち，太郎さんの答案について正しく述べたものは $\boxed{\text{ア}}$ である。

$\boxed{\text{ア}}$ の解答群

⓪ (a)に誤りがある。	① (b)に誤りがある。
② (c)に誤りがある。	③ (a)，(b)，(c)はすべて正しい。

（ⅱ）4点 A，B，C，D がこの順で反時計まわりに並ぶとき，∠CDA の大きさを $\varphi\,(0<\varphi<\pi)$ とおくと

$$(\cos\theta+i\sin\theta)(\cos\varphi+i\sin\varphi)=\boxed{\text{イウ}}$$

であるから，$\boxed{\text{エ}}$ が成り立つ。

$\boxed{\text{エ}}$ の解答群

⓪ $\dfrac{\gamma-\beta}{\alpha-\beta}\cdot\dfrac{\alpha-\delta}{\gamma-\delta}$ は実数	① $\dfrac{\gamma-\beta}{\alpha-\beta}\cdot\dfrac{\alpha-\delta}{\gamma-\delta}$ は純虚数
② $\dfrac{\gamma-\beta}{\alpha-\beta}\cdot\dfrac{\gamma-\delta}{\alpha-\delta}$ は実数	③ $\dfrac{\gamma-\beta}{\alpha-\beta}\cdot\dfrac{\gamma-\delta}{\alpha-\delta}$ は純虚数

（2）4点 A，B，C，D が一つの円周上にあるとき，$k=\boxed{\text{オ}}$，$\boxed{\text{カキ}}$ である。

また，$k=\boxed{\text{オ}}$ のとき，4点は反時計まわりに $\boxed{\text{ク}}$ の順に並び，$k=\boxed{\text{カキ}}$ のとき，4点は反時計まわりに $\boxed{\text{ケ}}$ の順に並ぶ。

$\boxed{\text{ク}}$，$\boxed{\text{ケ}}$ の解答群（同じものを繰り返し選んでもよい。）

⓪ A→B→C→D	① A→B→D→C
② A→C→B→D	③ A→C→D→B
④ A→D→B→C	⑤ A→D→C→B

演習2 (解答は74ページ)

O を原点とする複素数平面上の図形について考える。

（1）複素数平面上の 3 点 A(α)，B(β)，C(γ) がこの順で反時計回りに三角形の頂点となっている。

　　次の図のように，△ABC の外側に辺 BC，CA，AB を 1 辺とする正三角形 BCA′，CAB′，ABC′ をかき，A′，B′，C′ を表す複素数をそれぞれ α_1，β_1，γ_1 とおく。また，$w = \cos\dfrac{\pi}{3} + i\sin\dfrac{\pi}{3}$ とする。

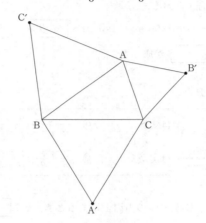

（ⅰ）A′ は，B を C を中心として $\dfrac{\pi}{3}$ だけ回転した点であることから，α_1 を β，γ，w を用いて表すと，$\alpha_1 = \boxed{\ \ \text{ア}\ \ }$ となる。同様に，β_1 は γ，α，w を用いて表すことができ，γ_1 は α，β，w を用いて表すことができる。

$\boxed{\ \ \text{ア}\ \ }$ の解答群

⓪　$w(\beta - \gamma) + \beta$	①　$w(\beta - \gamma) - \beta$
②　$w(\beta - \gamma) + \gamma$	③　$w(\beta - \gamma) - \gamma$
④　$w(\gamma - \beta) + \beta$	⑤　$w(\gamma - \beta) - \beta$
⑥　$w(\gamma - \beta) + \gamma$	⑦　$w(\gamma - \beta) - \gamma$

（ⅱ）任意の △ABC に対して，$\alpha_1 + \beta_1 + \gamma_1 = \boxed{\ \ \text{イ}\ \ }$ が成り立つ。このことから，任意の △ABC とそれに対応する △A′B′C′ は $\boxed{\ \ \text{ウ}\ \ }$ ことがわかる。

イ の解答群

⓪ -1	① 0	② 1	③ i
④ $-i$	⑤ w	⑥ $-w$	⑦ $\alpha+\beta+\gamma$

ウ の解答群

⓪ 相似である	① 重心が一致する
② 外心が一致する	③ 内心が一致する

（2）どの内角の大きさも π より小さい四角形 ABCD において，4点 A(α)，B(β)，C(γ)，D(δ) がこの順で反時計まわりに並んでいるとする。

四角形 ABCD の外側に辺 AB，BC，CD，DA を1辺とする正三角形 ABP，BCQ，CDR，DAS をかく。

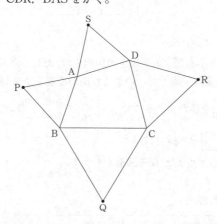

四角形 PQRS が正方形となるときの四角形 ABCD について正しく述べているものは エ である。

エ の解答群

⓪ 四角形 ABCD は必ず正方形になる。

① 四角形 ABCD は必ず長方形になるが，正方形にはならないことがある。

② 四角形 ABCD は必ず平行四辺形になるが，長方形にはならないことがある。

③ 四角形 ABCD は必ず台形になるが，平行四辺形にはならないことがある。

④ 四角形 ABCD は台形にならないことがある。

O を原点とする複素数平面上の点 z, w が $z\overline{w}=1$ を満たしている。

（1）（i）z と w について

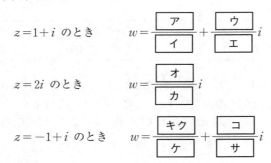

$z=1+i$ のとき $\qquad w=\dfrac{\boxed{\text{ア}}}{\boxed{\text{イ}}}+\dfrac{\boxed{\text{ウ}}}{\boxed{\text{エ}}}i$

$z=2i$ のとき $\qquad w=\dfrac{\boxed{\text{オ}}}{\boxed{\text{カ}}}i$

$z=-1+i$ のとき $\qquad w=\dfrac{\boxed{\text{キク}}}{\boxed{\text{ケ}}}+\dfrac{\boxed{\text{コ}}}{\boxed{\text{サ}}}i$

である。

（ii）点 z が点 i を中心とする半径1の円周上（ただし，点 O を除く）を動くとき，点 w は複素数平面上でどのような図形を描くかを調べよう。

z は $\boxed{\text{シ}}$ を満たす。そこで，$z=\dfrac{1}{\overline{w}}$ を $\boxed{\text{シ}}$ に代入して変形すると，

$w-\overline{w}=\boxed{\text{ス}}$ が得られる。

このことから，点 w が描く図形がわかる。

$\boxed{\text{シ}}$ の解答群

⓪ $|z+1|=1$	① $|z-1|=1$	② $|z+i|=1$	③ $|z-i|=1$
④ $|z+1|=i$	⑤ $|z-1|=i$	⑥ $|z+i|=i$	⑦ $|z-i|=i$

$\boxed{\text{ス}}$ の解答群

⓪ 1	① -1	② i	③ $-i$

（2）α を0でない複素数とする。点 z が $|z-\alpha|=|\alpha|$ を満たしながら動くとき，点 w が描く図形は $\boxed{\text{セ}}$ である。

$\boxed{\text{セ}}$ の解答群

⓪ 原点を通る直線	① 原点を通らない直線
② 原点を通る円	③ 原点を通らない円

模擬試験

数 学 Ⅱ・数 学 Ｂ・数 学 Ｃ

（第１問〜第３問は必答。第４問〜第７問のうちから３問を選択し，計６問を解答せよ。）

第１問 （必答問題） （配点 15）

　花子さんがある地点から観覧車を眺めていたところ，観覧車のゴンドラは，地面から１ｍの高さにある乗降場を最低地点とする半径20ｍの円周上を時計回りに一定の速さで回転しながら，12分間でちょうど１周していることに気づいた。また，観覧車のゴンドラは全部で24台で，半径20ｍの円周上に等間隔に並んでおり，反時計回りに１から順に24まで番号が振られている。

（１）乗降場を出発してから３分後のゴンドラの地面からの高さは $\boxed{アイ}$ ｍである。また，乗降場を出発してから t 分後のゴンドラの地面からの高さ h (m) は

$$h = \boxed{アイ} - \boxed{ウエ}\ \boxed{オ}$$

で表される。

$\boxed{オ}$ の解答群

⓪ $\sin\dfrac{\pi}{12}t$	① $\cos\dfrac{\pi}{12}t$	② $\tan\dfrac{\pi}{12}t$
③ $\sin\dfrac{\pi}{6}t$	④ $\cos\dfrac{\pi}{6}t$	⑤ $\tan\dfrac{\pi}{6}t$
⑥ $\sin\dfrac{\pi}{3}t$	⑦ $\cos\dfrac{\pi}{3}t$	⑧ $\tan\dfrac{\pi}{3}t$

（2）1番のゴンドラが1周する間に，1番のゴンドラと3番のゴンドラの地面からの高さが同じになるときは2回あり，高さが同じになるときのそれぞれの地面からの高さを求めると

$$\boxed{アイ} - \boxed{カ}\sqrt{\boxed{キ}}\left(\sqrt{\boxed{ク}} + \boxed{ケ}\right) \text{(m)}$$

と

$$\boxed{アイ} + \boxed{コ}\sqrt{\boxed{サ}}\left(\sqrt{\boxed{シ}} + \boxed{ス}\right) \text{(m)}$$

である。

　また，あるゴンドラについて，ゴンドラが1周する間で，ゴンドラの地面からの高さが16mより高くなっている時間をT分間とすると，Tは$\boxed{セ}$を満たす。

$\boxed{セ}$の解答群

⓪ $4 < T < 5$	① $5 < T < 6$	② $6 < T < 7$
③ $7 < T < 8$	④ $8 < T < 9$	⑤ $9 < T < 10$

第2問 （必答問題） （配点 15）

（1） 一般に，関数 $y = f(x)$ において，$\dfrac{f(x_2) - f(x_1)}{x_2 - x_1}$ を x が x_1 から x_2 まで変化したときの y の平均変化率という。

$y = \log_3 x$ とする。このとき，x が 2 から 3 まで変化したときの y の平均変化率は

$$\log_3 \dfrac{\boxed{\text{ア}}}{\boxed{\text{イ}}} = 1 - \log_3 \boxed{\text{ウ}}$$

であり，$a > 0$ とするとき，x が a から $a+1$ まで変化したときの y の平均変化率は

$$\log_3 \left(\boxed{\text{エ}} + \dfrac{\boxed{\text{オ}}}{a} \right)$$

である。よって，a の値が大きくなると，y の平均変化率は $\boxed{\text{カ}}$。

$\boxed{\text{カ}}$ の解答群

⓪ 大きくなる	① 小さくなる
② 大きくなることもあれば小さくなることもある	

（2） 次の図の点線は $y = \log_3 x$ のグラフである。(i)〜(iii)の対数関数のグラフが実線で正しくかかれているものとして最も適当なものを，次の⓪〜⑦のうちから一つずつ選べ。ただし，同じものを繰り返し選んでもよい。

(i) $y = \log_3 9x$　　　$\boxed{\text{キ}}$

(ii) $y = \log_3 x^2$　　　$\boxed{\text{ク}}$

(iii) $x = \log_3 y$　　　$\boxed{\text{ケ}}$

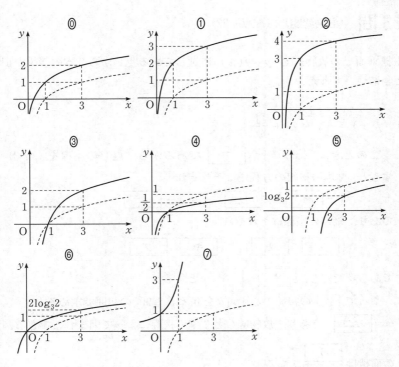

（3）右の図は，3を底とする対数によって表される関数のグラフである。その関数の式として正しいものを，下の⓪～⑨のうちから三つ選べ。

$\boxed{\text{コ}}$, $\boxed{\text{サ}}$, $\boxed{\text{シ}}$

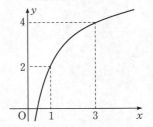

$\boxed{\text{コ}}$ ～ $\boxed{\text{シ}}$ の解答群（解答の順序は問わない。）

⓪ $y = \log_3 x + 2$

① $y = \log_3 3x + 3$

② $y = \log_3 3x + 1$

③ $y = \log_3 3x + 2$

④ $y = 2\log_3 x + 2$

⑤ $y = 2\log_3 3x + 2$

⑥ $y = 2\log_3 3x$

⑦ $y = 2\log_3 x^2 + 1$

⑧ $y = \log_3 x^2 + 2$

⑨ $y = \log_3 3x^2$

座標平面上の放物線 $C : y = f(x)$ に対してある点Pから2本の接線が引けるときについて考えよう。

（1） $f(x) = \dfrac{1}{2}x^2 - 2x + \dfrac{11}{2}$ とする。

　　このとき，$f'(x) = x - \boxed{\text{ア}}$ であるから，点Pの座標を $(2, 3)$ とすると，2本の接線の方程式はそれぞれ

$$y = \boxed{\text{イ}}\,x + \boxed{\text{ウ}}, \quad y = x + \boxed{\text{エ}}$$

であり，接点の座標はそれぞれ

$$\left(\boxed{\text{オ}}, \boxed{\text{カ}}\right), \quad \left(\boxed{\text{キ}}, \boxed{\text{ク}}\right)$$

である。ただし，$\boxed{\text{オ}} < \boxed{\text{キ}}$ とする。

　　よって，2本の接線のなす角 θ を $0° < \theta \leqq 90°$ の範囲で求めると，

$\theta = \boxed{\text{ケコ}}°$ であり，放物線 C と2本の接線によって囲まれてできる図形

の面積は $\dfrac{\boxed{\text{サ}}}{\boxed{\text{シ}}}$ である。

（2）$a>0$ とし，$f(x)=ax^2$ とする。

　　実数 s，t を用いて，点Pの座標を (s, t) とすると，C に対してある点Pから2本の接線が引けるとき，　ス 　が成り立つ。

　ス 　の解答群

⓪ $t<as^2$	① $t=as^2$	② $t>as^2$
③ $s<at^2$	④ $s=at^2$	⑤ $s>at^2$

　ス 　のとき，C に対してある点Pから引いた2本の接線における接点をQ，Rとする。ある点Pから引いた2本の接線のなす角が　ケコ 　° であるとき，点Pは，直線

$$y=-\dfrac{1}{\boxed{セ}a}$$

上にあり，点Pの x 座標は　ソ 　の x 座標と等しい。

　ソ 　の解答群

⓪　線分 QR の中点

①　線分 QR を $1:2$ に内分する点

②　線分 QR を $2:1$ に内分する点

③　線分 QR を $a:1$ に内分する点

④　線分 QR を $1:a$ に内分する点

また，実数 α，β $(\alpha < \beta)$ を用いて，Q の x 座標を α とし，R の x 座標を β とする。このとき，放物線 C と 2 本の接線によって囲まれてできる図形の面積 S は

$$\frac{a}{\boxed{タチ}} (\beta - \alpha)^{\boxed{ツ}}$$

であるから，放物線 C と線分 QR によって囲まれてできる図形の面積を T とすると

$$S : T = \boxed{テ}$$

である。

$\boxed{テ}$ の解答群

⓪ $2:1$	① $1:2$	② $3:1$	③ $1:3$
④ $3:2$	⑤ $2:3$	⑥ $1:1$	

316

（3）（1）の放物線 $C:y=\dfrac{1}{2}x^2-2x+\dfrac{11}{2}$ について考える。実数 $u,\ v$ を用いて，点Pの座標を $(u,\ v)$ とする。

Cに対してある点Pから2本の接線が引けるとき

$$v<\frac{1}{2}u^2-\boxed{\text{ト}}\,u+\frac{\boxed{\text{ナニ}}}{\boxed{\text{ヌ}}}$$

が成り立つ。

また，C は放物線 $y=\dfrac{1}{2}x^2$ を

$$x\text{軸方向に}\ \boxed{\text{ネ}}\ ,\ y\text{軸方向に}\ \frac{\boxed{\text{ノ}}}{\boxed{\text{ハ}}}$$

だけ平行移動させた放物線である。

そして，放物線 $C':y=-\dfrac{1}{4}x^2+x+1$ に対してある点P'から引いた2本の接線のなす角が $\boxed{\text{ケコ}}^\circ$ となるようなP'の y 座標は $\boxed{\text{ヒ}}$ である。

第4問 （選択問題） （配点 16）

太郎さんと花子さんは，数列の漸化式に関するいろいろな問題について話している。

（1）

> 問題 A 次のように定められた数列 $\{a_n\}$ の一般項を求めよ。
>
> $$a_1=1, \quad a_{n+1}=2a_n+3^n \quad (n=1, 2, 3, \cdots)$$

> 花子：この数列の一般項はどうやって求めればいいのかな。
>
> 太郎：$a_{n+1}=2a_n+3^n$ の両辺を ア で割ると，数列 $\{b_n\}$ を用いて $b_{n+1}=b_n+f(n)$ の形になり，両辺を イ で割ると，数列 $\{c_n\}$ を用いて $c_{n+1}=pc_n+q$ （p, q は定数）の形になるよ。

ア ， イ については，最も適当なものを，次の ⓪ 〜 ⑤ のうちから一つずつ選べ。

> ⓪ 2　　① $2n$　　② 2^{n+1}　　③ 3　　④ $3n$　　⑤ 3^{n+1}

そして，数列 $\{a_n\}$ の一般項を求めると

$$a_n = \boxed{\ \text{ウ}\ }^{\,n} - \boxed{\ \text{エ}\ }^{\,n}$$

である。

（2）次のように定められた数列 $\{d_n\}$ がある。

$$d_1=4, \quad d_{n+1}=\frac{1}{5}d_n+\frac{3}{2^{n+1}} \quad (n=1, 2, 3, \cdots)$$

数列 $\{d_n\}$ の一般項を求めると

$$d_n = \frac{\boxed{\ \text{オ}\ }}{\boxed{\ \text{カ}\ }^{\,n}} + \frac{\boxed{\ \text{キ}\ }}{\boxed{\ \text{カ}\ } \cdot \boxed{\ \text{ク}\ }^{\,n-1}}$$

である。

花子：漸化式の両辺に同じ式をかけたり，同じ式で割ったりすることで，数列の一般項が求められる形に変形できるんだね。

太郎：二項間の関係がわかりやすくなるようにうまく変形すればいいんだね。

（3）

問題B 次のように定められた数列 $\{e_n\}$ の一般項を求めよ。
$$e_1 = 1, \quad (n+2)e_{n+1} = ne_n \quad (n=1,\ 2,\ 3,\ \cdots)$$

花子：この漸化式も両辺に同じ式をかけたり，同じ式で割ったりすればいいのかな。

太郎：両辺に　ケ　をかけると，数列 $\{f_n\}$ を用いて $f_{n+1} = f_n$ の形になるよ。

　ケ　については，最も適当なものを，次の⓪～③のうちから一つ選べ。

⓪ $n-1$　　　① n　　　② $n+1$　　　③ $(n+1)^2$

そして，数列 $\{e_n\}$ の一般項を求めると
$$e_n = \frac{\boxed{コ}}{n\left(n+\boxed{サ}\right)}$$
である。

（4）次のように定められた数列 $\{g_n\}$ がある。
$$g_1 = 1, \quad ng_{n+1} = (n+3)g_n \quad (n=1,\ 2,\ 3,\ \cdots)$$
数列 $\{g_n\}$ の一般項を求めると
$$g_n = \frac{n\left(n+\boxed{シ}\right)\left(n+\boxed{ス}\right)}{\boxed{セ}}$$
である。ただし，　シ　＜　ス　とする。

第5問 (選択問題) (配点 16)

以下の問題を解答するにあたっては、必要に応じて331ページの正規分布表を用いてもよい。

太郎さんの家ではリンゴを栽培しており、家の畑には2500本のリンゴの木がある。太郎さんは、家の畑から今年は何個のリンゴが収穫できるかを予想しようと考えた。そこで、家の畑から無作為に225本の木を選び、それぞれの木になっているリンゴの個数を数えたところ、1本の木になっているリンゴの個数の平均は80個であり、標準偏差は30であった。

太郎さんは、この結果に基づいて、家の畑から全部で何個のリンゴを収穫できるかを推定することにした。以下、家の畑にあるリンゴの木から無作為に選んだ1本の木になっているリンゴの個数が従う確率分布を考え、その確率変数の母平均を m、母標準偏差を σ とする。

（1）家の畑から収穫できるすべてのリンゴの個数を M とすると、

$m = \dfrac{M}{\boxed{\text{ア}}}$ である。

また、無作為に選んだ225本の木からなる標本において、それぞれの木になっているリンゴの個数 $(X_1, X_2, \cdots, X_{225})$ について、その標本平均を $\overline{X}$ とすると、$\overline{X}$ の平均（期待値）は $\dfrac{M}{\boxed{\text{ア}}}$、標準偏差は $\boxed{\text{イ}}$ である。標本の大きさである225は十分に大きいので、$\overline{X}$ は近似的に正規分布に従うとしてよい。

ここで、$W = \boxed{\text{ア}}\ \overline{X}$ とすると、W は平均（期待値） M、標準偏差 $\dfrac{\boxed{\text{ウエオ}}}{\boxed{\text{カ}}}\sigma$ の正規分布に近似的に従う。そこで、W を用いて M の値を推定する。

このとき、σ を標本の標準偏差と同じ $\sigma = 30$ であるとすると、M に対する信頼度95％の信頼区間は

$\boxed{\text{キクケコ}} \times 10^2 \leqq M \leqq \boxed{\text{サシスセ}} \times 10^2$

となる。

$\boxed{\quad ア \quad}$ の解答群

| ⓪ 30 | ① 80 | ② 225 | ③ 2500 |

$\boxed{\quad イ \quad}$ の解答群

| ⓪ $\dfrac{\sigma}{225}$ | ① $\dfrac{\sigma}{15}$ | ② σ | ③ 15σ | ④ 225σ |

（2）昨年は，太郎さんの家の畑において，1本の木になっているリンゴの個数の平均は77個であったという。そこで，太郎さんは，1本の木になっているリンゴの個数の平均について，今年の母平均 m が77と異なるといえるかを，有意水準5％で仮説検定することにした。ただし，今年の母標準偏差については，（1）と同様に $\sigma = 30$ であるとする。

　この仮説検定において，帰無仮説は $\boxed{\text{ソ}}$ であり，対立仮説は $\boxed{\text{タ}}$ である。

　次に，帰無仮説が正しいとすると，（1）で設定した標本平均 $\overline{X}$ は，平均 $\boxed{\text{チ}}$ ，標準偏差 $\boxed{\text{ツ}}$ の正規分布に近似的に従うので，確率変数

$$Z = \frac{\overline{X} - \boxed{\text{チ}}}{\boxed{\text{ツ}}}$$

は標準正規分布に近似的に従う。

　よって，太郎さんが得た $\overline{X}$ の値に対応する Z の値を z とすると，$Z \leqq -|z|$ または $Z \geqq |z|$ が成り立つ確率は0.05よりも $\boxed{\text{テ}}$ 。

ソ , タ の解答群

- ⓪ 「昨年の母平均 m は77である」
- ① 「昨年の母平均 m は77ではない」
- ② 「今年の母平均 m は77である」
- ③ 「今年の母平均 m は77ではない」

チ , ツ の解答群

⓪ 2	① 30	② 77	③ 80
④ 225	⑤ 2500	⑥ 5000	

テ については，最も適当なものを，次の⓪～③のうちから一つ選べ。

- ⓪ 大きいので，有意水準5％で今年の母平均 m は昨年と異なるといえる
- ① 大きいので，有意水準5％で今年の母平均 m は昨年と異なるとはいえない
- ② 小さいので，有意水準5％で今年の母平均 m は昨年と異なるといえる
- ③ 小さいので，有意水準5％で今年の母平均 m は昨年と異なるとはいえない

第6問 (選択問題)　(配点　16)

空間内に異なる4点 O, A, B, C を, $\overrightarrow{OA} \perp \overrightarrow{OB}$, $\overrightarrow{OB} \perp \overrightarrow{OC}$, $\overrightarrow{OC} \perp \overrightarrow{OA}$ となるようにとり, さらに4点 D, E, F, G を

$$\overrightarrow{OD} = \overrightarrow{OA} + \overrightarrow{OB}, \quad \overrightarrow{OE} = \overrightarrow{OB} + \overrightarrow{OC}, \quad \overrightarrow{OF} = \overrightarrow{OA} + \overrightarrow{OC}$$
$$\overrightarrow{OG} = \overrightarrow{OA} + \overrightarrow{OB} + \overrightarrow{OC}$$

となるようにとる。また, 点Oから平面ABCに引いた垂線と平面ABCとの交点をHとする。

(1) $|\overrightarrow{OA}| = 1$, $|\overrightarrow{OB}| = 2$, $|\overrightarrow{OC}| = 3$ のとき, 次の問いに答えよ。

(i) 線分OHの長さを求めたい。次の**方針1**または**方針2**について,

$\boxed{\text{ア}}$ ～ $\boxed{\text{シ}}$ に当てはまる数を求めよ。

方針1

点Hは平面ABC上にあるので
$$\overrightarrow{OH} = \alpha \overrightarrow{OA} + \beta \overrightarrow{OB} + \gamma \overrightarrow{OC}$$
とおくと, $\alpha + \beta + \gamma = \boxed{\text{ア}}$ であり, $\overrightarrow{OH} \perp \overrightarrow{AB}$ かつ $\overrightarrow{OH} \perp \overrightarrow{AC}$ であることを利用すると

$$\alpha = \frac{\boxed{\text{イウ}}}{\boxed{\text{エオ}}}, \quad \beta = \frac{\boxed{\text{カ}}}{\boxed{\text{キク}}}, \quad \gamma = \frac{\boxed{\text{ケ}}}{\boxed{\text{コサ}}}$$

がわかるので
$$|\overrightarrow{OH}|^2 = |\alpha \overrightarrow{OA} + \beta \overrightarrow{OB} + \gamma \overrightarrow{OC}|^2$$
から線分OHの長さが求められる。

方針2

四面体OABCの体積Vを計算すると$V = \boxed{\text{シ}}$ であり, 三角形ABCの面積Sを求めれば

$$V = \frac{1}{3} S |\overrightarrow{OH}|$$

から線分OHの長さが求められる。

　　方針1または**方針2**を用いて線分OHの長さを求めると,

$$|\overrightarrow{OH}| = \frac{\boxed{\text{ス}}}{\boxed{\text{セ}}} \text{である。}$$

（ⅱ）$\overrightarrow{\mathrm{OP}} = k\overrightarrow{\mathrm{OH}}$ とする。点Pが $k \geqq 0$ の範囲で動くとき，$\overrightarrow{\mathrm{OP}}$ を $\overrightarrow{\mathrm{OA}}$，$\overrightarrow{\mathrm{OB}}$，$\overrightarrow{\mathrm{OC}}$ を用いて表し，$\overrightarrow{\mathrm{OA}}$，$\overrightarrow{\mathrm{OB}}$，$\overrightarrow{\mathrm{OC}}$ のいずれかの係数が1になるときに着目すると，動点Pは直方体 OADB − CFGE の面 ソ を通過することがわかる。

また，面 ソ と半直線 OH の交点を I としたときの四面体 IABC

の体積は  である。

  ソ の解答群

⓪ ADGF	① BDGE	② CFGE

（2）$|\overrightarrow{\mathrm{OA}}|$，$|\overrightarrow{\mathrm{OB}}|$，$|\overrightarrow{\mathrm{OC}}|$ の値を変えたとき，半直線 OH と直方体 OADB − CFGE との交点について調べよう。（Ⅰ）〜（Ⅲ）のそれぞれの $|\overrightarrow{\mathrm{OA}}|$，$|\overrightarrow{\mathrm{OB}}|$，$|\overrightarrow{\mathrm{OC}}|$ の値の組において，半直線 OH と直方体 OADB − CFGE との交点について正しいものを，下の⓪〜④のうちから一つずつ選べ。

  （Ⅰ）$|\overrightarrow{\mathrm{OA}}| = 3$，$|\overrightarrow{\mathrm{OB}}| = 2$，$|\overrightarrow{\mathrm{OC}}| = 1$ ト

  （Ⅱ）$|\overrightarrow{\mathrm{OA}}| = |\overrightarrow{\mathrm{OB}}| = |\overrightarrow{\mathrm{OC}}| = 1$ ナ

  （Ⅲ）$|\overrightarrow{\mathrm{OA}}| = 3$，$|\overrightarrow{\mathrm{OB}}| = 4$，$|\overrightarrow{\mathrm{OC}}| = 5$ ニ

  ト 〜 ニ の解答群（同じものを繰り返し選んでもよい。）

 ⓪ 直方体 OADB − CFGE の面 ADGF 上（ただし，辺上および頂点を除く）にある。

 ① 直方体 OADB − CFGE の面 BDGE 上（ただし，辺上および頂点を除く）にある。

 ② 直方体 OADB − CFGE の面 CFGE 上（ただし，辺上および頂点を除く）にある。

 ③ 辺 GD 上（ただし，頂点 G，D を除く）にある。

 ④ 頂点 G と一致する。

太郎さんと花子さんは，先生から出された次の**問題**について考えている。

問題 xy平面上の曲線Cが実数tを用いて

$$\begin{cases} x = \dfrac{1}{2\sqrt{2}}t^2 + \dfrac{1}{\sqrt{2}}t - \dfrac{1}{2\sqrt{2}} \\[2mm] y = -\dfrac{1}{2\sqrt{2}}t^2 + \dfrac{1}{\sqrt{2}}t + \dfrac{1}{2\sqrt{2}} \end{cases}$$

と表されるとき，Cとx軸で囲まれた図形の面積Sを求めよ。

太郎さんと花子さんは，**問題**を見ながら次のように話している。

花子：$y=0$ のとき，$t=1\pm\sqrt{2}$ となったよ。これらの値の前後でyの符
号が変化して，このときのxの値も異なるから，たしかに曲線Cと
x軸で囲まれた図形が存在しそうだね。Cはどのような曲線なのだ
ろう。

太郎：いくつかの点をとってみたところ，Cは放物線のような形になるこ
とがわかったよ。C上の点$P(x,\ y)$について，点や直線との距離を
考えれば，Cがどのような曲線なのかわかるのではないかな。

花子：先生から「原点OとPの距離や，直線 $y=x+\sqrt{2}$ とPの距離を調
べてみてはどうか」とヒントをもらったよ。実際に調べてみよう。

（1）原点OとPの距離は，tを用いて

$$\frac{t^2+\boxed{\ \ ア\ \ }}{\boxed{\ \ イ\ \ }}$$

と表される。また，直線 $y=x+\sqrt{2}$ とPの距離は，tを用いて

$$\frac{t^2+\boxed{\ \ ア\ \ }}{\boxed{\ \ ウ\ \ }}$$

と表される。よって，C は放物線であることがわかり，その概形を表す
ものとして最も適当なものは $\boxed{\ \ エ\ \ }$ である。

$\boxed{\ \ エ\ \ }$ については，最も適当なものを，次の ⓪ ～ ③ のうちから一つ選べ。

⓪ 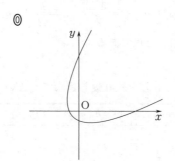 ①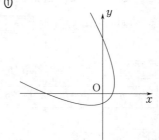

② 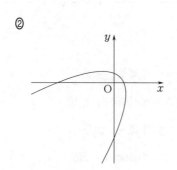 ③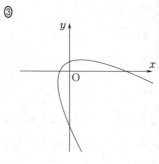

（2）太郎さんと花子さんは，C について次のように話している。

> 太郎：C の概形がわかったね。C を，原点を中心としてうまく回転させれば面積が求めやすくなりそうだね。
> 花子：複素数平面で学習した「点の移動」の考え方を応用すれば，C を，原点を中心として回転させて得られる曲線の式を求められないかな。

（i）複素数平面上の点の移動について考えよう。

p, q を実数とすると

$$\left(\frac{1}{\sqrt{2}} - \frac{1}{\sqrt{2}}i\right)(p + qi) = \frac{\boxed{\text{オ}}}{\sqrt{2}} + \frac{\boxed{\text{カ}}}{\sqrt{2}}i$$

である。よって，複素数平面上の点 $\dfrac{\boxed{\text{オ}}}{\sqrt{2}} + \dfrac{\boxed{\text{カ}}}{\sqrt{2}}i$ は，点 $p + qi$ を，原点を中心として $\boxed{\text{キ}}$ した点である。

$\boxed{\text{オ}}$, $\boxed{\text{カ}}$ の解答群（同じものを繰り返し選んでもよい。）

⓪ p	① q	② $p+q$	③ $p-q$	④ $q-p$

$\boxed{\text{キ}}$ の解答群

⓪ $\dfrac{\pi}{4}$ だけ回転

① $-\dfrac{\pi}{4}$ だけ回転

② $\dfrac{\pi}{4}$ だけ回転し，原点からの距離を $\dfrac{1}{\sqrt{2}}$ 倍

③ $-\dfrac{\pi}{4}$ だけ回転し，原点からの距離を $\dfrac{1}{\sqrt{2}}$ 倍

④ $\dfrac{\pi}{4}$ だけ回転し，原点からの距離を $\sqrt{2}$ 倍

⑤ $-\dfrac{\pi}{4}$ だけ回転し，原点からの距離を $\sqrt{2}$ 倍

（ⅱ）xy 平面上の点や曲線の移動について考えよう。

（ⅰ）より，xy平面上の点 $\left(\dfrac{\boxed{オ}}{\sqrt{2}},\ \dfrac{\boxed{カ}}{\sqrt{2}}\right)$ は，点 $(p,\ q)$ を，原点を中心として $\boxed{キ}$ した点である。

よって

$$p = \frac{1}{2\sqrt{2}}t^2 + \frac{1}{\sqrt{2}}t - \frac{1}{2\sqrt{2}}$$

$$q = -\frac{1}{2\sqrt{2}}t^2 + \frac{1}{\sqrt{2}}t + \frac{1}{2\sqrt{2}}$$

として考えると，C を，原点を中心として $\boxed{キ}$ した曲線の式は

$$y = -\frac{\boxed{ク}}{\boxed{ケ}}x^2 + \frac{\boxed{コ}}{\boxed{サ}}$$

である。

（3）C と x 軸で囲まれた図形の面積 S は，曲線 $y = -\dfrac{\boxed{ク}}{\boxed{ケ}}x^2 + \dfrac{\boxed{コ}}{\boxed{サ}}$ と

直線 $y = \boxed{シ}$ で囲まれた図形の面積に等しいので

$$S = \frac{\boxed{ス}\sqrt{\boxed{セ}}}{\boxed{ソ}}$$

である。

$\boxed{シ}$ の解答群

⓪ $-x$	① $-x - \dfrac{1}{2}$	② $-x - \dfrac{1}{\sqrt{2}}$
③ $-x - 1$	④ $-x - \sqrt{2}$	⑤ $-x - 2$

【MEMO】

正 規 分 布 表

　次の表は，標準正規分布の分布曲線における右図の灰色部分の面積の値をまとめたものである。

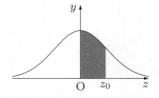

z_0	0.00	0.01	0.02	0.03	0.04	0.05	0.06	0.07	0.08	0.09
0.0	0.0000	0.0040	0.0080	0.0120	0.0160	0.0199	0.0239	0.0279	0.0319	0.0359
0.1	0.0398	0.0438	0.0478	0.0517	0.0557	0.0596	0.0636	0.0675	0.0714	0.0753
0.2	0.0793	0.0832	0.0871	0.0910	0.0948	0.0987	0.1026	0.1064	0.1103	0.1141
0.3	0.1179	0.1217	0.1255	0.1293	0.1331	0.1368	0.1406	0.1443	0.1480	0.1517
0.4	0.1554	0.1591	0.1628	0.1664	0.1700	0.1736	0.1772	0.1808	0.1844	0.1879
0.5	0.1915	0.1950	0.1985	0.2019	0.2054	0.2088	0.2123	0.2157	0.2190	0.2224
0.6	0.2257	0.2291	0.2324	0.2357	0.2389	0.2422	0.2454	0.2486	0.2517	0.2549
0.7	0.2580	0.2611	0.2642	0.2673	0.2704	0.2734	0.2764	0.2794	0.2823	0.2852
0.8	0.2881	0.2910	0.2939	0.2967	0.2995	0.3023	0.3051	0.3078	0.3106	0.3133
0.9	0.3159	0.3186	0.3212	0.3238	0.3264	0.3289	0.3315	0.3340	0.3365	0.3389
1.0	0.3413	0.3438	0.3461	0.3485	0.3508	0.3531	0.3554	0.3577	0.3599	0.3621
1.1	0.3643	0.3665	0.3686	0.3708	0.3729	0.3749	0.3770	0.3790	0.3810	0.3830
1.2	0.3849	0.3869	0.3888	0.3907	0.3925	0.3944	0.3962	0.3980	0.3997	0.4015
1.3	0.4032	0.4049	0.4066	0.4082	0.4099	0.4115	0.4131	0.4147	0.4162	0.4177
1.4	0.4192	0.4207	0.4222	0.4236	0.4251	0.4265	0.4279	0.4292	0.4306	0.4319
1.5	0.4332	0.4345	0.4357	0.4370	0.4382	0.4394	0.4406	0.4418	0.4429	0.4441
1.6	0.4452	0.4463	0.4474	0.4484	0.4495	0.4505	0.4515	0.4525	0.4535	0.4545
1.7	0.4554	0.4564	0.4573	0.4582	0.4591	0.4599	0.4608	0.4616	0.4625	0.4633
1.8	0.4641	0.4649	0.4656	0.4664	0.4671	0.4678	0.4686	0.4693	0.4699	0.4706
1.9	0.4713	0.4719	0.4726	0.4732	0.4738	0.4744	0.4750	0.4756	0.4761	0.4767
2.0	0.4772	0.4778	0.4783	0.4788	0.4793	0.4798	0.4803	0.4808	0.4812	0.4817
2.1	0.4821	0.4826	0.4830	0.4834	0.4838	0.4842	0.4846	0.4850	0.4854	0.4857
2.2	0.4861	0.4864	0.4868	0.4871	0.4875	0.4878	0.4881	0.4884	0.4887	0.4890
2.3	0.4893	0.4896	0.4898	0.4901	0.4904	0.4906	0.4909	0.4911	0.4913	0.4916
2.4	0.4918	0.4920	0.4922	0.4925	0.4927	0.4929	0.4931	0.4932	0.4934	0.4936
2.5	0.4938	0.4940	0.4941	0.4943	0.4945	0.4946	0.4948	0.4949	0.4951	0.4952
2.6	0.4953	0.4955	0.4956	0.4957	0.4959	0.4960	0.4961	0.4962	0.4963	0.4964
2.7	0.4965	0.4966	0.4967	0.4968	0.4969	0.4970	0.4971	0.4972	0.4973	0.4974
2.8	0.4974	0.4975	0.4976	0.4977	0.4977	0.4978	0.4979	0.4979	0.4980	0.4981
2.9	0.4981	0.4982	0.4982	0.4983	0.4984	0.4984	0.4985	0.4985	0.4986	0.4986
3.0	0.4987	0.4987	0.4987	0.4988	0.4988	0.4989	0.4989	0.4989	0.4990	0.4990

【MEMO】

【MEMO】

【MEMO】

【MEMO】

書籍のアンケートにご協力ください

抽選で**図書カード**を
プレゼント！

Ｚ会の「個人情報の取り扱いについて」はＺ会
Webサイト（https://www.zkai.co.jp/home/policy/）
に掲載しておりますのでご覧ください。

ハイスコア！共通テスト攻略　数学Ⅱ・Ｂ・Ｃ

2024年3月10日　初版第1刷発行

編者	Ｚ会編集部
発行人	藤井孝昭
発行	Ｚ会
	〒411-0033 静岡県三島市文教町1-9-11
	【販売部門：書籍の乱丁・落丁・返品・交換・注文】
	TEL 055-976-9095
	【書籍の内容に関するお問い合わせ】
	https://www.zkai.co.jp/books/contact/
	【ホームページ】
	https://www.zkai.co.jp/books/
装丁	犬飼奈央
印刷・製本	シナノ書籍印刷株式会社

Z-KAI

ハイスコア！
共通テスト攻略

数学II・B・C

別冊解答

目次

演習1

問題は22ページ

（1）太郎さんの予想にそって①の左辺を変形していくと

$$x^3+y^3+z^3-3xyz$$
$$=(x+y+z)(x^2+y^2+z^2-xy-yz-zx)$$
$$=\frac{1}{2}(x+y+z)(2x^2+2y^2+2z^2-2xy-2yz-2zx)$$
$$=\frac{1}{2}(x+y+z)\{(x^2+y^2-2xy)$$
$$\qquad\qquad +(y^2+z^2-2yz)+(z^2+x^2-2zx)\}$$
$$=\frac{1}{2}(x+y+z)\{(x-y)^2+(y-z)^2+(z-x)^2\}\ (③)$$

◀◀**答**

$\frac{1}{2}(x+y+z)$ ［ ア ］ より，$(x+y+z)$ を因数にもつことがわかる。

花子さんの予想にそって式を変形していくと

$$x^3+y^3\geqq 2\sqrt{x^3y^3}=2X$$
$$z^3+p\geqq 2\sqrt{z^3p}=2Y$$

より

$$x^3+y^3+z^3+p\geqq 2X+2Y$$

であるから

$$2X+2Y\geqq 4\sqrt{XY}$$

より

$$x^3+y^3+z^3+p\geqq 4\sqrt{XY}$$
$$4p\geqq 4\sqrt{XY}$$
$$p\geqq \sqrt{XY}\ (⓪)\quad ◀◀\text{答}$$

である。

（2）太郎さんの予想において

$$x^3+y^3+z^3-3xyz$$
$$=\frac{1}{2}(x+y+z)\{(x-y)^2+(y-z)^2+(z-x)^2\}$$

である。ここで，$x=y=z$ のとき

$$x-y=y-z=z-x=0$$

より

$$x^3+y^3+z^3-3xyz=0$$

$x^3+y^3+z^3=3p$ より。

花子さんの予想において $p\geqq \sqrt{XY}$ から先は

$$p^4\geqq X^2Y^2$$
$$p^4\geqq x^3y^3z^3p$$
$$p^3\geqq x^3y^3z^3$$
$$p\geqq xyz$$
$$3p\geqq 3xyz$$
$$x^3+y^3+z^3-3xyz\geqq 0$$

となる。

2

であるから，たとえば $x=y=z=-1$ とすると
$$x^3+y^3+z^3-3xyz\geqq0 \text{ ならば } x+y+z\geqq0$$
は
$$x^3+y^3+z^3-3xyz=0$$
$$x+y+z=-3<0$$
より「偽」であり
$$x+y+z\geqq0 \text{ ならば } x^3+y^3+z^3-3xyz\geqq0$$
は「真」であるから，太郎さんの予想は十分条件であるが必要条件ではない。

　花子さんの予想において，$x>0$，$y>0$，$z>0$ ならば
$$x^3+y^3+z^3-3xyz\geqq0$$
は「真」であることは確かめられているが，たとえば $x=-1$，$y=1$，$z=1$ とすると
$$x^3+y^3+z^3-3xyz=-1+1+1+3=4\geqq0$$
となることより
$$x^3+y^3+z^3-3xyz\geqq0 \text{ ならば } x>0, y>0, z>0$$
は「偽」であるから，花子さんの予想は十分条件であるが必要条件ではない。

　よって，2人の予想について正しく述べているものは⓪である。　◀◀答

（3）太郎さんの予想から等号が成り立つ条件を考えると
$$\frac{1}{2}(x+y+z)\{(x-y)^2+(y-z)^2+(z-x)^2\}=0$$
より，不等式①の等号が成立するような x，y，z の値の組として正しいものは
$$x+y+z=0 \quad (⓪) \quad ◀◀答$$
または
$$x-y=y-z=z-x=0$$
すなわち
$$x=y=z \quad (③) \quad ◀◀答$$
である。

$(x-y)^2+(y-z)^2$
$\qquad+(z-x)^2\geqq0$
より，$x+y+z\geqq0$ ならば
$(x+y+z)\{(x-y)^2$
$\quad+(y-z)^2+(z-x)^2\}\geqq0$
すなわち
$\quad x^3+y^3+z^3-3xyz\geqq0$
である。

$x^3+y^3+z^3-3xyz\geqq0$ ならば，$x>0$，$y>0$，$z>0$ が「偽」であることを示すためには，反例を1つ挙げればよい。

⓪ は，$x=y=1$，$z=-\frac{1}{2}$，

② は，$x=y=1$，$z=0$
などで等号が成立しない。

$A-B$

$= (-2a+2a+2)x^2+(2a-2b-4)x-2ab-4a$

$=2\{x^2+(a-b-2)x-a(b+2)\}$

$=2(x+a)(x-b-2)$ ◀◀答 ·········①

（ 1 ）A を $x-1$ で割ったときの余りは，剰余の定理より

$1-2a+(b+2)+a-1$

$=-a+b+2$ ◀◀答

A に $x=1$ を代入した。

B を $x-1$ で割ったときの余りは，剰余の定理より

$1-2(a+1)-(2a-3b-6)+2ab+5a-1$

$=2ab+a+3b+4$ ◀◀答

B に $x=1$ を代入した。

となるから，A，B がともに $x-1$ で割り切れるとき

$\begin{cases} -a+b+2=0 & \cdots\cdots\cdots② \\ 2ab+a+3b+4=0 & \cdots\cdots\cdots③ \end{cases}$

②から

$b=a-2$

これを③に代入すると

$2a(a-2)+a+3(a-2)+4=0$

$2a^2-2=0$

よって

$a=\pm1$

したがって

$(a,\ b)=(1,\ -1)$ または $(-1,\ -3)$ ◀◀答

$b=a-2$ に $a=\pm1$ を代入した。

この結果を①に代入すると，どちらの場合にも

$A-B=2(x-1)(x+1)$ ◀◀答

となるから，$A-B$ も $x-1$ で割り切れる。

（ 2 ）$a=-1$，$b=0$ のとき，①より

$A-B=2(x-1)(x-2)$

であるから $A-B$ は $x-1$ で割り切れるが，A を $x-1$ で割ったときの余りは

$-(-1)+0+2=3$

となるので，A は $x-1$ で割り切れない。

また，（1）より，A，B がともに $x-1$ で割り切れ

$A-B=2(x+a)(x-b-2)$ に $b=a-2$ を代入すると
$A-B=2(x+a)(x-a)$

$A-B$ が $x-1$ で割り切れるとき，①より
$a=-1$ または $b=-1$

$-a+b+2$ に $a=-1$，$b=0$ を代入した。

4

るとき，$A-B$ も $x-1$ で割り切れる。

　よって，$A-B$ が $x-1$ で割り切れることはA, B がともに $x-1$ で割り切れるための必要条件であるが，十分条件ではない(⓪)。◀◀答

演習3　問題は25ページ

（**1**）$x=1+2i$ のとき

　　　$x-1=2i$

より，この式の両辺を2乗して整理すると

　　　$(x-1)^2=(2i)^2$

　　　$x^2-2x+1=-4$

ゆえに

　　　$\boldsymbol{x^2-2x+5=0}$ ◀◀答

が成り立つ。

　ここで，実数 p, q を用いて

　　　$x^4+ax^3+bx^2+cx+d$

　　　　　　　　$=(x^2-2x+5)(x^2+px+q)$

とすると，右辺は

　　　$x^4+(p-2)x^3+(-2p+q+5)x^2$

　　　　　　　　　　　$+(5p-2q)x+5q$

となるので，各項の係数を比較すると

　　　$a=p-2$ ………………………… ②

　　　$b=-2p+q+5$ ………………… ③

　　　$c=5p-2q$

　　　$d=5q$

である。②より

　　　$p=a+2$ ……………………… ④

③，④より

　　　$q=b+2p-5=b+2(a+2)-5=2a+b-1$

すなわち

　　　$q=2a+b-1$ ………………… ⑤

であり，④，⑤より①の左辺は

　　　$\boldsymbol{(x^2-2x+5)\{x^2+(a+2)x+2a+b-1\}}$

◀◀答

（1）では②，③のみを使えばよいが，（3）では$c=5p-2q$, $d=5q$ も使うことになるので注意。

③を q について解き，④を代入して p を消去する。

$(x^2-2x+5)(x^2+px+q)$ に④，⑤を代入した。

と因数分解できる。よって，方程式①は
$$x^2 - 2x + 5 = 0$$
の解である $x = 1 - 2i$ （⓪）を必ず解にもつ。◀◀答

$x = 1 \pm \sqrt{(-1)^2 - 1 \cdot 5}$

（2）方程式①が実数解をもつのは
$$(x^2 - 2x + 5)\{x^2 + (a+2)x + 2a + b - 1\} = 0$$
より，$x^2 + (a+2)x + 2a + b - 1 = 0$ が実数解をもつ
ときである。よって，この2次方程式の判別式を D
とおくと

$x^2 - 2x + 5 = 0$ は実数解をもたないので。

$$\begin{aligned} D &= (a+2)^2 - 4(2a + b - 1) \\ &= a^2 - 4a - 4b + 8 \end{aligned}$$
であるから，方程式①が実数解をもつ条件は
$$a^2 - 4a - 4b + 8 \geqq 0$$
すなわち

$D \geqq 0$

$$\boldsymbol{b \leqq \frac{1}{4}(a^2 - 4a + 8)} \,(\text{⓪}) \quad ◀◀答$$

である。ここで，この式の右辺のとり得る値の範囲に
着目すると
$$\frac{1}{4}\{(a-2)^2 + 4\} \geqq \frac{1}{4} \cdot 4 = 1$$
であるから，方程式①が a の値に関係なく実数解を
もつ条件は

$a = 2$ のとき最小値 1 をとる。

$$\boldsymbol{b \leqq 1} \quad ◀◀答$$

（3）方程式①の解が重解を含めて $x = 1 + 2i$ と
$x = 1 - 2i$ のみとなるのは
$$x^2 + (a+2)x + 2a + b - 1 = 0$$
が $x = 1 + 2i$ と $x = 1 - 2i$ を解にもつときであるから
$$a + 2 = -2, \ 2a + b - 1 = 5$$
すなわち

$x = 1 + 2i$ と $x = 1 - 2i$ の片方のみを解にもつことはない。

$$a = -4, \ b = 14$$
のときである。ここで，（1）の考察より
$$c = 5p - 2q, \ d = 5q$$
であり，④，⑤に $a = -4$，$b = 14$ を代入すると
$$p = -2, \ q = 5$$
であるから

$p = -4 + 2$

$q = 2 \cdot (-4) + 14 - 1$

$c = 5 \cdot (-2) - 2 \cdot 5$

$$\boldsymbol{a = -4, \ b = 14, \ c = -20, \ d = 25} \quad ◀◀答$$

$d = 5 \cdot 5$

2 三角関数

演習1

問題は56ページ

（1）（i）$y = \cos 4x$ のグラフは，$y = \cos 2x$ のグラフを

$$y \text{ 軸をもとにして } x \text{ 軸方向に } \frac{1}{2} \text{ 倍に縮小}$$

したものであるから，点 $(0, 1)$ で最大値をとる④，⑦，⑧が候補になり，正しいグラフは④である。◀◀答

> 周期に着目すると
> ⑦は $y = \cos x$,
> ⑧は $y = \cos 6x$
> のグラフである。

（ii）$y = \cos\left(2x - \dfrac{\pi}{4}\right) = \cos 2\left(x - \dfrac{\pi}{8}\right)$ のグラフは，$y = \cos 2x$ のグラフを

$$x \text{ 軸方向に } \frac{\pi}{8} \text{ だけ平行移動}$$

したものであるから，振幅と周期が等しい⓪，②，⑤，⑥が候補になり，正しいグラフは⑥である。◀◀答

> $y = \cos 2x$ のグラフを x 軸方向に，⓪は $\dfrac{\pi}{2}$,
> ②は $-\dfrac{\pi}{8}$，⑤は $-\dfrac{\pi}{4}$
> だけ平行移動したグラフである。

（2）問題のグラフは，$y = \cos 2x$ のグラフを

$$y \text{ 軸をもとにして } x \text{ 軸方向に } \frac{1}{2} \text{ 倍に縮小}$$
$$x \text{ 軸をもとにして } y \text{ 軸方向に } 2 \text{ 倍に拡大}$$
$$x \text{ 軸方向に } -\frac{\pi}{8} \text{ だけ平行移動}$$

したものであるから，グラフの式は

$$y = 2\cos\left\{2 \cdot 2\left(x + \frac{\pi}{8}\right)\right\}$$

すなわち

$$y = 2\cos 4\left(x + \frac{\pi}{8}\right)$$

となり，⑥は正しい式である。

> $y = \cos 2x$ のグラフを基準に考える。

> ここまでで，⓪～③，⑤，⑦は候補から外れる。

また，問題のグラフは，$y = \sin 2x$ のグラフを

$$y \text{ 軸をもとにして } x \text{ 軸方向に } \frac{1}{2} \text{ 倍に縮小}$$
$$x \text{ 軸をもとにして } y \text{ 軸方向に } 2 \text{ 倍に拡大}$$
$$x \text{ 軸方向に } -\frac{\pi}{4} \text{ だけ平行移動}$$

> $y = \sin 2x$ のグラフを基準に考える。

したものであるから，グラフの式は

$$y = 2\sin\left\{2 \cdot 2\left(x + \frac{\pi}{4}\right)\right\}$$

すなわち

$$y = 2\sin 4\left(x + \frac{\pi}{4}\right)$$

となり，④は正しい式である。

よって，関数の式として正しいものは④，⑥である。◀◀答

（3）（2）の図に $y = \cos 2x$ のグラフを重ねると下の図のようになるので，$0 \leq x \leq \pi$ における方程式 $f(x) = \cos 2x$ の解は

4 個 ◀◀答

である。

$0 \leq x \leq \pi$ における $y = f(x)$ のグラフと $y = \cos 2x$ のグラフの共有点の個数を調べればよい。

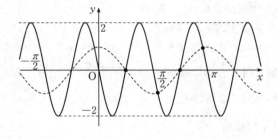

演習2 ▶

問題は58ページ

（1）$f_1 = f_2 = f$ とおくと

$$\begin{aligned}
x + y &= p\sin 2\pi f_1 t + p\sin 2\pi f_2 t \\
&= p\sin 2\pi f t + p\sin 2\pi f t \\
&= 2p\sin 2\pi f t
\end{aligned}$$

であり，$-1 \leq \sin 2\pi f t \leq 1$ より

$$-2p \leq x + y \leq 2p$$

であるから，振れ幅は

$$2p - (-2p) = 4p \quad (②) \quad ◀◀答$$

である。

（2）$f_1 > f_2$ のとき，x, y を同じ縦軸上にとると，$y = p\sin 2\pi f_2 t$ のグラフは，$x = p\sin 2\pi f_1 t$ のグラフ

8

を，縦軸をもとにして t 軸方向に $\dfrac{f_1}{f_2}$ 倍に拡大したグラフである。

よって，x と y がどちらも最大になるときと，x と y がどちらも最小になるときの t の値が等しくなるように，$x = p\sin 2\pi f_1 t$ と $y = p\sin 2\pi f_2 t$ のグラフをかくと次の図のようなグラフが考えられる。

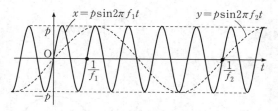

よって，x と y がどちらも最大になるときと，x と y がどちらも最小になるときの t が等しくなるのは，n を自然数として，$\dfrac{1}{f_1}$ と $\dfrac{1}{f_2}$ に着目すると

$$(4n+1)\dfrac{1}{f_1} = \dfrac{1}{f_2}$$

ゆえに

$$f_2 = \dfrac{1}{4n+1}f_1 \quad ◀◀ 答$$

のときである。

（3）$y = p\sin 2\pi f_1(t-\alpha)$ とおくと，このグラフは $x = p\sin 2\pi f_1 t$ のグラフを

$\qquad t$ 軸方向に α だけ平行移動

したグラフである。選択肢より，$\alpha > 0$ であるから

$$2\pi f_1 \alpha = (2m-1)\pi \quad (m\ は自然数)$$

のとき，$x + y$ の振れ幅は0 になる。

よって

$$\alpha = \dfrac{2m-1}{2f_1}$$

に変えると，$x + y$ の振れ幅は 0 になり，$m = 1$ を代入すると

$$\alpha = \dfrac{1}{2f_1} \quad (⓪) \quad ◀◀ 答$$

（1） $t = \sqrt{3}\sin\theta + \cos\theta$ とおくと，$\sqrt{(\sqrt{3})^2 + 1^2}$ $=2$ であることから

$$t = 2\left(\frac{\sqrt{3}}{2}\sin\theta + \frac{1}{2}\cos\theta\right)$$

$$= 2\left(\sin\theta\cos\frac{\pi}{6} + \cos\theta\sin\frac{\pi}{6}\right)$$

$$\boldsymbol{= 2\sin\left(\theta + \frac{\pi}{6}\right)} \blacktriangleleft \text{答}$$

三角関数の合成。

と変形できる。ここで，$0 \leqq \theta \leqq \pi$ なので

$$\frac{\pi}{6} \leqq \theta + \frac{\pi}{6} \leqq \frac{7}{6}\pi$$

よって

$$-\frac{1}{2} \leqq \sin\left(\theta + \frac{\pi}{6}\right) \leqq 1$$

$$-1 \leqq 2\sin\left(\theta + \frac{\pi}{6}\right) \leqq 2$$

$$\boldsymbol{-1 \leqq t \leqq 2} \blacktriangleleft \text{答} \cdots\cdots\cdots\cdots\cdots(*)$$

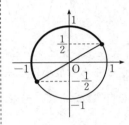

また

$$t^2 = 3\sin^2\theta + 2\sqrt{3}\sin\theta\cos\theta + \cos^2\theta$$
$$= 2\sin^2\theta + 2\sqrt{3}\sin\theta\cos\theta + 1$$

であり

$$2\sin^2\theta = 1 - \cos 2\theta, \ \ 2\sin\theta\cos\theta = \sin 2\theta$$

を用いると

$$t^2 = (1 - \cos 2\theta) + \sqrt{3}\sin 2\theta + 1$$
$$\boldsymbol{= \sqrt{3}\sin 2\theta - \cos 2\theta + 2} \blacktriangleleft \text{答}$$

$\sin^2\theta + \cos^2\theta = 1$

2倍角の公式より。

ゆえに

$$\sqrt{3}\sin 2\theta - \cos 2\theta = t^2 - 2$$

よって

$$y = 2(\sqrt{3}\sin 2\theta - \cos 2\theta)$$
$$\qquad\qquad - 4(\sqrt{3}\sin\theta + \cos\theta) + 4$$

$$= 2(t^2 - 2) - 4t + 4$$

$$\boldsymbol{= 2t^2 - 4t} \blacktriangleleft \text{答}$$

$$= 2(t-1)^2 - 2$$

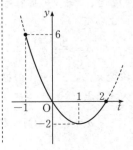

したがって，y は（＊）の範囲において

$t=-1$ のとき最大値 6 ◀◀答

をとり，$t=-1$ のとき

$$\sin\left(\theta+\frac{\pi}{6}\right)=-\frac{1}{2}$$

であるから

$$\theta+\frac{\pi}{6}=\frac{7}{6}\pi$$

$\theta=\pi$ （⑧） ◀◀答

である。

（2）（1）より $t=2\sin\left(\theta+\frac{\pi}{6}\right)$ のとき

$$y=2t^2-4t=2(t-1)^2-2$$

であるから，θ，t，y の増減を調べると次のようになる。

θ	0		$\frac{\pi}{3}$		$\frac{2}{3}\pi$		$\frac{5}{6}\pi$		π
t	1	↗	2	↘	1	↘	0	↘	-1
y	-2	↗	0	↘	-2	↗	0	↗	6

よって，y の最大値は

$0<a\leqq\frac{\pi}{3}$ のとき

　　$\theta=a$ における y の値（0以下）

$\frac{\pi}{3}<a<\frac{5}{6}\pi$ のとき

　　$\theta=\frac{\pi}{3}$ における y の値（0）

$\frac{5}{6}\pi\leqq a\leqq\pi$ のとき

　　$\theta=a$ における y の値（0以上）

であるから，$0\leqq\theta\leqq a$ のとき，$\theta=a$ において最大値をとるのは

$$0<a\leqq\frac{\pi}{3} \text{ または } \frac{5}{6}\pi\leqq a\leqq\pi \quad（⑨）\text{ ◀◀答}$$

のときである。

$0\leqq\theta\leqq a$ のとき $\theta=a$ において最大値をとるので，定義域の右端で最大値をとる場合を考える。

$$
\begin{aligned}
f(x) &= \cos 2x - 4a\cos x + 2 \\
&= (2\cos^2 x - 1) - 4a\cos x + 2 \\
&= 2\cos^2 x - 4a\cos x + 1 \\
&= 2(\cos x - a)^2 + 1 - 2a^2 \quad \text{◀◀答}
\end{aligned}
$$

2倍角の公式
$$\cos 2x = 2\cos^2 x - 1$$

　次に，$0 \leqq x < 2\pi$ より $-1 \leqq \cos x \leqq 1$ であるから，
$t = \cos x$ とおいたときの $f(x)$ を $g(t)$ とおくと
$$g(t) = 2(t-a)^2 + 1 - 2a^2$$
ここで，$-1 \leqq t \leqq 1$ であるから，$0 < a \leqq 1$ より
$y = g(t)$ のグラフは右下の図のようになる。

$-1 \leqq \cos x \leqq 1$

　よって，$t = a$ のとき

最小値 $1 - 2a^2$

◀◀答

$t = -1$ すなわち $x = \pi$
のとき

最大値 $3 + 4a$

◀◀答

$2 + 4a + 1 = 3 + 4a$

ここで，$-1 < t < 1$ を満たす1つの t の値に対して
$$t = \cos x \text{ を満たす } x \text{ の値は2個}$$
$t = \pm 1$ を満たす t の値に対して
$$t = \cos x \text{ を満たす } x \text{ の値は1個}$$
ある。また，$g(0) = 1 > 0$ である。以上より，方程式 $f(x) = 0$ がちょうど4個の解をもつのは
$$g(a) < 0 \text{ かつ } g(1) > 0$$
すなわち
$$1 - 2a^2 < 0 \text{ かつ } 3 - 4a > 0$$
のときであり，$0 < a \leqq 1$ と合わせて $\dfrac{1}{\sqrt{2}} < a < \dfrac{3}{4}$ の
ときである。◀◀答

$t = 1$ のとき $x = 0$
$t = -1$ のとき $x = \pi$
$y = g(t)$ のグラフのy切片を調べた。

$g(1) = 2 - 4a + 1$
　　　$= 3 - 4a$

　さらに，ちょうど3個の解をもつのは
$$1 - 2a^2 < 0 \text{ かつ } 3 - 4a = 0$$
すなわち $a = \dfrac{3}{4}$ のときである。◀◀答

$g(a) < 0$ かつ $g(1) = 0$

3 指数関数・対数関数

演習1

問題は84ページ

（1）（ i ）$2^x > 0$ かつ $2^{-x} > 0$ より，相加平均と相乗平均の関係を用いると

$$2^x + 2^{-x} \geqq 2\sqrt{2^x \cdot 2^{-x}} = 2 \quad ◀\boxed{答}$$

であり，等号は $2^x = 2^{-x}$ すなわち $x = 0$ のときに成り立つので，$f(x)$ は $x = 0$ のときに最小値 2 をとる。◀$\boxed{答}$

（ ii ）$t = 4$ のとき，（＊）は

$$X^2 - 4X + 1 = 0$$

であり，この方程式の解は

$$X = 2 \pm \sqrt{3}$$

$X > 0$ より

$$2^x = 2 \pm \sqrt{3}$$

であるから

$$x = \log_2(2 \pm \sqrt{3}) \ \text{(⑤)} \quad ◀\boxed{答}$$

である。

　実際，（＊）の判別式を D とおくと

$$D = t^2 - 4$$

であるから，$t \geqq 2$ のとき $D \geqq 0$ であり，$Y = X^2 - tX + 1$ のグラフと X 軸との共有点に着目すると，その X 座標は少なくとも一つが正となる（接するときも含む）。したがって，$t \geqq 2$ を満たすすべての実数に対し，（＊）を満たす正の実数 X が存在する。

　よって，$t \geqq 2$ を満たすすべての実数に対し，$2^x + 2^{-x} = t$ を満たす x の値が少なくとも一つは定まることから，$f(x)$ のとり得る値の範囲は $f(x) \geqq 2$ であることが求められる。

（2）$2^x + 2^{-x} = t$ とおくと

$$t^2 = (2^x + 2^{-x})^2 = 4^x + 4^{-x} + 2$$

より

$$4^x + 4^{-x} = t^2 - 2$$

であるから，（＊＊）は

$f(x)$ の最小値が 2 であることは示せたが，$f(x)$ が 2 以上のすべての実数値をとることは示せていないことに注意する。

$2 > \sqrt{3}$

$Y = \left(X - \dfrac{t}{2}\right)^2 - \dfrac{t^2}{4} + 1$ より，$t \geqq 2$ のとき，$Y = X^2 - tX + 1$ のグラフの軸は $X = \dfrac{t}{2} (\geqq 1)$ である。

$$(t^2 - 2) - 8t + a = 0$$
すなわち
$$\boldsymbol{t^2 - 8t + a - 2 = 0} \quad ◀\text{答} \quad \cdots\cdots\cdots\cdots ①$$
である。

(**)を満たす異なる実数 x の値が三つ求まるとき，①の解は
$$t > 2 \text{ を満たす解と } t = 2 \text{ の二つ}$$
である。よって，①に $t = 2$ を代入すると
$$2^2 - 8 \cdot 2 + a - 2 = 0$$
ゆえに
$$a = 14$$
であり，$a = 14$ を①に代入してできる方程式
$$t^2 - 8t + 12 = 0$$
の解は
$$t = 2, \ 6$$
であるから，このとき，「$t > 2$ を満たす解と $t = 2$」
の二つの解をもつ。

したがって，求める a の値は
$$\boldsymbol{a = 14} \quad ◀\text{答}$$
であり，(**)を満たす実数 x の値は
$$\boldsymbol{x = 0} \quad (t = 2 \text{ のとき}) \quad ◀\text{答}$$
または
$$2^x + 2^{-x} = 6$$
$$X^2 - 6X + 1 = 0$$
$$X = 3 \pm 2\sqrt{2}$$
より
$$\boldsymbol{x = \log_2(3 \pm 2\sqrt{2})} \quad (t = 6 \text{ のとき}) \quad ◀\text{答}$$
である。

> ①が「x が二つ求まる解 $(t > 2)$」と「x が一つ求まる解 $(t = 2)$」をもつときを考える。
>
> $a = 14$ のとき $t = 2$ を解にもつことは確かめられたので，$a = 14$ のとき $t > 2$ を満たす解ももつことを確かめる必要がある。
>
> $(1)(\text{i})$ の考察より。
>
> $(1)(\text{ii})$ の考察より。
> $2^x + 2^{-x} = t$
> $X^2 - tX + 1 = 0$
> である。

演習2 問題は86ページ

（1）真数条件より
$$(14 - x)(x + 2) > 0$$
すなわち
$$(x - 14)(x + 2) < 0$$
であるから，x のとり得る値の範囲は
$$\boldsymbol{-2 < x < 14} \ (⓪) \quad ◀\text{答}$$

14

である。

　そして，$-2 < x < 14$ のとき，$t = (14-x)(x+2)$ とおくと

$$t = (14-x)(x+2) = -x^2 + 12x + 28$$
$$= -(x-6)^2 + 64$$

より

$$0 < t \leqq 64$$

であり，$y = \log_2 t$ のグラフは右の図のようになるので，方程式①が実数解をもつのは

$$k \leqq 6 \ (⑤) \ ◀◀答$$

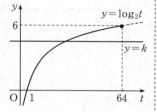

$y = \log_2 t$ のグラフと直線 $y = k$ が共有点をもつとき，方程式①は実数解をもつ。

のときである。

（2）$k = 4$ のとき

$$t = 2^4 = 16$$

であり，$t = -(x-6)^2 + 64$ より

$$-(x-6)^2 + 64 = 16$$
$$(x-6)^2 = 48$$
$$x = 6 \pm 4\sqrt{3}$$

$\log_2 t = 4$ より。

$(14-x)(x+2)$ よりも，平方完成されている $-(x-6)^2 + 64$ の方が，方程式の解を求めるのに便利である。

である。また，$6 < 4\sqrt{3} < 7$ より

$$-1 < 6 - 4\sqrt{3} < 0, \ 12 < 6 + 4\sqrt{3} < 13$$

でいずれも $-2 < x < 14$ を満たすので，$k = 4$ のとき

　　　異なる無理数の解をちょうど二つもつ(④)

 ◀◀答

　$k = 4 + \log_2 3$ のとき

$$k = \log_2 2^4 + \log_2 3 = \log_2 (2^4 \cdot 3)$$
$$= \log_2 48$$

①より

$$(14-x)(x+2) = 48$$

$t = 48$

であり

$$-(x-6)^2 + 64 = 48$$
$$(x-6)^2 = 16$$
$$x = 2, \ 10$$

である。いずれも $-2 < x < 14$ をみたすので，

$k = 4 + \log_2 3$ のとき

　　　異なる整数の解をちょうど二つもつ（⓪）◀◀答

$k = 4 + \log_2 7$ のとき

　　　$k = \log_2 2^4 + \log_2 7$

　　　　$= \log_2 (2^4 \cdot 7)$

　　　　$= \log_2 112$

より

　　　$t = 2^{4 + \log_2 7} = 112$

であり，$t = -(x-6)^2 + 64$ より

　　　$-(x-6)^2 + 64 = 112$

　　　$(x-6)^2 = -48$

となるので，$k = 4 + \log_2 7$ のとき

　　　実数解をもたない（⓪）◀◀答

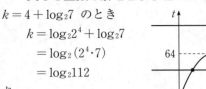
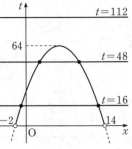

放物線 $t = (14-x)(x+2)$ と直線 $t = 2^k$ のグラフの共有点を示すと図のようになる。

本問では，方程式①の解が整数か無理数かも含めて調べるため，実際に解を求めなければならない。

$\log_2 7 > 2$ より

　　$k = 4 + \log_2 7 > 6$

として，（1）より実数解をもたないとしてもよい。

演習3

問題は87ページ

（1）①で真数の条件を考える。

　　　$6x^2 - 11x + 4 > 0$

　　　$(2x-1)(3x-4) > 0$

　　　$x < \dfrac{1}{2}$ または $x > \dfrac{4}{3}$

であり，$(x-2)^2 > 0$ を解くと

　　　$x \ne 2$

であるから，正しい真数の条件は

　　　$x < \dfrac{1}{2}, \ \dfrac{4}{3} < x < 2, \ x > 2$（③）◀◀答 ……⑥

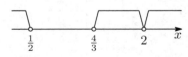

$\log_a t^2 = 2\log_a t$ は，$t > 0$ のときに成り立つことに注意。本問では，$x > 2$ のもとで

$\log_a (x-2)^2 = 2\log_a (x-2)$

とすることはできるが，$x \ne 2$ より

$\log_a (x-2)^2 = 2\log_a |x-2|$

となる。

（2）$6x^2 - 11x + 4 \geqq (x-2)^2$

　　　$5x^2 - 7x \geqq 0$

　　　$x(5x-7) \geqq 0$

　　　$x \leqq 0$ または $x \geqq \dfrac{7}{5}$

と

$a > 1$ のとき。

$6x^2 - 11x + 4 \leqq (x-2)^2$

$x(5x-7) \leqq 0$

$0 \leqq x \leqq \dfrac{7}{5}$

$0 < a < 1$ のとき。

より，④，⑤は正しいので

（ⅰ）$a > 1$ のとき，④，⑥より

$x \leqq 0, \quad \dfrac{7}{5} \leqq x < 2, \quad x > 2$ ◀◀答

（ⅱ）$0 < a < 1$ のとき，⑤，⑥より

$0 \leqq x < \dfrac{1}{2}, \quad \dfrac{4}{3} < x \leqq \dfrac{7}{5}$ ◀◀答

太郎さんの解答の④，⑤はそのまま利用できる。太郎さんの解答の正しい部分と誤りの部分を見極めよう。

である。

演習4

問題は89ページ

（1）t 時間後に有効成分の体内残量が 25% よりも少なくなるとすると

$\left(\dfrac{4}{5}\right)^t < \dfrac{1}{4}$

$t \log_{10} \dfrac{4}{5} < \log_{10} \dfrac{1}{4}$

$t(\log_{10} 4 - \log_{10} 5) < -\log_{10} 4$

$t\{2\log_{10} 2 - (1 - \log_{10} 2)\} < -2\log_{10} 2$

$t(3\log_{10} 2 - 1) < -2\log_{10} 2$

$t(3 \cdot 0.3010 - 1) < -2 \cdot 0.3010$

$t > \dfrac{-0.6020}{-0.0970}$

$t > \dfrac{602}{97}$

$t > 6 + \dfrac{20}{97}$

10を底とする対数をとる。

$\begin{aligned} &\log_{10} 5 \\ &= \log_{10} \dfrac{10}{2} \\ &= \log_{10} 10 - \log_{10} 2 \\ &= 1 - \log_{10} 2 \end{aligned}$

より。

であり

$60 \cdot \dfrac{20}{97} = 12 + \dfrac{36}{97}$

$\dfrac{20}{97}$ 時間を「分」で表す。

より

$12 \leqq x < 13$ (②) ◀◀答

（**2**）24時間後の有効成分の体内残量は$\left(\dfrac{4}{5}\right)^{24}$であり

$$\begin{aligned}
\log_{10}\left(\frac{4}{5}\right)^{24} &= 24\,(\log_{10}4 - \log_{10}5) \\
&= 24\,(3\log_{10}2 - 1) \\
&= 24\cdot(-0.0970) \\
&= -2.328
\end{aligned}$$

（1）より。

であるから，$10^{-3} < \left(\dfrac{4}{5}\right)^{24} < 10^{-2}$ より

$$\left(\frac{4}{5}\right)^{24} = 10^{-2.328} = 10^{-3}\cdot 10^{0.672}$$

$\log_{10}4 = 0.6020,\ \ \log_{10}5 = 1 - \log_{10}2 = 0.6990$ より

$$4 < 10^{0.672} < 5$$
$$4\cdot 10^{-3} < 10^{0.672}\cdot 10^{-3} < 5\cdot 10^{0.672}$$
$$4\cdot 10^{-3} < \left(\frac{4}{5}\right)^{24} < 5\cdot 10^{-3}$$

（1）で求めた値を利用する。

すなわち

$$0.004 < \left(\frac{4}{5}\right)^{24} < 0.005$$

$10^{-3} = 0.001$ より。
10^{-3} は0.1%と等しい。

であるから，y は0.4%より大きく0.5%より小さい値
である。したがって

$$0.25 \leqq y < 0.5\ (\text{⓪})\ \ \blacktriangleleft\ \text{答}$$

図形と方程式

問題は112ページ

演習1

（**1**）$k=1$ のとき，①，②はそれぞれ

$$x-y=0 \ , \ x+y=2$$

であるから，①と②の交点の座標は

$(1,\ 1)$ ◀️答

である。

> $x-y=0,\ x+y=2$ を連立して解く。

また，③を a について整理すると

$$(2a+3)\,x+ay=1$$

より

$$(2x+y)\,a+3x-1=0$$

であるから

$$2x+y=0 \ \text{かつ} \ 3x-1=0$$

すなわち

$$x=\frac{1}{3} \ , \ y=-\frac{2}{3}$$

のとき，③は a の値に関係なく

点$\left(\dfrac{1}{3}, \dfrac{-2}{3}\right)$ ◀️答

を通る。

> $2x+y=0$ かつ $3x-1=0$ のとき，a の値に関係なく
> $$(2x+y)\,a+3x-1=0$$
> が成り立つ。

そして，3直線①，②，③が1点で交わるのは，直線③が点 $(1,\ 1)$ を通るときであるから，このときの a の値は

$$(2a+3)\cdot 1+a\cdot 1=1$$

ゆえに

$$a=\frac{-2}{3} \quad ◀️答$$

であり，3直線①，②，③によって三角形がつくられないのは

　（i）直線①と③が平行のとき

　（ii）直線②と③が平行のとき

のいずれかであるから，それぞれの場合の a の値を求めると，（i）のとき

$$1\cdot a-(2a+3)\cdot(-1)=0$$

> 直線①と②の交点が $(1,\ 1)$ とわかっているので，直線③が点 $(1,\ 1)$ を通るときしかない。

> 直線①と②は傾きが異なる直線であるから平行ではない。

19

より

$a = -1$ ◀答

(ⅱ)のとき

$1 \cdot a - (2a + 3) \cdot 1 = 0$

より

$a = -3$ ◀答

である。

（2）直線①は

$y = \dfrac{1}{k}x$

直線②は

$y = -\dfrac{1}{k}x + 2$

であり，交点の座標は

$\dfrac{1}{k}x = -\dfrac{1}{k}x + 2$

$x = k$

より $(k, 1)$ であるから，2直線①と②は

直線 $y = 1$ に関して線対称 （⓪） ◀答

である。

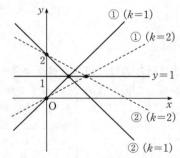

そして，直線②と③が同じ直線になるときを考える

と，直線②が点 $\left(\dfrac{1}{3}, -\dfrac{2}{3} \right)$ を通ることより

$\dfrac{1}{3} + k\left(-\dfrac{2}{3} \right) = 2k$

$k = \dfrac{1}{8}$

であり，直線②は

$\boxed{サシ} < \boxed{スセ}$ より，

$\boxed{サシ} = -3,\ \boxed{スセ} = -1$

である。

直線①，②上で x 座標が

p である点をそれぞれ P，

P′ とすると

$P\left(p, \dfrac{p}{k} \right)$,

$P'\left(p, -\dfrac{p}{k} + 2 \right)$

であり，線分 PP′ の中

点の座標を求めると

$(p, 1)$

となることから，直線

$y = 1$ に関して線対称で

あることを示す方法もあ

る。

②の式に $x = \dfrac{1}{3}$，$y = -\dfrac{2}{3}$

を代入した。

$$x + \frac{1}{8}y = 2 \cdot \frac{1}{8}$$

すなわち

$$4x + \frac{1}{2}y = 1$$

となるので，直線②と③が同じ直線になるときの a の値は

$$2a + 3 = 4 \ \text{かつ} \ a = \frac{1}{2}$$

$$a = \frac{1}{2} \ \blacktriangleleft \text{答}$$

である。

（3）（ i ） $a = -\dfrac{2}{3}$ のとき，③は

$$\frac{5}{3}x - \frac{2}{3}y = 1$$

すなわち

$$y = \frac{5}{2}x - \frac{3}{2}$$

であり，$k \neq 0$ のとき2直線①，②が異なるので

　　直線②と③が平行

　　直線①と②が同じ直線になる（$k = 0$ のとき）

　　直線①と③が平行

　　3直線が異なり，1点で交わる（$k = 1$ のとき）

がそれぞれ考えられる。よって，k の値は

　　ちょうど四つ存在する。（④）　$\blacktriangleleft$答

（ ii ） $a = \dfrac{1}{2}$ のとき，③は

$$4x + \frac{1}{2}y = 1$$

すなわち

$$y = -8x + 2$$

であり，$k \neq 0$ のとき2直線①，②が異なるので

　　直線①と③が平行

　　直線①と②が同じ直線になる（$k = 0$ のとき）

　　直線②と③が同じ直線になる$\left(k = \dfrac{1}{8} \ \text{のとき} \right)$

がそれぞれ考えられる。よって，k の値は

　　ちょうど三つ存在する。（③）　$\blacktriangleleft$答

ここでは，③の式と係数比較をするために両辺を4倍し，定数項の値をそろえた。

それぞれの場合について k の値を求めるのではなく，直線③を図示した座標平面上で直線①，②を動かしながら考えるのがわかりやすい。

（ i ）で3直線が1点で交わるとき

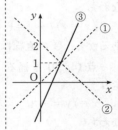

（ ii ）で直線②と③が同じ直線になるとき

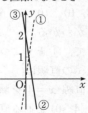

（2）より。

（ⅲ）$a = -\dfrac{3}{2}$ のとき，③は

$$-\dfrac{3}{2}y = 1$$

すなわち

$$y = -\dfrac{2}{3}$$

であり

直線①と②が同じ直線になる（$k = 0$ のとき）

が考えられるので，k の値は

一つだけ存在する。（⓪）　◀◀ 答

問題は114ページ

（ⅲ）で三角形がつくられるとき

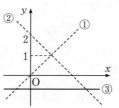

演習2

（1） ①より

$$tx + y = 4t$$

すなわち

$$(x - 4)t + y = 0$$

であるから，①の直線は t の値に関係なく

点 $(4,\ 0)$ を通る　◀◀ 答

②より

$$x - ty = -4t$$

すなわち

$$(4 - y)t + x = 0$$

であるから，②の直線は t の値に関係なく

点 $(0,\ 4)$ を通る　◀◀ 答

また，①と②の直線は垂直であるから，点 P は，2点 $(4,\ 0)$，$(0,\ 4)$ を直径の両端とする円周上にあることがわかる。

そして，①を y について整理すると，$y = -tx + 4t$ より，①の直線は

直線 $x = 4$ を除く，点

$(4,\ 0)$ を通る直線

である。②の直線は，$t \neq 0$ のとき

$$y = \dfrac{1}{t}x + 4$$

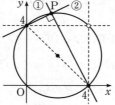

$x = 4,\ y = 0$ のとき，t の値に関係なく
$(x - 4)t + y = 0$ が成り立つ。

$x = 0,\ y = 4$ のとき，t の値に関係なく
$(4 - y)t + x = 0$ が成り立つ。

$A(4,\ 0)$，$B(0,\ 4)$ としたとき，$\angle APB = 90°$ である。

中心 $(2,\ 2)$，半径 $2\sqrt{2}$ の円周上から除かれる点を考える。

点 P が $(4,\ 0)$ となるのは，$t = -1$ のとき，点 P が $(0,\ 4)$ となるのは，$t = 1$ のときで，$(4,\ 4)$ 以外は除かれないことに注意してほしい。

$t=0$ のとき，$x=0$ より

直線 $y=4$ を除く，点 $(0,\ 4)$ を通る直線である。以上より，点 P の軌跡は

中心 $(2,\ 2)$，半径 $2\sqrt{2}$ ◀◀答

の円周上から

点 $(4,\ 4)$（②）を除いた部分 ◀◀答

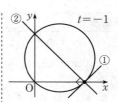

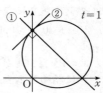

（**2**）③より

$$(t+1)x+(t-1)y=4(t+1)$$
$$(x+y-4)t+x-y-4=0 \quad\cdots\cdots\cdots③'$$

④より，$x\neq0$ のとき

$$tx-y=-4$$
$$t=\frac{y-4}{x} \quad\cdots\cdots\cdots\cdots\cdots④'$$

であるから，④′を③′に代入して t を消去すると

$$(x+y-4)\cdot\frac{y-4}{x}+x-y-4=0$$
$$(x+y-4)(y-4)+(x-y-4)x=0$$
$$x^2-8x+y^2-8y+16=0$$
$$(x-4)^2+(y-4)^2=16$$

両辺をx倍した。

また，$x=0$ のとき，④より $y=4$ であり，③に $x=0,\ y=4$ を代入すると

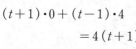
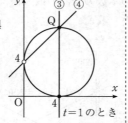

$t=1$のとき

$$(t+1)\cdot0+(t-1)\cdot4$$
$$=4(t+1)$$

$x\neq0$ のときを考えていたので，$x=0$ のときの確認が必要。

すなわち

$$0\cdot t=8$$

より，③を満たす t は存在しない。よって，求める軌跡は

円 $(x-4)^2+(y-4)^2=16$ から点 $(0,\ 4)$ を除いた部分

すなわち

中心 $(4,\ 4)$，半径 4 の円周上から点 $(0,\ 4)$ を除いた部分 ◀◀答

④が直線 $x=0$ 以外の点 $(0,\ 4)$ を通る直線を表すことから，点 $(0,\ 4)$ を除いた部分であることを求めてもよい。

ボールペンの代金についての条件は

$$100x + 75y \leqq 5000$$

すなわち

$$4x + 3y \leqq 200 \ (◎) \ ◀◀答 \ \cdots\cdots\cdots ①$$

ボールペンの重さについての条件は

$$10x + 20y \leqq 1000$$

すなわち

$$x + 2y \leqq 100 \ (◎) \ ◀◀答 \ \cdots\cdots\cdots ②$$

（1）箱に詰めるボールペンの本数の合計を k とすると

$$x + y = k$$

すなわち

$$y = -x + k$$

であり，①かつ②を満たす領域は図の斜線部分なので，直線 $y = -x + k$ が直線 $x + 2y = 100$ と $4x + 3y = 200$ の交点 $(20, \ 40)$ を通るときに k は最大となる。

直線 $y = -x + k$ の y 切片 k が最大となるときを考える。

よって，ボールペンの本数の合計の最大値は

$$20 + 40 = 60 \ (本) \ ◀◀答$$

（2）ボールペン A の本数がボールペン B の本数の 2 倍以上になる条件は

$$x \geqq 2y \ (◎) \ ◀◀答$$

すなわち

$$y \leqq \frac{1}{2}x \ \cdots\cdots③$$

である。

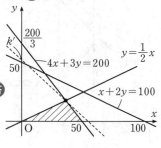

箱に詰めるボールペンの本数の合計を k' とする。①かつ②かつ③を満たす領域は図の斜線部分なので，直線 $x + y = k'$ が直線 $4x + 3y = 200$ と $y = \frac{1}{2}x$ の交点 $\left(\dfrac{400}{11}, \ \dfrac{200}{11} \right)$ を通るとき

直線 $y = -x + k'$ の y 切片 k' が最大となるときを考える。

$$k' = \frac{400}{11} + \frac{200}{11} = 54 + \frac{6}{11}$$

となるが，x，y は 0 以上の整数であり

$$\frac{400}{11} = 36 + \frac{4}{11}, \quad \frac{200}{11} = 18 + \frac{2}{11}$$

より，点 $(36, 18)$ は領域に含まれる点であるから，
箱に詰めるボールペンの本数の最大値は

54 (本) ◀◀答

である。

$k' = 54$ を満たす (x, y) の値の組を1つ見つければよい。

$(37, 17)$，$(38, 16)$ も領域に含まれる点である。

演習4

問題は117ページ

$x^2 + y^2 - 6x - 6y + 14 = 0$ を変形すると

$$(x-3)^2 + (y-3)^2 = 4 \quad \cdots\cdots\cdots\cdots① $$

となるから，C は

中心 $(3, 3)$，半径 2 ◀◀答

の円である。また，C と l の交点の座標は，$y = -x + 8$
を①に代入して

$$(x-3)^2 + (-x+5)^2 = 4$$
$$x^2 - 8x + 15 = 0$$
$$(x-3)(x-5) = 0$$
$$x = 3,\ 5$$

であるから

$(3, 5)$，$(5, 3)$ ◀◀答

$x + y - 8 = 0$ より
$$y = -x + 8$$

$x = 3, 5$ を $y = -x + 8$ に代入してy座標が求まる。

（1）領域 D は右の図の斜線部
分（ただし，境界線を含む）である。
ここで

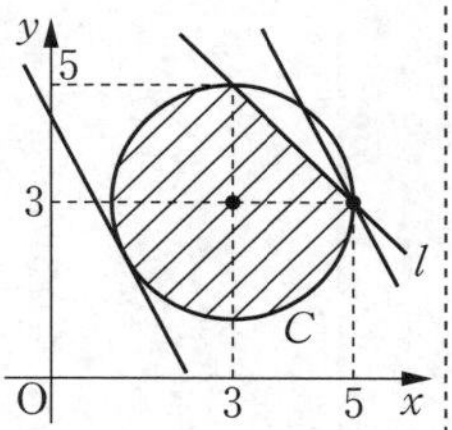

$$2x + y = k \quad \cdots\cdots\cdots②$$

とおくと

$$y = -2x + k \quad \cdots\cdots\cdots③$$

より，k は傾き -2 の直線のy切片として表される。

k が最大値をとるのは，③が点 $(5, 3)$ を通るとき
であり，最大値は②より

$$2 \cdot 5 + 3 = 13 \quad ◀◀答$$

また，k が最小値をとるのは，③が C と接する 2 つ
の場合のうち，k の値が小さい方の場合である。

円 C の内部と直線 l の下側の共通部分（境界を含む）。

y切片が最大になる。

25

③すなわち $2x+y-k=0$ と C が接するとき

$$\frac{|2\cdot3+3-k|}{\sqrt{2^2+1^2}}=2$$

$$|9-k|=2\sqrt{5}$$

$$9-k=\pm2\sqrt{5}$$

$$k=9\pm2\sqrt{5}$$

であるから，k の最小値は

$$9-2\sqrt{5} \quad ◀◀ 答$$

（2）$ax+by=k'$ とおく。このとき

$$y=-\frac{a}{b}x+\frac{k'}{b} \quad\cdots\cdots\cdots\cdots\cdots\cdots\cdots ④$$

である。

　$x=5,\ y=3$ のとき $k'=5a+3b$ である。よって，k' の最大値が $5a+3b$ となるのは，$-\dfrac{a}{b}<0$ より，④が表す直線が点 $(5,\ 3)$ を通り，その傾きが -1 以下のときである。したがって

$$-\frac{a}{b}\leqq-1$$

ゆえに

$$a \geqq b\ (②) \quad ◀◀ 答$$

である。

C の中心 $(3,\ 3)$ と③の距離が C の半径 2 に等しい。①と③を連立して得られる 2 次方程式の判別式が 0 となることから求めてもよい。

$a,\ b$ は正の定数。

④の傾きは負であることに着目すると，（1）の考察より，k' が最大値をとるのは，④が点 $(3,\ 5)$ または点 $(5,\ 3)$ のいずれかを通るときである。

5 微分・積分

演習1 | 問題は146ページ

（1）$y = G(x)$ のグラフが点 $(2, 0)$ を通り，点 $(-4, 0)$ で x 軸に接することから，$G(x)$ は $x-2$ と $(x+4)^2$ を因数にもつ。よって，$G(x)$ は

$$G(x) = k(x-2)(x+4)^2 \quad (k \text{ は実数})$$

と表すことができ，$y = G(x)$ のグラフが点 $(0, 6)$ を通ることから

$$G(0) = k(0-2) \cdot (0+4)^2 = 6$$
$$-32k = 6$$
$$k = -\frac{3}{16}$$

よって

$$\boldsymbol{G(x) = -\frac{3}{16}(x-2)(x+4)^2} \quad \blacktriangleleft 答$$

である。また，$G(x) = \int_x^a f(t)dt$ より

$$\boldsymbol{G(a) = \int_a^a f(t)dt = 0} \quad \blacktriangleleft 答$$

であり，$G(a) = 0$ を満たす a は

$$G(a) = -\frac{3}{16}(a-2)(a+4)^2 = 0$$

より

$$\boldsymbol{a = 2 \text{ または } a = -4} \quad \blacktriangleleft 答$$

である。そして

$$G(x) = \int_x^a f(t)dt = \int_a^x \{-f(t)\}dt$$

より，$G(x)$ の導関数は $-f(x)$ である。
また

$$G'(x) = -\frac{3}{16}\{(x-2)(x+4)^2\}'$$
$$= -\frac{3}{16}(x^3 + 6x^2 - 32)'$$
$$= -\frac{3}{16}(3x^2 + 12x)$$

$G(x) = \int_a^x \{-f(t)\}dt$ の両辺を x で微分すると

$$G'(x) = -f(x)$$

$$= -\frac{9}{16}x(x+4)$$

であり，$x<-4$，$x>0$ のとき，$G(x)$ は減少関数であるから

$\qquad$ $-f(x)$ の値は負

すなわち

$\qquad$ **$f(x)$ の値は正**（⓪） ◀◀

$-4<x<0$ のとき，$G(x)$ は増加関数であるから

$\qquad$ $-f(x)$ の値は正

すなわち

$\qquad$ **$f(x)$ の値は負**（②） ◀◀答

したがって，$y=f(x)$ のグラフの概形として最も適当なものは①である。 ◀◀答

（2）$G(x)$ の導関数は $-f(x)$ であるから

$\qquad$ **$G'(x) = -f(x) = -x(x-2)$**（⓪） ◀◀答

であり，$y=G(x)$ のグラフは

$\qquad$ $x=0$，2 で極値をとる

$\qquad$ $x<0$，$x>2$ で減少，$0<x<2$ で増加

$\qquad$ 点 $(2, 0)$ を通る

ことがわかるから，グラフの概形として最も適当なものは③である。 ◀◀答

（3）$a=2$ より $G(2)=0$ であるから，$y=G(x)$ が点 $(2, 0)$ を通り，$f(x)=-G'(x)$ を満たす組を選べばよい。

$\qquad$ ⓪：$x<0$ において $G'(x)>0$，$f(x)>0$ より
$\qquad\quad$ 矛盾する。

$\qquad$ ①：$x<2$ において $G'(x)>0$，$f(x)>0$ より
$\qquad\quad$ 矛盾する。

$\qquad$ ②：$G(x)$ は $x=1$ の近辺で増加から減少に移
$\qquad\quad$ るが，$0<x<2$ において $f(x)>0$ より矛
$\qquad\quad$ 盾する。

$\qquad$ ③，④：$y=G(x)$ が点 $(2, 0)$ を通り，$f(x)=$
$\qquad\qquad$ $-G'(x)$ を満たすので矛盾しない。

したがって，矛盾しないものは③，④である。

$\qquad\qquad\qquad\qquad\qquad\qquad\qquad\qquad$ ◀◀答

この結果から，$-f(x)$ は $x=-4$ と $x=0$ の前後で符号が変わることが確認できる。

$a=2$ より $G(2)=0$ である。

矛盾するかどうかを調べるので，1か所でも矛盾するところが見つけられればよい。

演習2

問題は149ページ

（1）$C:y=|x^2-4|$ のグラフの
式は

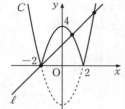

$x\leqq-2,\ x\geqq2$ のとき

$\qquad y=x^2-4$

$-2\leqq x\leqq2$ のとき

$\qquad y=-(x^2-4)$

で表され，$\ell:y=k(x+2)$ は

$\qquad$点 $(-2,\ 0)$ を通り傾き k の直線

であるから，曲線 C と直線 ℓ のグラフは上の図のようになり，点 $(-2,\ 0)$ をつねに共有点にもつ。

$\quad$ このとき，曲線 $y=-(x^2-4)$ 上の点 $(-2,\ 0)$ における接線の傾きは，$y'=-2x$ より

$\qquad -2\cdot(-2)=4$

であるから，曲線 C と直線 ℓ が 3 点を共有するときの k の値の範囲は

$\qquad \mathbf{0<k<4}$ ◀◀答

である。

$\quad$ また，曲線 C と直線 ℓ の点 $(-2,\ 0)$ 以外の共有点の x 座標は，$-2<x<2$ のとき

$\qquad -(x^2-4)=k(x+2)$

$\qquad x^2+kx+2k-4=0$

$\qquad (x+2)\{x+(k-2)\}=0$

$\qquad x=-2,\ 2-k$

より $2-k$ であり，$2<x$ のとき

$\qquad x^2-4=k(x+2)$

$\qquad x^2-kx-2k-4=0$

$\qquad (x+2)\{x-(k+2)\}=0$

$\qquad x=-2,\ 2+k$

より $2+k$ である。

$\quad$ したがって，共有点の x 座標は小さい順に

$\qquad \mathbf{-2}\ (⓪),\ \mathbf{2-k}\ (⑤),\ \mathbf{2+k}\ (⑦)$ ◀◀答

である。

（右側注釈）

$x=-2$ のとき，k の値に関係なく，$y=0$ となる。

共有点の1つが $(-2,\ 0)$ より $(x+2)$ を因数にもつことを利用して因数分解する。

$-2<x<2$ のときと同様に，$(x+2)$ を因数にもつ。

（**2**）$k=1$ のとき 3 点 A，B，C の x 座標はそれぞれ -2，1，3 であるから

$$S_1=\int_{-2}^{1}\{(-x^2+4)-(x+2)\}dx$$

$$=-\int_{-2}^{1}(x+2)(x-1)dx$$

$$=\frac{\{1-(-2)\}^3}{6}$$

$$=\frac{9}{2}\quad ◀\text{答}$$

$2-k$，$2+k$ に $k=1$ を代入した。

であり

$$S_2=\int_{-2}^{2}(-x^2+4)dx-S_1$$

$$=-\int_{-2}^{2}(x+2)(x-2)dx-\frac{9}{2}$$

$$=\frac{\{2-(-2)\}^3}{6}-\frac{9}{2}$$

$$=\frac{64}{6}-\frac{9}{2}$$

$$=\frac{37}{6}\quad ◀\text{答}$$

$$\int_{\alpha}^{\beta}(x-\alpha)(x-\beta)dx$$

$$=-\frac{1}{6}(\beta-\alpha)^3$$

$S_1+S_2=\int_{-2}^{2}(-x^2+4)dx$ より。

であり

$$S_3=\int_{-2}^{3}\{(x+2)-(x^2-4)\}dx-S_1-2S_2$$

$$=-\int_{-2}^{3}(x+2)(x-3)dx-\frac{9}{2}-2\cdot\frac{37}{6}$$

$$=\frac{\{3-(-2)\}^3}{6}-\frac{9}{2}-\frac{74}{6}$$

$$=\frac{125}{6}-\frac{27}{6}-\frac{74}{6}$$

$$=4\quad ◀\text{答}$$

である。

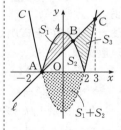

（**3**）（**2**）より $S_1+S_2=\dfrac{32}{3}$ であるから，$S_3+S_2=\dfrac{32}{3}$ を満たすときの k の値を調べればよい。

$$S_3+S_2$$

$$=\frac{1}{2}\cdot\{2-(-2)\}\cdot4k+\int_{2}^{2+k}\{k(x+2)-(x^2-4)\}dx$$

$$=8k+\left[-\frac{1}{3}x^3+\frac{k}{2}x^2+(2k+4)x\right]_{2}^{2+k}$$

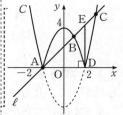

線分 DE で分けて考える。
△ADE は底辺 4，高さ $4k$ の三角形である。

30

$$=8k-\frac{1}{3}\{(2+k)^3-2^3\}+\frac{k}{2}\{(2+k)^2-2^2\}$$
$$+(2k+4)\{(2+k)-2\}$$
$$=\frac{1}{6}k^3+2k^2+8k$$

より

$$\frac{1}{6}a^3+2a^2+8a=\frac{32}{3}$$
$$a^3+12a^2+48a-64=0$$
$$a^3+12a^2+48a+64=128$$
$$(a+4)^3=128 \quad \blacktriangleleft\blacktriangleleft 答$$

$(a+4)^3$
$=a^3+12a^2+48a+64$

である。

（4）S_2+S_1 と S_3+S_1 の大小関係について考える。

S_2 と S_3 の大小関係なので，それぞれに S_1 を加えても大小関係は変わらない。

（2）より $S_2+S_1=\dfrac{32}{3}$ であるから

$$S_3+S_1>\frac{32}{3} \quad \text{すなわち} \quad S_3+S_1-\frac{32}{3}>0 \quad \text{のとき}$$
$$S_2<S_3$$
$$S_3+S_1<\frac{32}{3} \quad \text{すなわち} \quad S_3+S_1-\frac{32}{3}<0 \quad \text{のとき}$$
$$S_2>S_3$$

である。（3）より

$$S_3+S_1-\frac{32}{3}$$
$$=\frac{1}{6}k^3+2k^2+8k-S_2+S_1-\frac{32}{3}$$
$$=\frac{1}{6}k^3+2k^2+8k-(S_1+S_2)+2S_1-\frac{32}{3}$$
$$=\frac{1}{6}k^3+2k^2+8k-\frac{32}{3}+2\cdot\frac{(4-k)^3}{6}-\frac{32}{3}$$
$$=\frac{1}{6}k^3+2k^2+8k-\frac{32}{3}$$
$$+\frac{1}{3}(-k^3+12k^2-48k+64)-\frac{32}{3}$$
$$=\frac{1}{6}(-k^3+36k^2-48k)$$

（3）で求めた S_3+S_2 を利用する。

$-S_2+S_1$
$=-(S_1+S_2)+2S_1$
とすることで，S_2 を消去した。また
$S_1=\dfrac{1}{6}\{(2-k)-(-2)\}^3$
$\quad=\dfrac{1}{6}(4-k)^3$
である。

であるから，$f(k)=-k^3+36k^2-48k$ とおくと

$$f'(k)=-3k^2+72k-48$$
$$=-3(k^2-24k+16)$$

であり

$$k^2 - 24k + 16 = 0$$
$$k = 12 \pm 8\sqrt{2}$$

より，$f(k)$ の増減表は次のようになる。

k	(0)	$\cdots$	$12-8\sqrt{2}$	$\cdots$	(4)
$f'(k)$		$-$	0	$+$	
$f(k)$	0	$\searrow$		$\nearrow$	

そして
$$f(4) = -4^3 + 36 \cdot 4^2 - 48 \cdot 4$$
$$= 320 > 0$$

であるから

$0 < k < \beta$ のとき

$$S_3 + S_1 - \frac{32}{3} < 0 \text{ すなわち } S_2 > S_3$$

$\beta < k < 4$ のとき

$$S_3 + S_1 - \frac{32}{3} > 0 \text{ すなわち } S_2 < S_3$$

となる実数 β が存在するので，S_2 と S_3 の大小関係について正しく説明しているものは③である。◀◀答

$y = -k^3 + 36k^2 - 48k$ のグラフの概形は下の図のようになる。

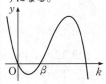

演習3

問題は151ページ

（1）C_1 と x 軸の交点は
$$x^2 - 3x = 0$$
$$x(x-3) = 0 \quad \text{ゆえに} \quad x = 0, \ 3$$

$f(x) = 0$

より，原点 O と点 $(3, \ 0)$ であるから

$$S_0 = \int_0^3 \{-(x^2 - 3x)\} dx$$
$$= -\int_0^3 x(x-3) dx$$
$$= \frac{1}{6}(3-0)^3 = \frac{9}{2} \quad ◀◀答$$

また，C_2 と x 軸の交点は
$$-x^2 + 2ax = 0$$
$$-x(x-2a) = 0 \quad \text{ゆえに} \quad x = 0, \ 2a$$

$g(x) = 0$

より，原点 O と点 $(2a, \ 0)$ である。◀◀答

さらに，C_1 と C_2 の交点は

$$x^2 - 3x = -x^2 + 2ax$$

$$x(2x - 2a - 3) = 0$$

$$x = 0, \quad a + \frac{3}{2}$$

より，原点 O と

$$点\left(a + \frac{3}{2}, \ a^2 - \frac{9}{4}\right) \quad ◀◀ 答$$

である。

（2）（ i ）$a = 2$ のとき，C_2 と x 軸の交点の x 座標は 0，4 であるから

$$S(2) = \int_0^3 g(x)\,dx + S_0 \ (⑥) \quad ◀◀ 答$$

$$= \int_0^3 (-x^2 + 4x)\,dx + \frac{9}{2}$$

$$= \left[-\frac{1}{3}x^3 + 2x^2\right]_0^3 + \frac{9}{2}$$

$$= 9 + \frac{9}{2} = \frac{27}{2} \quad ◀◀ 答$$

また，C_1 と C_2 の交点の x 座標が 3 になるのは

$$a + \frac{3}{2} = 3 \qquad ゆえに \qquad a = \frac{3}{2} \quad ◀◀ 答$$

のときであり，このとき C_1 と C_2 の交点の y 座標は

$$\left(\frac{3}{2}\right)^2 - \frac{9}{4} = 0$$

である。よって，$a \geqq \frac{3}{2}$ のとき，$S(a)$ は右の図の斜線部分の面積であり

$$S(a)$$

$$= \int_0^3 g(x)\,dx + S_0$$

$$= \int_0^3 (-x^2 + 2ax)\,dx + \frac{9}{2}$$

$$= \left[-\frac{1}{3}x^3 + ax^2\right]_0^3 + \frac{9}{2} = 9a - \frac{9}{2}$$

であるから，$a \geqq \frac{3}{2}$ において a の値を増加させると，$S(a)$ はつねに増加する。（⓪）◀◀ 答

右段（補足）：

$$f(x) = g(x)$$

$y = x(x-3)$ に代入して

$$y = \left(a + \frac{3}{2}\right)\left(a - \frac{3}{2}\right)$$

$$= a^2 - \frac{9}{4}$$

x 座標は 0，$2a$ である。

$0 \leqq x \leqq 3$ において $g(x) \geqq 0$ である。

（1）より，原点 O 以外の C_1 と C_2 の交点の座標は

$$\left(a + \frac{3}{2}, \ a^2 - \frac{9}{4}\right)$$

a の 1 次関数において，a の係数が正であるため。

（ⅱ）$0<a\leqq\dfrac{3}{2}$ のとき，$S(a)$ は右の図の斜線部分の面積の和であり

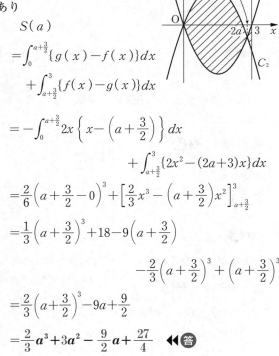

C_1，C_2 と x 軸との交点の x 座標 3 と $2a$ の大小で場合分けする。

$$S(a)$$

$$=\int_0^{a+\frac{3}{2}}\{g(x)-f(x)\}dx$$

$$+\int_{a+\frac{3}{2}}^3\{f(x)-g(x)\}dx$$

2つの部分の和となる。

$$=-\int_0^{a+\frac{3}{2}}2x\left\{x-\left(a+\dfrac{3}{2}\right)\right\}dx$$

$$+\int_{a+\frac{3}{2}}^3\{2x^2-(2a+3)x\}dx$$

$$=\dfrac{2}{6}\left(a+\dfrac{3}{2}-0\right)^3+\left[\dfrac{2}{3}x^3-\left(a+\dfrac{3}{2}\right)x^2\right]_{a+\frac{3}{2}}^3$$

$$=\dfrac{1}{3}\left(a+\dfrac{3}{2}\right)^3+18-9\left(a+\dfrac{3}{2}\right)$$

$$-\dfrac{2}{3}\left(a+\dfrac{3}{2}\right)^3+\left(a+\dfrac{3}{2}\right)^3$$

$$=\dfrac{2}{3}\left(a+\dfrac{3}{2}\right)^3-9a+\dfrac{9}{2}$$

$\left(a+\dfrac{3}{2}\right)^3$ を 1 つのまとまりとみる。

$$=\dfrac{2}{3}a^3+3a^2-\dfrac{9}{2}a+\dfrac{27}{4}\quad◀◀㊥$$

ここで

$$S'(a)=2a^2+6a-\dfrac{9}{2}$$

であり，$S'(a)=0$ を満たす a の値は，$0<a\leqq\dfrac{3}{2}$ より $a=\dfrac{3(\sqrt{2}-1)}{2}$ である。この値を α とおくと，$S(a)$ の増減表は次のようになる。

$a=\dfrac{-3\pm3\sqrt{2}}{2}$

a	(0)	$\cdots$	α	$\cdots$	$\dfrac{3}{2}$
$S'(a)$		$-$	0	$+$	
$S(a)$		$\searrow$	最小	$\nearrow$	9

よって，$S(a)$ は $a=\dfrac{3(\sqrt{2}-1)}{2}$ のとき最小となる。

◀◀㊥

演習4

問題は153ページ

（1）$k=-16$ のとき，C と ℓ の共有点の x 座標は
$$x^3+2x^2-6x=-2x-16$$

C と ℓ の式から y を消去する。

すなわち　$x^3+2x^2-4x+16=0$

の実数解である。この左辺を $f(x)$ とすると
$$f(-4)=(-4)^3+2\cdot(-4)^2-4\cdot(-4)+16=0$$

であるから，$f(x)$ は $x+4$ を因数にもち

因数定理。

$$f(x)=0$$
$$(x+4)(x^2-2x+4)=0$$
$$(x+4)\{(x-1)^2+3\}=0$$

よって，共有点の座標は

$(x-1)^2+3>0$

$(-4,\ -8)$ ◀◀(答)

（2）C と ℓ の共有点の x 座標は
$$x^3+2x^2-6x=-2x+k$$

C と ℓ の式から y を消去する。

すなわち　**$x^3+2x^2-4x=k$** ◀◀(答)

の実数解であるから，C と ℓ の共有点の個数はこの方程式の異なる実数解の個数と一致する。よって，この方程式の左辺を $g(x)$ とすると，$y=g(x)$ のグラフと直線 $y=k$ が 3 個の共有点をもつとき，C と ℓ が3点を共有する。
$$g'(x)=3x^2+4x-4=(x+2)(3x-2)$$

であるから，$g(x)$ の増減表は次のようになる。

x	$\cdots$	-2	$\cdots$	$\dfrac{2}{3}$	$\cdots$
$g'(x)$	$+$	0	$-$	0	$+$
$g(x)$	$\nearrow$	8	$\searrow$	$-\dfrac{40}{27}$	$\nearrow$

よって，$y=g(x)$ のグラフは右の図のようになるから，求める k の値の範囲は

$y=k$ は x 軸に平行な直線。

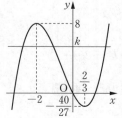

$$\dfrac{-40}{27}<k<8$$ ◀◀(答)

（**3**）（2）の考察より，C と ℓ が2点を共有するのは
$$k = 8, \quad -\frac{40}{27}$$
のときであり，ℓ の式は $y = -2x + k$ であるから，そ
れぞれの k において，ℓ は別々の直線となる。よって，
k の値は二つ存在し，ℓ も二つ存在する。

また，$k = 8$ のとき
$$x^3 + 2x^2 - 4x = 8$$
$$(x + 2)^2(x - 2) = 0$$
$k = -\dfrac{40}{27}$ のとき
$$x^3 + 2x^2 - 4x = -\frac{40}{27}$$
$$\left(x - \frac{2}{3}\right)^2\left(x + \frac{10}{3}\right) = 0$$

であり，C と ℓ の共有点は二つ存在するが，どちらも
C との二つの共有点のうちの一つだけにおいて C と
接するので，正しいのは ② である。◀ 答

⓪，① は正しくないこと
が確定する。

ここでは，それぞれの k
における共有点の x 座標
を具体的に求めたが，3
次関数のグラフが直線と
2点で接することはない
ことを用いてもよい。

演習5

問題は154ページ

（**1**）正三角錐 P の高さを h とおくと，底面の正三
角形の外接円の半径 R は
$$R = \sqrt{1^2 - (h - 1)^2} = \sqrt{-h^2 + 2h}$$
であるから，底面の正三角形の面積 S は
$$S = 3 \cdot \frac{1}{2}R^2 \sin\frac{2}{3}\pi$$
$$= \frac{3\sqrt{3}}{4}(-h^2 + 2h)$$
であり
$$V = \frac{1}{3}Sh$$
$$= \frac{1}{3} \cdot \frac{3\sqrt{3}}{4}(-h^2 + 2h)h$$
$$= \frac{\sqrt{3}}{4}(-h^3 + 2h^2) \quad ◀ 答$$
である。

正三角錐 P の頂点と底
面の外接円は図のように
なる。

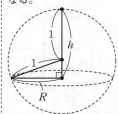

底面の正三角形は図のよ
うになる。

（**2**）底面の正三角形の 1 辺の長さを x とおくと，底面の正三角形の面積 S は

$$S = \frac{1}{2}x^2 \sin\frac{\pi}{3} = \frac{\sqrt{3}}{4}x^2$$

であり，底面の正三角形の外接円の半径は

$$\frac{1}{2}x \cdot \frac{2}{\sqrt{3}} = \frac{\sqrt{3}}{3}x$$

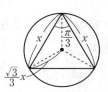

正三角錐の高さは

$$1 + \sqrt{1^2 - \left(\frac{\sqrt{3}}{3}x\right)^2} = 1 + \sqrt{1 - \frac{1}{3}x^2}$$

であるから

$$V = \frac{1}{3} \cdot \frac{\sqrt{3}}{4}x^2\left(1 + \sqrt{1 - \frac{1}{3}x^2}\right)$$

$$= \frac{\sqrt{3}}{12}x^2\left(1 + \sqrt{1 - \frac{1}{3}x^2}\right) \;\blacktriangleleft\text{答}$$

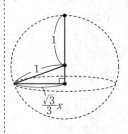

である。よって，$y = \sqrt{1 - \frac{1}{3}x^2}$ のとき

$$y^2 = 1 - \frac{1}{3}x^2$$

すなわち

$$x^2 = 3 - 3y^2$$

であるから

$$V = \frac{\sqrt{3}}{12}(3 - 3y^2)(1 + y)$$

$$= \frac{\sqrt{3}}{4}(-y^3 - y^2 + y + 1) \;\blacktriangleleft\text{答}$$

である。

（**3**）（1）より，$f(h) = -h^3 + 2h^2$ とおくと

$$f'(h) = -3h^2 + 4h = -3h\left(h - \frac{4}{3}\right)$$

であるから，$f(h)$ の増減は次のようになる。

$h \geqq 1$

h	1	$\cdots$	$\frac{4}{3}$	$\cdots$
$f'(h)$		$+$	0	$-$
$f(h)$		$\nearrow$		$\searrow$

よって，$h = \dfrac{4}{3}$ のとき V は最大となるので，V の最大値は

$$\dfrac{\sqrt{3}}{4}f\left(\dfrac{4}{3}\right) = \dfrac{\sqrt{3}}{4}\left\{-\left(\dfrac{4}{3}\right)^3 + 2\cdot\left(\dfrac{4}{3}\right)^2\right\}$$

$$= \dfrac{8\sqrt{3}}{27} \quad \blacktriangleleft\text{答}$$

である。

また，（2）より，$g(y) = -y^3 - y^2 + y + 1$ とおくと，$0 \leqq y < 1$ であり

$$g'(y) = -3y^2 - 2y + 1 = -(3y-1)(y+1)$$

であるから，$g(y)$ の増減は次のようになる。

y	0	$\cdots$	$\dfrac{1}{3}$	$\cdots$
$g'(y)$		$+$	0	$-$
$g(y)$		↗		↘

よって，$y = \dfrac{1}{3}$ すなわち

$$x^2 = 3 - 3\cdot\left(\dfrac{1}{3}\right)^2$$

$$x^2 = \dfrac{8}{3}$$

$$x = \dfrac{2\sqrt{6}}{3}$$

のとき V は最大となる。すなわち，V が最大となるときの P の 1 辺の長さは

$$x = \dfrac{2\sqrt{6}}{3} \quad \blacktriangleleft\text{答}$$

である。

$$-\dfrac{\sqrt{3}}{4}\cdot\left(\dfrac{4}{3}\right)^2\left(\dfrac{4}{3}-2\right)$$

を計算してもよい。

$y = \sqrt{1 - \dfrac{1}{3}x^2}$ において

$0 < x \leqq \sqrt{3}$ より

　$0 \leqq y < 1$

$g'(y)$ を求めずに，$h = 1 + y$ より $y = h - 1$ であるから，$h = \dfrac{4}{3}$ すなわち $y = \dfrac{1}{3}$ のときに V は最大となることを求めてもよい。

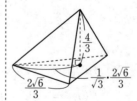

6 数列

演習1   問題は186ページ

1, p^2, q^2 がこの順に等差数列をなすとき

$$p^2 = \frac{1+q^2}{2}$$

ゆえに

$$2p^2 - q^2 = 1 \quad \blacktriangleleft \text{答} \quad \cdots\cdots\cdots\cdots\cdots ①$$

である。

（1）p, 1, q もこの順に等差数列をなすとき

$$1 = \frac{p+q}{2}$$

ゆえに

$$p + q = 2 \quad \blacktriangleleft \text{答}$$

よって

$$q = 2 - p \quad \cdots\cdots\cdots\cdots\cdots ②$$

②を①に代入すると

$$2p^2 - (2-p)^2 = 1$$
$$p^2 + 4p - 5 = 0$$
$$(p+5)(p-1) = 0$$

となる。

$p=1$ のとき，②より

$$q = 1$$

であるが，p と q は相異なる実数であるため不適。

$p=-5$ のとき，②より

$$q = 7$$

であり，これは適する。

以上より

$$p = -5, \quad q = 7 \quad \blacktriangleleft \text{答}$$

また，このとき，p, 1, q はこの順に公差 6 の等差数列をなすが，p と q を入れ替えてできる q, 1, p はこの順に公差 -6 の等差数列をなす。

よって，q, 1, p もこの順に等差数列をなす。（②）

$\blacktriangleleft \text{答}$

等差数列の公差を d とすると，$p^2 = 1+d$, $q^2 = 1+2d$ であるから

$$p^2 = \frac{1+q^2}{2} = 1+d$$

公差 d の等差数列の並びを逆にすると，公差 $-d$ の等差数列になる。

（2）p, 1, q と q, 1, p 以外の並びを考える。

（ⅰ）p, q, 1 がこの順に等差数列をなすとき

$$q = \frac{p+1}{2} \quad \text{すなわち} \quad p = 2q - 1$$

であり，このとき① は

$$2(2q-1)^2 - q^2 = 1$$
$$7q^2 - 8q + 1 = 0$$
$$(7q-1)(q-1) = 0$$

となる。よって

$$q = \frac{1}{7} \text{ のとき } p = -\frac{5}{7} \text{ で適する} \qquad\qquad p = 2 \cdot \frac{1}{7} - 1$$

$$q = 1 \text{ のとき } p = 1 \text{ で不適} \qquad\qquad p = 2 \cdot 1 - 1$$

（ⅱ）q, p, 1 がこの順に等差数列をなすとき

$$p = \frac{q+1}{2} \quad \text{すなわち} \quad q = 2p - 1$$

であり，このとき①は

$$2p^2 - (2p-1)^2 = 1$$
$$p^2 - 2p + 1 = 0$$
$$(p-1)^2 = 0$$

となる。よって

$$p = 1 \text{ のとき } q = 1 \text{ で不適} \qquad\qquad q = 2 \cdot 1 - 1$$

（ⅲ）1, p, q がこの順に等差数列をなすとき，（ⅱ）と | 1 と q を入れ替えると（ⅱ）
同様に $p = 1$, $q = 1$ となるので不適。　　　　　　　　 | と同じ数列になる。

（ⅳ）1, q, p がこの順に等差数列をなすとき，（ⅰ）と | 1 と p を入れ替えると（ⅰ）
同様に　　　　　　　　　　　　　　　　　　　　　　　 | と同じ数列になる。

$$q = \frac{1}{7} \text{ のとき } p = -\frac{5}{7} \text{ で適する}$$

$$q = 1 \text{ のとき } p = 1 \text{ で不適}$$

となる。

　以上より，求める p, q の値は

$$\boldsymbol{p = \frac{-5}{7}, \quad q = \frac{1}{7}} \quad \blacktriangleleft 答$$

である。

演習2

問題は187ページ

（1）$\{a_n\}$ は初項 $a_1=1$，公比 2 の等比数列であるから

$$a_n=2^{n-1} \quad (\textcircled{0}) \quad \blacktriangleleft 答$$

上から n 段目には縦 a_n 個，横 n 個のブロックが使われているので

$$b_n=na_n \quad (\textcircled{0}) \quad \blacktriangleleft 答$$

である。

（2）c_m は初項 $c_1=a_{10}=2^9$，公比 $2^{-1}=\dfrac{1}{2}$，項数 m の等比数列の和であるから

$$c_m=\frac{2^9\left\{1-\left(\dfrac{1}{2}\right)^m\right\}}{1-\dfrac{1}{2}}=2^{10}\left\{1-\left(\dfrac{1}{2}\right)^m\right\}$$

$$=2^{10}-2^{10-m} \quad (\textcircled{1},\ \textcircled{7}) \quad \blacktriangleleft 答$$

$\left(\dfrac{1}{2}\right)^m=2^{-m}$

（3）$\displaystyle\sum_{k=1}^{10}b_k=S$ とおくと

$$S=1\cdot2^0+2\cdot2^1+3\cdot2^2+\cdots+10\cdot2^9 \quad\cdots\cdots\cdots ①$$
$$2S=\qquad\quad 1\cdot2^1+2\cdot2^2+\cdots+\ 9\cdot2^9+10\cdot2^{10}$$
$$\cdots\cdots\cdots ②$$

であるから，①$-$②より

$$-S=1\cdot(2^0+2^1+2^2+\cdots+2^9)-10\cdot2^{10}$$

等差数列の項と等比数列の項の積の形の項の和より。

$$=\frac{1\cdot(2^{10}-1)}{2-1}-10\cdot2^{10}$$

$$=-9\cdot2^{10}-1$$

初項 1，公比 2，項数 10 の等比数列の和より。

よって

$$S=9\cdot2^{10}+1=9\cdot1024+1=9217 \quad \blacktriangleleft 答$$

別解：$\displaystyle\sum_{k=1}^{10}c_k=10\cdot2^{10}-\frac{2^9\left\{1-\left(\dfrac{1}{2}\right)^{10}\right\}}{1-\dfrac{1}{2}}$

花子さんの考え方で解いてもよい。

$$=10\cdot2^{10}-2^{10}\left\{1-\left(\dfrac{1}{2}\right)^{10}\right\}$$

$$=9\cdot2^{10}+1=9217$$

（ 1 ）$X=1000$, $Y=5$, $P_1=100$ より

$$a_1=\left(1+\frac{5}{100}\right)\cdot 1000-100$$

$$=105\cdot 10-100$$

$$=950 \quad \text{◀◀答}$$

また, $P_n=100$ より

$$a_{n+1}=\frac{21}{20}a_n-100$$

$$a_{n+1}-2000=\frac{21}{20}(a_n-2000)$$

よって, 数列 $\{a_n-2000\}$ は, 初項 $a_1-2000=-1050$,

公比 $\frac{21}{20}$ の等比数列であるから

$$a_n-2000=-1050\left(\frac{21}{20}\right)^{n-1}$$

$$\boldsymbol{a_n=2000-1050\left(\frac{21}{20}\right)^{n-1}} \text{（⓪）} \quad \text{◀◀答}$$

である。

（ 2 ）$X=1000$, $Y=5$, $P_n=p$ （定数）のとき

$$a_1=1050-p, \quad a_{n+1}=\frac{21}{20}a_n-p$$

であり

$$a_{n+1}-20p=\frac{21}{20}(a_n-20p)$$

$$a_n-20p=(a_1-20p)\left(\frac{21}{20}\right)^{n-1}$$

$$a_n=20p+(1050-21p)\left(\frac{21}{20}\right)^{n-1}$$

である。よって, $p=10$ のとき

$$a_n=200+840\left(\frac{21}{20}\right)^{n-1}$$

であり, $\left(\frac{21}{20}\right)^{n-1}\geqq 1$ より, つねに

$$a_n\geqq 200+840=1040$$

であるから, 説明として正しいものは⓪である。◀◀答

右段:

$$a_1=\left(1+\frac{Y}{100}\right)X-P_1$$

方程式

$x=\frac{21}{20}x-100$ の解は

　$x=2000$

方程式

$x=\frac{21}{20}x-p$ の解は

　$x=20p$

$a_n\geqq 1040$より, つねに

$a_n>1000$ である。

（3）$a_{n+1}=\left(1+\dfrac{Y}{100}\right)a_n-p$ より

$$a_{n+1}-a_n=\dfrac{Y}{100}a_n-p$$

であるから，$\dfrac{Y}{100}a_n<p$ であれば

$$a_{n+1}-a_n<0 \text{ すなわち } a_{n+1}<a_n$$

となり，いずれは返済が終わることがわかる。$\dfrac{Y}{100}a_n$ は毎年の返済額に年利を掛けた金額であるから

$$\dfrac{Y}{100}X<p$$

すなわち

$$p>\dfrac{XY}{100} \;(\text{⓪}) \; \blacktriangleleft\textbf{答}$$

であればいずれは返済が終わることになる。

（4）$-50\leqq x\leqq 50$ とし

$$X=1000,\; Y=5,$$
$$P_1=50-x,\; P_2=50,\; P_3=50+x$$

とするとき

$$a_1=1050-(50-x)=1000+x$$

$$a_2=\dfrac{21}{20}(1000+x)-50=1000+\dfrac{21}{20}x$$

$$a_3=\dfrac{21}{20}\left(1000+\dfrac{21}{20}x\right)-(50+x)$$

$$=1000+\left\{\left(\dfrac{21}{20}\right)^2-1\right\}x=1000+\dfrac{41}{400}x$$

よって，$a_3>1000$ のとき

$$1000+\dfrac{41}{400}x>1000$$

$$\dfrac{41}{400}x>0$$

$$x>0$$

ゆえに

$$0<x\leqq 50$$

であり

残りの返済額が毎年減っていけばよい。
$$X>a_1>a_2>\cdots$$
$$>a_n>a_{n+1}>\cdots$$

最初の返済額 X に年利を掛けた金額が $\dfrac{Y}{100}X$ である。

$a_2=\dfrac{21}{20}a_1-P_2$ より。

$a_3=\dfrac{21}{20}a_2-P_3$ より。

⓪：$x=50$ のとき　　　①：$x=10$ のとき

②：$x=-10$ のとき　　③：$x=-50$ のとき

であるから，$a_3 > 1000$ となるのは

⓪，①　◀答

$0 < x \leqq 50$ をみたすのは

　⓪と①

である。

演習4

問題は190ページ

（1）$n \geqq 2$ のとき

$$\boldsymbol{a_n} = S_n - S_{n-1} \text{（②）}\quad ◀答$$

であるから，$n \geqq 2$ における数列 $\{a_n\}$ の一般項は

$$\boldsymbol{a_n} = n^2 - (n-1)^2 = \boldsymbol{2n - 1}\quad ◀答$$

であり，この式に $n = 1$ を代入すると

$$\boldsymbol{2 \cdot 1 - 1 = 1}\quad ◀答$$

で，$S_1 (= 1^2 = 1)$ と等しい。よって，$n \geqq 1$ における

$a_1 = S_1$ が示せた。

数列 $\{a_n\}$ の一般項は

$$a_n = 2n - 1$$

となる。

（2）$n \geqq 2$ における数列 $\{a_n\}$ の一般項は

$$\begin{aligned}\boldsymbol{a_n} &= n^2 + pn + q - \{(n-1)^2 + p(n-1) + q\}\\&= n^2 + pn + q - \{n^2 + (p-2)n - p + q + 1\}\\&= \boldsymbol{2n + p - 1}\quad ◀答\end{aligned}$$

$a_n = S_n - S_{n-1}$

であり，$n \geqq 1$ における数列 $\{a_n\}$ の一般項が

$$a_n = 2n + p - 1$$

となるのは

$$2 \cdot 1 + p - 1 = p + 1$$

$2n + p - 1$ に $n = 1$ を代入。

と

$$S_1 = 1^2 + p \cdot 1 + q = p + q + 1$$

$S_n = n^2 + pn + q$

が等しいときである。

　よって，求める必要十分条件は

$$p + 1 = p + q + 1$$

すなわち

$$q = 0 \text{（⓪）}\quad ◀答$$

である。

（3）（2）の考察より，$S_n = n^2 + pn + q$ において，$n \geqq 2$ における数列 $\{a_n\}$ の一般項と $n \geqq 1$ における数列 $\{a_n\}$ の一般項が同じ式になるのは，$q = 0$ のときである。

ここで，⓪，①，②の S_n はいずれも n^2 の係数が 1 である n の 2 次式であり，定数項が 0 なのは②のみであるから，②は条件を満たす。

$(n-1)(n-2)$
$= n^2 - 3n + 2$
$n(n-1) = n^2 - n$

また，③の S_n は，$n \geqq 2$ のとき
$$a_n = n(n+1)(2n+1) - (n-1)n(2n-1)$$
であり，この式に $n = 1$ を代入すると
$$1 \cdot 2 \cdot 3 - 0 \cdot 1 \cdot 1 = 6$$
で
$$S_1 = 1 \cdot 2 \cdot 3 = 6$$
と等しい。よって，③において，$n \geqq 2$ における数列 $\{a_n\}$ の一般項と $n \geqq 1$ における数列 $\{a_n\}$ の一般項はいずれも
$$a_n = n(n+1)(2n+1) - (n-1)n(2n-1)$$
である。

式を整理すると
a_n
$= n\{2n^2 + 3n + 1$
$\qquad - (2n^2 - 3n + 1)\}$
$= n \cdot 6n$
$= 6n^2$
である。

以上より，条件を満たすものは②，③である。◀◀答

演習5

問題は192ページ

太郎さんの方針において
$$(k+1)^3 - k^3 = 3k^2 + 3k + 1$$
$$= 3k(k+1) + 1 \quad ◀◀答$$

（1）太郎さんの方針より
$$\sum_{k=1}^{n} \{(k+1)^3 - k^3\} = \sum_{k=1}^{n} \{3k(k+1) + 1\}$$
$$= \sum_{k=1}^{n} 3k(k+1) + \sum_{k=1}^{n} 1$$
であるから
$$\sum_{k=1}^{n} \{(k+1)^3 - k^3\} = 3\sum_{k=1}^{n} k(k+1) + n \ (⓪)$$

◀◀答 ……①

①の左辺は

$$\sum_{k=1}^{n}\{(k+1)^3-k^3\}$$

$$=(2^3-1^3)+(3^3-2^3)+\cdots+\{(n+1)^3-n^3\}$$

$$=(n+1)^3-1 \ (⑤) \quad \blacktriangleleft 答$$

であるから

$$(n+1)^3-1=3\sum_{k=1}^{n}k(k+1)+n$$

すなわち

$$3\sum_{k=1}^{n}k(k+1)=(n+1)^3-1-n$$

$$=n^3+3n^2+2n$$

$$=n(n^2+3n+2)$$

$$=n(n+1)(n+2)$$

より

$$\sum_{k=1}^{n}k(k+1)=\frac{1}{3}n(n+1)(n+2) \quad \blacktriangleleft 答$$

（2）$(k+3)-(k-1)=4$ より

$$\frac{1}{4}\{(k+3)-(k-1)\}=1 \quad \blacktriangleleft 答$$

であり

$$k(k+1)(k+2)$$

$$=\frac{1}{4}\{(k+3)-(k-1)\}\cdot k(k+1)(k+2)$$

$$=\frac{1}{4}\{k(k+1)(k+2)(k+3)$$

$$-(k-1)k(k+1)(k+2)\} \ (⓪,\ ⑥) \quad \blacktriangleleft 答$$

である。よって

$$\sum_{k=1}^{n}k(k+1)(k+2)$$

$$=\sum_{k=1}^{n}\frac{1}{4}\{k(k+1)(k+2)(k+3)$$

$$-(k-1)k(k+1)(k+2)\}$$

途中の項が消去できる。

$3\sum_{k=1}^{n}k(k+1)$
$=n(n+1)(n+2)$
の両辺を3で割った。

連続する4つの整数の積
の差の形をつくる。

46

$$= \frac{1}{4} \left[(\overline{1 \cdot 2 \cdot 3 \cdot 4} - 0 \cdot 1 \cdot 2 \cdot 3) + (\overline{2 \cdot 3 \cdot 4 \cdot 5} - \overline{1 \cdot 2 \cdot 3 \cdot 4}) \right.$$
$$+ \cdots + \{ n(n+1)(n+2)(n+3)$$
$$\left. - \overline{(n-1)n(n+1)(n+2)} \} \right]$$

途中の項が消去できる。

より

$$\sum_{k=1}^{n} k(k+1)(k+2) = \frac{1}{4} n(n+1)(n+2)(n+3)$$

と求められる。

（3）　$k(k+1) \cdot \cdots \cdot (k+5)$

（2）と同様にして，連続する7つの整数の積の差の形をつくる。

$$= \frac{1}{7} \{ (k+6) - (k-1) \} \cdot k(k+1) \cdot \cdots \cdot (k+5)$$

$$= \frac{1}{7} \{ k(k+1) \cdot \cdots \cdot (k+6) - (k-1)k \cdot \cdots \cdot (k+5) \}$$

より

$$\sum_{k=1}^{n} \{ k(k+1) \cdot \cdots \cdot (k+5) \}$$

$$= \frac{1}{7} \{ n(n+1) \cdot \cdots \cdot (n+6) - 0 \cdot 1 \cdot \cdots \cdot 6 \}$$

途中の項が消去できる。

$$= \frac{1}{7} n(n+1) \cdot \cdots \cdot (n+6) \ (\textcircled{0}) \ \blacktriangleleft \textcircled{答}$$

演習1

問題は220ページ

（1）大きさ100の無作為標本における当選報告の件数を表す確率変数が X であり，当選報告の母比率は0.2であるから，X は二項分布

$$B(100,\ 0.2)\ (④,\ ②)\ \blacktriangleleft\blacktriangleleft \text{答}$$

に従う。また，標本の大きさ100は十分に大きく，X の平均 $E(X)$ は

$$E(X)=100\cdot0.2=20$$

X の分散 $V(X)$ は

$$V(X)=100\cdot0.2\cdot(1-0.2)=16$$

であるから，X は近似的に正規分布

$$N(20,\ 16)\ \blacktriangleleft\blacktriangleleft \text{答}$$

に従う。

（2）$Z=\dfrac{X-20}{\sqrt{16}}$ とおくと，Z は近似的に $N(0,\ 1)$ に従うので

$$\begin{aligned}
p&=P(X\leqq10)=P(Z\leqq-2.5)\\
&=P(Z\geqq2.5)\\
&=0.5-P(0\leqq Z\leqq2.5)\\
&=0.5-0.4938\\
&=0.0062
\end{aligned}$$

より，小数第4位を四捨五入すると $p=0.006$ である。

$\blacktriangleleft\blacktriangleleft \text{答}$

有意水準5%の棄却域は $Z\leqq-1.96$，$Z\geqq1.96$ であり，有意水準1%の棄却域は $Z\leqq-2.58$，$Z\geqq2.58$ である。$X=10$ のとき $Z=-2.5$ より，仮説検定の結果として，有意水準5%では棄却されるが，有意水準1%では棄却されない。（⓪）$\blacktriangleleft\blacktriangleleft \text{答}$

（3）大きさ100の無作為標本における当選報告の件数が10件以下となる確率について，p は $r=0.2$ のときの確率であるから，$r<0.2$ のとき

100回行う反復試行において，1回の試行で事象 A が起こる確率が0.2であるときの A が起こる回数を X とみなせる。

確率変数 X が二項分布 $B(n,\ p)$ に従うとき
$$E(X)=np$$
$$V(X)=np(1-p)$$

確率変数 X が正規分布 $N(m,\ \sigma^2)$ に従うとき，$Z=\dfrac{X-m}{\sigma}$ とおくと，Z は $N(0,\ 1)$ に従う。

$$\dfrac{10-20}{\sqrt{16}}=-2.5$$

帰無仮説は「母比率が0.2である」，対立仮説は「母比率が0.2でない」なので，両側検定で考える。棄却域に含まれるかどうかは，$0.01<2p<0.05$ から判断してもよい。

$$p_r > p \quad (②) \quad ◀◀答$$

となる。また，標本比率は $\dfrac{10}{100} = 0.1$ であり

$$1.96 \cdot \sqrt{\frac{0.1 \cdot (1 - 0.1)}{100}} = 1.96 \cdot 0.03$$

より

$$C_1 = 0.1 - 1.96 \cdot 0.03$$
$$C_2 = 0.1 + 1.96 \cdot 0.03$$

であるから

$$C_2 - C_1 = 2 \cdot 1.96 \cdot 0.03$$
$$= 0.1176 \quad ◀◀答$$

である。

（4）懸賞キャンペーンに応募した人数を N とすると，当選する人数は $0.2N$ であり，当選報告を投稿する人数は $0.2aN$ である。

同様に，落選する人数は $0.8N$ であり，落選報告を投稿する人数は $0.8bN$ である。

よって，懸賞キャンペーンの投稿の総数は $0.2aN + 0.8bN$ であるから，懸賞キャンペーンの投稿における当選報告の母比率は

$$\frac{0.2aN}{0.2aN + 0.8bN} = \frac{a}{a + 4b} \quad (⑤) \quad ◀◀答$$

となる。

（3）より

$$C_1 \leqq \frac{a}{a + 4b} \leqq C_2$$

であり，$0 < C_1 < C_2$ より，逆数をとって整理すると

$$\frac{1}{C_2} \leqq \frac{a + 4b}{a} \leqq \frac{1}{C_1}$$

$$\frac{1}{C_2} \leqq 1 + \frac{4b}{a} \leqq \frac{1}{C_1}$$

$$\frac{1 - C_2}{C_2} \leqq \frac{4b}{a} \leqq \frac{1 - C_1}{C_1}$$

$$\frac{1 - C_2}{4C_2} \leqq \frac{b}{a} \leqq \frac{1 - C_1}{4C_1}$$

であるから

n が十分に大きいとき，大きさ n の標本における標本比率を R とすると，母比率 r に対する信頼度 95% の信頼区間は

$$R - 1.96\sqrt{\frac{R(1 - R)}{n}} \leqq r$$
$$\leqq R + 1.96\sqrt{\frac{R(1 - R)}{n}}$$

$$D_1 = \frac{1 - C_2}{4C_2} \quad (\text{⑤}) \quad \blacktriangleleft\text{答}$$

$$D_2 = \frac{1 - C_1}{4C_1} \quad (\text{④}) \quad \blacktriangleleft\text{答}$$

と表すことができる。

実際に値を計算すると

$$D_1 \fallingdotseq 1.324, \quad D_2 \fallingdotseq 5.818$$

である。

演習2　問題は222ページ

（1）75歳以上100歳未満の人を無作為に1人選んだときのその人の年齢を表す確率変数を X として，その確率密度関数を $f(x)$ としているので

$$\int_{75}^{100} f(x)\,dx = 1 \quad (\text{④}) \quad \blacktriangleleft\text{答}$$

であり

$$\int_{75}^{100} f(x)\,dx = \frac{1}{k}\int_{75}^{100} F(x)\,dx = 1$$

より

$$k = \int_{75}^{100} F(x)\,dx$$

したがって

$$k = \int_{75}^{100} \{-a(x-100)\}\,dx$$

$$= -a\int_{75}^{100} (x-100)\,dx$$

$$= -a\left[\frac{1}{2}x^2 - 100x\right]_{75}^{100}$$

$$= -a\left\{\frac{1}{2}(100^2 - 75^2) - 100(100 - 75)\right\}$$

$$= -a(100 - 75)\left\{\frac{1}{2}(100 + 75) - 100\right\}$$

$$= -a\cdot25\cdot\left(-\frac{25}{2}\right)$$

$$= \frac{625}{2}a \quad \blacktriangleleft\text{答} \quad\cdots\cdots\cdots\cdots\cdots\cdots ①$$

である。よって

$$E(X) = \int_{75}^{100} xf(x)\,dx$$

$\int_a^b f(x)\,dx$ は，無作為に選んだ1人が a 歳以上 b 歳未満である確率を表す。

$$f(x) = \frac{1}{k}F(x)$$

底辺25，高さ $25a$ の三角形の面積とみて

$$k = \frac{1}{2}\cdot25\cdot25a$$

$$= \frac{625}{2}a$$

と求めてもよい。

$$100^2 - 75^2$$
$$= (100 + 75)(100 - 75)$$

50

$$= \frac{1}{k}\int_{75}^{100} xF(x)\,dx$$

$$= \frac{2}{625a}\int_{75}^{100} x\{-a(x-100)\}\,dx$$

$$= -\frac{2}{625}\int_{75}^{100} x(x-100)\,dx$$

$$= -\frac{2}{625}\left[\frac{1}{3}x^3 - 50x^2\right]_{75}^{100}$$

$$= -\frac{2}{625}\left\{\frac{1}{3}(100^3-75^3) - 50(100^2-75^2)\right\}$$

$$= -\frac{2}{625}(100-75)$$

$$\cdot\left\{\frac{1}{3}(100^2+100\cdot75+75^2)\right.$$

$$\left. -50(100+75)\right\}$$

$$= -\frac{2}{625}\cdot25^3\left\{\frac{1}{3}(4^2+4\cdot3+3^2)-2(4+3)\right\}$$

$$= -50\cdot\left(-\frac{5}{3}\right)$$

$$= \frac{250}{3} \;◀◀\text{答} \;\cdots\cdots\cdots ②$$

$$100^3-75^3$$
$$=(100-75)$$
$$\cdot(100^2+100\cdot75+75^2)$$

であり，a の値を大きくすると，k の値は大きくなるが，$E(X)$ の値は変化しない。（⓪）◀◀答

（2）$\int_0^{75} g(x)\,dx = \frac{1}{k'}\int_0^{75} G(x)\,dx = 1$ より

$$k' = \int_0^{75} G(x)\,dx = \int_0^{75}(bx+c)\,dx$$

$$= \left[\frac{b}{2}x^2 + cx\right]_0^{75}$$

$$= \frac{75^2}{2}b + 75c$$

$$= \frac{75}{2}(75b+2c) \;◀◀\text{答} \;\cdots\cdots ③$$

である。よって

$g(x) = \frac{1}{k'}G(x)$

上底 c, 下底 $75b+c$, 高さ 75 の台形の面積とみて

k'
$= \frac{1}{2}\{c+(75b+c)\}\cdot75$
$= \frac{75}{2}(75b+2c)$
と求めてもよい。

$$E(X') = \int_0^{75} x g(x)\,dx = \frac{75(50b+c)}{75b+2c} \quad \cdots\cdots \text{④}$$

であり，b，c の値を大きくすると，k' の値は大きくなるが，$E(X')$ の値は大きくなることもあれば小さくなることもある。

（3）$H(x) = \begin{cases} G(x) & (0 \leqq x \leqq 75) \\ F(x) & (75 \leqq x \leqq 100) \end{cases}$

とする。（1），（2）の考察より，X'' の確率密度関数を $h(x)$ とし，正の定数 k'' を用いて

$$h(x) = \frac{1}{k''} H(x) \quad (0 \leqq x \leqq 100)$$

で表されると考えれば

$$k'' = \int_0^{100} H(x)\,dx$$
$$= \int_0^{75} G(x)\,dx + \int_{75}^{100} F(x)\,dx$$
$$= k' + k$$

である。よって

$$E(X'') = \int_0^{100} x h(x)\,dx$$
$$= \frac{1}{k''} \int_0^{100} x H(x)\,dx$$
$$= \frac{1}{k''}\left(\int_0^{75} x G(x)\,dx + \int_{75}^{100} x F(x)\,dx\right)$$
$$= \frac{k'\int_0^{75} x g(x)\,dx + k\int_{75}^{100} x f(x)\,dx}{k+k'} \quad (\text{⑥})$$

◀答 $\cdots\cdots$ ⑤

$a = \dfrac{16}{5}$，$b = \dfrac{2}{3}$，$c = 30$ のとき，① より

$$k = \frac{625}{2} \cdot \frac{16}{5} = 125 \cdot 8$$

③ より

$$k' = \frac{75}{2}\left(75 \cdot \frac{2}{3} + 2 \cdot 30\right) = 75 \cdot 55$$

② より

右側欄：

$$\frac{1}{k'} \int_0^{75} x G(x)\,dx$$
$$= \frac{1}{k'}\left[\frac{b}{3}x^3 + \frac{c}{2}x^2\right]_0^{75}$$

を計算して得られる。

$$f(x) = \frac{1}{k}F(x),$$
$$g(x) = \frac{1}{k'}G(x)$$

$$k = \frac{625}{2}a$$

$$k' = \frac{75}{2}(75b+2c)$$

$$\int_{75}^{100} x f(x)\,dx = \frac{250}{3}$$

④より

$$\int_{0}^{75} x g(x)\,dx = \frac{75\left(50\cdot\frac{2}{3}+30\right)}{75\cdot\frac{2}{3}+2\cdot 30}$$

$$= \frac{25\cdot 190}{110} = \frac{475}{11}$$

であるから，⑤より

$$E(X'') = \frac{75\cdot 55\cdot\dfrac{475}{11}+125\cdot 8\cdot\dfrac{250}{3}}{125\cdot 8+75\cdot 55}$$

$$= \frac{3\cdot 75\cdot 5\cdot 475+125\cdot 8\cdot 250}{3\cdot 125\cdot 8+3\cdot 75\cdot 55}$$

$$= \frac{3\cdot 3\cdot 475+8\cdot 250}{24+99}$$

$$= \frac{6275}{123} \quad \blacktriangleleft\text{答}$$

$$E(X) = \int_{75}^{100} x f(x)\,dx$$
$$= \frac{250}{3}$$

$$E(X') = \int_{0}^{75} x g(x)\,dx$$
$$= \frac{75(50b+c)}{75b+2c}$$

分母・分子を 3 倍した。

分母・分子を 5^3 で割った。

53

8 | ベクトル

問題は258ページ

演習1

（1）直線 PI と辺 AB との交点を C とすると，角の二等分線の性質より

$$AC : CB = PA : PB$$
$$= 3 : 2 \quad \cdots\cdots①$$

であるから

$$\overrightarrow{PC} = \frac{2}{3+2}\overrightarrow{PA} + \frac{3}{3+2}\overrightarrow{PB}$$
$$= \frac{2}{5}\overrightarrow{PA} + \frac{3}{5}\overrightarrow{PB} \quad ◀◀答$$

そして，①より

$$AC = \frac{3}{5}AB = 3$$

であるから，角の二等分線の性質より

$$PI : IC = AP : AC = 2 : 1$$

であり

$$\overrightarrow{PI} = \frac{2}{2+1}\overrightarrow{PC}$$
$$= \frac{2}{3}\left(\frac{2}{5}\overrightarrow{PA} + \frac{3}{5}\overrightarrow{PB}\right)$$
$$= \frac{4}{15}\overrightarrow{PA} + \frac{2}{5}\overrightarrow{PB} \quad ◀◀答$$

である。

（2）$\overrightarrow{PQ} = s\overrightarrow{PA}$, $\overrightarrow{PR} = t\overrightarrow{PB}$ より

$$\overrightarrow{PA} = \frac{1}{s}\overrightarrow{PQ}, \quad \overrightarrow{PB} = \frac{1}{t}\overrightarrow{PR}$$

であるから，点 I が線分 QR 上にあるとき

$$\overrightarrow{PI} = \frac{4}{15} \cdot \frac{1}{s}\overrightarrow{PQ} + \frac{2}{5} \cdot \frac{1}{t}\overrightarrow{PR}$$
$$= \frac{4}{15s}\overrightarrow{PQ} + \frac{2}{5t}\overrightarrow{PR} \quad ◀◀答$$

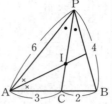

点 C は線分 AB を 3:2 に内分している。

線分 AC の長さを実際に求め，△PAC に着目して，角の二等分線の性質を利用する。

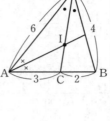

$\overrightarrow{PI} = \dfrac{4}{15s}\overrightarrow{PQ} + \dfrac{2}{5t}\overrightarrow{PR}$ だけでは，s, t の値は決められないが，点 I が線分 QR 上にあり

$$\frac{4}{15s} + \frac{2}{5t} = 1$$

を満たすことから，s, t の値の組を決めることができる。

かつ

$$\frac{4}{15s}+\frac{2}{5t}=1 \blacktriangleleft 答$$

である。

（3）（2）より

$$\frac{4}{15s}+\frac{2}{5t}=1$$

のとき，点 I は線分 QR 上にあるので，（ i ）〜（iii）の s, t に対して，$\frac{4}{15s}+\frac{2}{5t}$ の値と1との大小を調べる。

（ i ）$s=\frac{1}{3}$, $t=\frac{2}{3}$ のとき

$$\frac{4}{15s}+\frac{2}{5t}=\frac{4}{5}+\frac{3}{5}$$
$$=\frac{7}{5}>1$$

であるから，点 I は △PQR の外部にある。（②）

$\blacktriangleleft 答$

（ii）$s=\frac{1}{2}$, $t=\frac{6}{7}$ のとき

$$\frac{4}{15s}+\frac{2}{5t}=\frac{8}{15}+\frac{7}{15}$$
$$=1$$

であるから，点 I は線分 QR 上にある。（⓪）$\blacktriangleleft 答$

（iii）$s=\frac{8}{15}$, $t=\frac{4}{5}$ のとき

$$\frac{4}{15s}+\frac{2}{5t}=\frac{1}{2}+\frac{1}{2}$$
$$=1$$

であるから，点 I は線分 QR 上にある。（⓪）$\blacktriangleleft 答$

> $\frac{4}{15s}+\frac{2}{5t}>1$ のとき
> 点 I は △PQR の外部
>
> $\frac{4}{15s}+\frac{2}{5t}=1$ のとき
> 点 I は線分 QR 上
>
> $\frac{4}{15s}+\frac{2}{5t}<1$ のとき
> 点 I は △PQR の内部

演習2 問題は259ページ

（1）$|\overrightarrow{\mathrm{OA}}|=|\overrightarrow{\mathrm{OB}}|=|\overrightarrow{\mathrm{OC}}|=1$, $\angle\mathrm{AOB}=\angle\mathrm{AOC}=60°$ であるから

$$\overrightarrow{\mathbf{OA}}\cdot\overrightarrow{\mathbf{OB}}=\overrightarrow{\mathbf{OA}}\cdot\overrightarrow{\mathbf{OC}}=1\cdot1\cdot\cos60°$$
$$=\frac{1}{2} \blacktriangleleft 答$$

であり，$\angle\mathrm{BOC}=\theta=30°$ であるから

> △OAB，△OAC は 1 辺 の長さが 1 の正三角形。

$$\overrightarrow{\mathrm{OB}} \cdot \overrightarrow{\mathrm{OC}} = 1 \cdot 1 \cdot \cos 30° = \frac{\sqrt{3}}{2} \quad \blacktriangleleft\text{答}$$

$\overrightarrow{\mathrm{OP}} = \alpha\overrightarrow{\mathrm{OB}} + \beta\overrightarrow{\mathrm{OC}}$ (α, β は実数) とおくと

$$\overrightarrow{\mathrm{AP}} = \overrightarrow{\mathrm{OP}} - \overrightarrow{\mathrm{OA}}$$
$$= -\overrightarrow{\mathrm{OA}} + \alpha\overrightarrow{\mathrm{OB}} + \beta\overrightarrow{\mathrm{OC}}$$

であり

$$\overrightarrow{\mathrm{OB}} \cdot \overrightarrow{\mathrm{AP}} = \overrightarrow{\mathrm{OB}} \cdot (-\overrightarrow{\mathrm{OA}} + \alpha\overrightarrow{\mathrm{OB}} + \beta\overrightarrow{\mathrm{OC}})$$
$$= -\frac{1}{2} + \alpha + \frac{\sqrt{3}}{2}\beta$$
$$\overrightarrow{\mathrm{OC}} \cdot \overrightarrow{\mathrm{AP}} = \overrightarrow{\mathrm{OC}} \cdot (-\overrightarrow{\mathrm{OA}} + \alpha\overrightarrow{\mathrm{OB}} + \beta\overrightarrow{\mathrm{OC}})$$
$$= -\frac{1}{2} + \frac{\sqrt{3}}{2}\alpha + \beta$$

より

$$\begin{cases} -\dfrac{1}{2} + \alpha + \dfrac{\sqrt{3}}{2}\beta = 0 \\ -\dfrac{1}{2} + \dfrac{\sqrt{3}}{2}\alpha + \beta = 0 \end{cases}$$

ゆえに

$$\alpha = \beta = 2 - \sqrt{3}$$

であるから

$$\overrightarrow{\mathrm{OP}} = (2-\sqrt{3})(\overrightarrow{\mathrm{OB}} + \overrightarrow{\mathrm{OC}}) \quad \blacktriangleleft\text{答}$$

である。また，実数 k を用いて

$$\overrightarrow{\mathrm{OD}} = k\overrightarrow{\mathrm{OP}}$$
$$= (2-\sqrt{3})k(\overrightarrow{\mathrm{OB}} + \overrightarrow{\mathrm{OC}})$$

とおくと，点 D が辺 BC 上にあることより

$$(2-\sqrt{3})k + (2-\sqrt{3})k = 1$$
$$(2-\sqrt{3})k = \frac{1}{2}$$

であるから

$$\overrightarrow{\mathrm{OD}} = \frac{1}{2}(\overrightarrow{\mathrm{OB}} + \overrightarrow{\mathrm{OC}})$$

ゆえに

$$\overrightarrow{\mathrm{OM}} = \frac{1}{4}(\overrightarrow{\mathrm{OB}} + \overrightarrow{\mathrm{OC}})$$

であり

点 P は平面 OBC 上にあるので
$$\overrightarrow{\mathrm{OP}} = \alpha\overrightarrow{\mathrm{OB}} + \beta\overrightarrow{\mathrm{OC}}$$
とおくことができる。

$\overrightarrow{\mathrm{OB}} \cdot \overrightarrow{\mathrm{AP}} = 0$

$\overrightarrow{\mathrm{OC}} \cdot \overrightarrow{\mathrm{AP}} = 0$

OB=OC, AB=AC から
$$\alpha = \beta$$
として解いてもよい。

$\overrightarrow{\mathrm{OB}}$ と $\overrightarrow{\mathrm{OC}}$ の係数の和が 1 である。

$$\overrightarrow{OG}=\frac{1}{3}\left(\overrightarrow{OB}+\overrightarrow{OC}\right)$$

であるから，5点 O，P，M，G，D は

$$\mathbf{O} \rightarrow \mathbf{M} \rightarrow \mathbf{P} \rightarrow \mathbf{G} \rightarrow \mathbf{D}\,(\text{③}) \quad \blacktriangleleft\!\!\blacktriangleleft\text{答}$$

の順に並ぶ。

（2）$\overrightarrow{OA}\cdot\overrightarrow{OB}=\overrightarrow{OA}\cdot\overrightarrow{OC}=\dfrac{1}{2}$

$\qquad \overrightarrow{OB}\cdot\overrightarrow{OC}=1\cdot1\cdot\cos\theta=\cos\theta$

より，$\overrightarrow{OP}=l\left(\overrightarrow{OB}+\overrightarrow{OC}\right)$（$l$ は実数）とおくと

$$-\frac{1}{2}+l+l\cos\theta=0$$

$1+\cos\theta\neq0$ より

$$l=\frac{1}{2(1+\cos\theta)}$$

であるから

$$\overrightarrow{\mathbf{OP}}=\frac{1}{2(1+\cos\theta)}\left(\overrightarrow{\mathbf{OB}}+\overrightarrow{\mathbf{OC}}\right) \quad \blacktriangleleft\!\!\blacktriangleleft\text{答}$$

また

$$\overrightarrow{AP}=\overrightarrow{OP}-\overrightarrow{OA}$$

$$=-\overrightarrow{OA}+\frac{1}{2(1+\cos\theta)}\left(\overrightarrow{OB}+\overrightarrow{OC}\right)$$

であり，四面体 OABC がつくられるのは $|\overrightarrow{AP}|^2>0$
のときで

$$|\overrightarrow{AP}|^2=|-\overrightarrow{OA}+l(\overrightarrow{OB}+\overrightarrow{OC})|^2$$

$$=|\overrightarrow{OA}|^2+l^2|\overrightarrow{OB}|^2+l^2|\overrightarrow{OC}|^2$$

$$\qquad -2l\overrightarrow{OA}\cdot\overrightarrow{OB}-2l\overrightarrow{OA}\cdot\overrightarrow{OC}+2l^2\overrightarrow{OB}\cdot\overrightarrow{OC}$$

$$=1+2l^2-2l+2l^2\cos\theta$$

$$=2(1+\cos\theta)l^2-2l+1$$

$$=\frac{1}{l}\cdot l^2-2l+1=-l+1$$

であるから，$-l+1>0$ すなわち

$$\frac{1}{2(1+\cos\theta)}<1$$

$$1+\cos\theta>\frac{1}{2}$$

$$\mathbf{0°<\boldsymbol{\theta}<120°} \quad \blacktriangleleft\!\!\blacktriangleleft\text{答}$$

が θ のとり得る値の範囲である。

△OBC は OB＝OC の
二等辺三角形であり，5
点 O，P，M，G，D は
同一直線上にあるので，
$\overrightarrow{OB}+\overrightarrow{OC}$ の係数の大小
$\left(\dfrac{1}{4}<2-\sqrt{3}<\dfrac{1}{3}<\dfrac{1}{2}\right)$を
比べることで位置関係が
わかる。

$\overrightarrow{OB}\cdot\overrightarrow{AP}=-\dfrac{1}{2}+\alpha+\dfrac{\sqrt{3}}{2}\beta$

$\overrightarrow{OC}\cdot\overrightarrow{AP}=-\dfrac{1}{2}+\dfrac{\sqrt{3}}{2}\alpha+\beta$

のいずれかの式で
$\alpha=\beta=l$ とし，$\dfrac{\sqrt{3}}{2}$ を $\cos\theta$
に替えることで，l につ
いての式が得られる。

l を消去せず式を変形し
ていく方が整理しやすい。

（3）OP＝AP のとき

$$|\overrightarrow{\mathrm{OP}}|^2=|\overrightarrow{\mathrm{AP}}|^2$$

$$|l(\overrightarrow{\mathrm{OB}}+\overrightarrow{\mathrm{OC}})|^2=-l+1$$

$$2l^2(1+\cos\theta)=-l+1$$

$$l=-l+1$$

$$l=\frac{1}{2}$$

よって，$l=\dfrac{1}{2(1+\cos\theta)}$ より

$$\frac{1}{2(1+\cos\theta)}=\frac{1}{2}$$

ゆえに

$$\boldsymbol{\theta=90°}$$ ◀◀答

のときである。

（4）⓪は，$\overrightarrow{\mathrm{OD}}=\dfrac{1}{2}(\overrightarrow{\mathrm{OB}}+\overrightarrow{\mathrm{OC}})$ より正しい。

①は，$\overrightarrow{\mathrm{OP}}=\dfrac{1}{2(1+\cos\theta)}(\overrightarrow{\mathrm{OB}}+\overrightarrow{\mathrm{OC}})$ で，

$0°<\theta<120°$ のとき

$$\frac{1}{4}<\frac{1}{2(1+\cos\theta)}<1$$

ゆえに

$$\frac{1}{4}<l<1$$

であるから，点 P は三角形 OBC の外部にある場合もあり，正しい。

②は，（2）で考えた $\theta=90°$ のとき

$$\overrightarrow{\mathrm{OP}}=\frac{1}{2}(\overrightarrow{\mathrm{OB}}+\overrightarrow{\mathrm{OC}})$$

であり，このとき

$$\mathrm{OP}=\mathrm{BP}=\mathrm{CP}$$

も同時に成り立つため，$\theta=90°$ のときも点 P が三角形 OBC の外接円の中心になるので，誤り。

③は，$\left|\overrightarrow{\mathrm{OP}}\right|^2=\dfrac{1}{2(1+\cos\theta)}$ で，

$\dfrac{1}{2(1+\cos\theta)}$ は $0°<\theta<120°$ において単調増加であ

右側（注釈）：

$\dfrac{1}{l}=2(1+\cos\theta)$ より。

$\dfrac{1}{2}<l<1$ のとき，点 P は三角形 OBC の外部にある。

$\left|\overrightarrow{\mathrm{OP}}\right|^2=2l^2(1+\cos\theta)$ より。

るから，正しい。

　以上より，誤っているものは ② である。 ◀︎答

演習3
問題は261ページ

（1）（ i ） $\vec{b}\cdot\vec{c}=4\cdot3\cos60°=6$ ◀︎答

（ii）AB⊥BD であるから
$$\overrightarrow{AB}\cdot\overrightarrow{BD}=\vec{b}\cdot(x\vec{b}+y\vec{c}-\vec{b})=0$$

すなわち
$$x|\vec{b}|^2+y\vec{b}\cdot\vec{c}=|\vec{b}|^2$$
$$16x+6y=16$$
$$8x+3y=8 \quad ◀︎答 \quad\cdots\cdots\cdots① $$

また，AC ⊥ CD であるから
$$\overrightarrow{AC}\cdot\overrightarrow{CD}=\vec{c}\cdot(x\vec{b}+y\vec{c}-\vec{c})=0$$

すなわち
$$x\vec{b}\cdot\vec{c}+y|\vec{c}|^2=|\vec{c}|^2$$
$$6x+9y=9$$
$$2x+3y=3 \quad ◀︎答 \quad\cdots\cdots\cdots②$$

したがって，①，②より
$$x=\frac{5}{6},\quad y=\frac{4}{9} \quad ◀︎答$$

となるから，$\overrightarrow{AD}=\dfrac{5}{6}\vec{b}+\dfrac{4}{9}\vec{c}$ である。

AD は外接円の直径。

$$\overrightarrow{BD}=\overrightarrow{AD}-\overrightarrow{AB}$$
$$=x\vec{b}+y\vec{c}-\vec{b}$$

$$|\vec{b}|^2=4^2=16$$
$$\vec{b}\cdot\vec{c}=6$$

$$\overrightarrow{CD}=\overrightarrow{AD}-\overrightarrow{AC}$$
$$=x\vec{b}+y\vec{c}-\vec{c}$$

$$|\vec{c}|^2=3^2=9,$$
$$\vec{b}\cdot\vec{c}=6$$

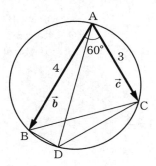

（2）D が B と一致するとき，$|\overrightarrow{BD}|=0$ であるから
$$\overrightarrow{AB}\cdot\overrightarrow{BD}=0$$
が成り立つ。

$$\overrightarrow{AB}\cdot\overrightarrow{BD}$$
$$=|\overrightarrow{AB}||\overrightarrow{BD}|$$
$$\cos(180°-∠ABD)$$

また，D が B と一致するとき，AB が △ABC の外接円の直径であるから，△ABC は ∠C＝90° の直角三角形である。よって，∠ACD＝∠ACB＝90° であるから

$$\overrightarrow{AC} \cdot \overrightarrow{CD} = 0$$

が成り立つ。

以上より，$\overrightarrow{AB} \cdot \overrightarrow{BD} = 0$ と $\overrightarrow{AC} \cdot \overrightarrow{CD} = 0$ はどちらも成り立つ。（③）◀◀答

$\overrightarrow{AC} \cdot \overrightarrow{CD}$
$= |\overrightarrow{AC}||\overrightarrow{CD}|$
$\cos(180° - \angle ACD)$

演習4

（1）点 P は平面 LMN 上の点であるから

$$\overrightarrow{OP} = \overrightarrow{OL} + \alpha\overrightarrow{LM} + \beta\overrightarrow{LN} \quad （②） ◀◀答$$

であり，点 M が線分 AB の中点であるとき

$$\overrightarrow{OL} = \frac{1}{2}\overrightarrow{OA}, \quad \overrightarrow{LM} = \frac{1}{2}\overrightarrow{OB}$$

$$\overrightarrow{LN} = \overrightarrow{ON} - \overrightarrow{OL} = -\frac{1}{2}\overrightarrow{OA} + \frac{3}{4}\overrightarrow{OC}$$

より

$$\overrightarrow{OP} = \frac{1}{2}\overrightarrow{OA} + \frac{\alpha}{2}\overrightarrow{OB} + \beta\left(-\frac{1}{2}\overrightarrow{OA} + \frac{3}{4}\overrightarrow{OC}\right)$$

$$= \frac{1-\beta}{2}\overrightarrow{OA} + \frac{\alpha}{2}\overrightarrow{OB} + \frac{3\beta}{4}\overrightarrow{OC} ◀◀答$$

となり，点 P が辺 BC 上にもあることから

$$\frac{1-\beta}{2} = 0 \ \text{かつ} \ \frac{\alpha}{2} + \frac{3}{4}\beta = 1$$

となるので

$$\alpha = \frac{1}{2}, \ \beta = 1 ◀◀答$$

である。このとき

$$\frac{\alpha}{2} = \frac{1}{2} \cdot \frac{1}{2} = \frac{1}{4}, \quad \frac{3}{4}\beta = \frac{3}{4} \cdot 1 = \frac{3}{4}$$

であるから

$$\overrightarrow{OP} = \frac{1}{4}\overrightarrow{OB} + \frac{3}{4}\overrightarrow{OC}$$

となり

$$BP : PC = 3 : 1 ◀◀答$$

$\overrightarrow{LP} = \alpha\overrightarrow{LM} + \beta\overrightarrow{LN}$ であり
$\overrightarrow{OP} = \overrightarrow{OL} + \overrightarrow{LP}$
である。
L，M はそれぞれ線分 OA，AB の中点であるから
　LM // OB，
　$LM = \frac{1}{2}OB$
である。

$\overrightarrow{OP}$ は $\overrightarrow{OB}$ と $\overrightarrow{OC}$ だけで表すことができ，$\overrightarrow{OB}$ と $\overrightarrow{OC}$ の係数の和は1である。

60

であるから

$$\overrightarrow{NP}=\frac{1}{4}\overrightarrow{OB}, \quad \overrightarrow{LM}=\frac{1}{2}\overrightarrow{OB}$$

より

$$\overrightarrow{NP}/\!/\overrightarrow{LM}$$

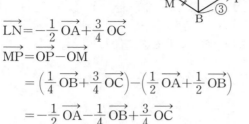

$$\overrightarrow{NP}=\overrightarrow{OP}-\overrightarrow{ON}$$

であり

$$\overrightarrow{LN}=-\frac{1}{2}\overrightarrow{OA}+\frac{3}{4}\overrightarrow{OC}$$

$$\overrightarrow{MP}=\overrightarrow{OP}-\overrightarrow{OM}$$

$$=\left(\frac{1}{4}\overrightarrow{OB}+\frac{3}{4}\overrightarrow{OC}\right)-\left(\frac{1}{2}\overrightarrow{OA}+\frac{1}{2}\overrightarrow{OB}\right)$$

$$=-\frac{1}{2}\overrightarrow{OA}-\frac{1}{4}\overrightarrow{OB}+\frac{3}{4}\overrightarrow{OC}$$

より

LN と MP は平行でない

から，切断面の形は

辺 LM と辺 NP が平行な台形（②） ◀◀答

である。

$\overrightarrow{OA}, \overrightarrow{OC}$ を用いて $\overrightarrow{OB}$ を表すことはできないので，$\overrightarrow{LN}=k\overrightarrow{MP}$ $(k\neq0)$ を満たす k は存在しない。

（2）点 Q は直線 LN 上にあることより，s を実数として

$$\overrightarrow{OQ}=(1-s)\overrightarrow{OL}+s\overrightarrow{ON}$$

$$=\frac{1-s}{2}\overrightarrow{OA}+\frac{3s}{4}\overrightarrow{OC}$$

と表すことができ，点 Q は直線 AC 上にもあることより

$$\frac{1-s}{2}+\frac{3s}{4}=1$$

ゆえに

$$s=2$$

であるから

$$\overrightarrow{OQ}=-\frac{1}{2}\overrightarrow{OA}+\frac{3}{2}\overrightarrow{OC}$$ ◀◀答

であり，点 P が辺 BC 上にあり，線分 BC を $y:(1-y)$ に内分しているので

$$\overrightarrow{AP}=(1-y)\overrightarrow{AB}+y\overrightarrow{AC}$$ （④，③） ◀◀答 …①

点 P が線分 MQ を $z:(1-z)$ に内分する点であるとき

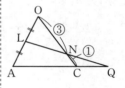

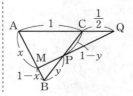

$$\overrightarrow{AP}=(1-z)\overrightarrow{AM}+z\overrightarrow{AQ}$$
$$=x(1-z)\overrightarrow{AB}+\frac{3}{2}z\overrightarrow{AC}\ (◎)\ ◀◀答\ \cdots②$$

$\overrightarrow{AM}=x\overrightarrow{AB},\ \overrightarrow{AQ}=\frac{3}{2}\overrightarrow{AC}$ より。

である。よって，①，②より

$$1-y=x(1-z)\ \cdots\cdots\cdots\cdots\cdots③$$

$$y=\frac{3}{2}z\ \cdots\cdots\cdots\cdots\cdots\cdots④$$

であり，④より $z=\frac{2}{3}y$ であるから，これを③に代入
して z を消去すると

$$1-y=x\left(1-\frac{2}{3}y\right)$$

$$x+y-\frac{2}{3}xy=1$$

$$\mathbf{3x+3y-2xy=3}\quad ◀◀答$$

である。

（3）点 P が辺 BC の中点となるとき，$y=\frac{1}{2}$ であ
るから

$$3x+3\cdot\frac{1}{2}-2x\cdot\frac{1}{2}=3$$

$$2x=\frac{3}{2}$$

$$x=\frac{3}{4}$$

である。よって，点 M は線分 AB を

$$\frac{3}{4}:\left(1-\frac{3}{4}\right)=3:1\quad ◀◀答$$

に内分する点である。

演習5 問題は264ページ

（1）$\overrightarrow{OA}=(1,\ 2,\ 3),\ \overrightarrow{OB}=(x,\ y,\ 0),$
$\overrightarrow{OC}=(-x,\ y,\ 1)$ より

$$\overrightarrow{OA}\cdot\overrightarrow{OB}=1\cdot x+2\cdot y+3\cdot 0=x+2y$$

$$\overrightarrow{OA}\cdot\overrightarrow{OC}=1\cdot(-x)+2\cdot y+3\cdot 1=-x+2y+3$$

であり，$\overrightarrow{OA}\cdot\overrightarrow{OB}=0$ かつ $\overrightarrow{OA}\cdot\overrightarrow{OC}=0$ より

$$x+2y=0\ \text{かつ}\ -x+2y+3=0$$

$\vec{x}=(x_1,\ x_2,\ x_3),$
$\vec{y}=(y_1,\ y_2,\ y_3)$ のとき
$\vec{x}\cdot\vec{y}$
$=x_1y_1+x_2y_2+x_3y_3$

であるから，これを解くと

$$x = \frac{3}{2}, \quad y = \frac{-3}{4} \quad ◀◀\text{答}$$

である。

（2）O，A，B，C は四面体 OABC の頂点であることより

$$\overrightarrow{OA} \neq \vec{0}, \quad \overrightarrow{OB} \neq \vec{0}, \quad \overrightarrow{OC} \neq \vec{0},$$
$$\overrightarrow{AB} \neq \vec{0}, \quad \overrightarrow{BC} \neq \vec{0}, \quad \overrightarrow{CA} \neq \vec{0}$$

としてよい。

OA⊥（平面 OBC）が成り立つとき，$\overrightarrow{OA}$ と，平面 OBC 上の $\vec{0}$ でなく，かつ平行でない 2 つのベクトルがそれぞれ垂直であるから，⓪，③は必要十分条件である。

①，②は，どちらも $\overrightarrow{OA}$ と平面 ABC が垂直となるための必要十分条件であり，不適である。

④は，$\overrightarrow{OA} \cdot \overrightarrow{BC} = 0$ であるが，$|\overrightarrow{OA}| = |\overrightarrow{OB}| = |\overrightarrow{OC}|$ では $\overrightarrow{OA} \cdot \overrightarrow{OB} = 0$ や $\overrightarrow{OA} \cdot \overrightarrow{OC} = 0$ が成り立つとは限らないため，不適である。

⑤も，$\overrightarrow{OA} \cdot \overrightarrow{BC} = 0$ は成り立つが，$\overrightarrow{OA} \cdot \overrightarrow{OB} = 0$ や $\overrightarrow{OA} \cdot \overrightarrow{OC} = 0$ が成り立つとは限らないため，不適である。

以上より，OA⊥（平面 OBC）となるための必要十分条件は

⓪，③ ◀◀答

である。

（3）⓪，①は OA⊥BC と面 OAB についての条件が与えられているので

OA⊥OB

が成り立てば

OA⊥（平面 OBC）

である。

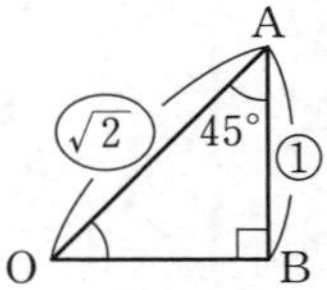

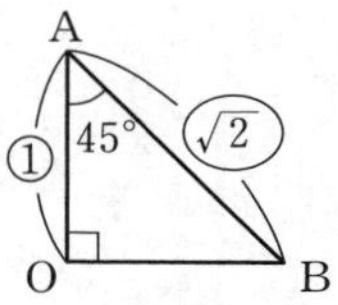

右の図より，∠OAB＝45°のとき

AB＝$\sqrt{2}$ OA

であれば，∠AOB＝90°であり，OA⊥OB が成り立つので，⓪は不適で，①は適している。

（右側の欄外注）

「$\overrightarrow{OB}$ と $\overrightarrow{BC}$」，「$\overrightarrow{OC}$ と $\overrightarrow{BC}$」はそれぞれ平面 OBC 上の $\vec{0}$ でなく，かつ平行でない 2 つのベクトルである。

④，⑤は（1）の四面体 OABC を反例としてもよい。

OB＝OC かつ AB＝AC より $\overrightarrow{OA} \cdot \overrightarrow{BC} = 0$ が成り立つ。

$\sqrt{2}$ AB＝OA だと ∠AOB＝45°になるので⓪は不適である。

②, ③は四面体 OABC のすべての辺の長さがわかっており, いずれも OB＝OC かつ AB＝AC であるから

  OA⊥BC

が成り立っている。

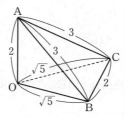

よって, 辺 OA をもつ三角形に着目すると, 右の２つの図より, ②の△OAB において

  ∠AOB＝90°

となるので, ②は適していて, ③は不適である。

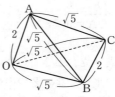

②は △OAC において, ∠AOC＝90° を示してもよい。

③の △OAB や △OAC は

  ∠AOB＝∠AOC≠90°

となるので不適。

以上より, OA⊥(平面 OBC) が成り立つ四面体は

  ①, ② ◀◀答

である。

9 │ 平面上の曲線

演習1

問題は282ページ

（**1**） $A(0,\ 2)$，$P(x,\ y)$ より

$$AP = \sqrt{x^2 + (y-2)^2} \quad \blacktriangleleft 答$$

点Pと直線 $y = -2$ との距離を d とすると

$$d = |y - (-2)|$$
$$= |y + 2| \quad \blacktriangleleft 答$$

であるから，$AP = d$ より

$$\sqrt{x^2 + (y-2)^2} = |y + 2|$$
$$x^2 + (y-2)^2 = (y+2)^2$$
$$x^2 = (y+2)^2 - (y-2)^2$$
$$y = \frac{1}{8}x^2 \quad \blacktriangleleft 答$$

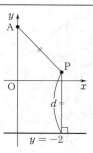

$AP^2 = d^2$

（**2**）（**i**）$C_1 : x^2 + (y-3)^2 = 1$ と C_2 は互いに外接し，C_1 の中心が B，C_2 の中心が Q，C_1 の半径が1，C_2 の半径が r なので

$$BQ = r + 1 \quad \blacktriangleleft 答$$

C_2 は x 軸と C_1 に接するので，$Q(x,\ y)$ について $y = r\ (>0)$ であり，x 軸に平行な直線 $y = k\ (k$ は定数$)$ と Q の距離が $r + 1$ になるのは

$$|r - k| = r + 1$$

すなわち

$$k = -1,\ 2r + 1$$

のときであり，r の値に関係なく定まる x 軸に平行な直線は

$$y = -1 \quad \blacktriangleleft 答$$

65

よって，点 Q は点 $(0, 3)$ と直線 $y = -1$ との距離が等しい点であり，その軌跡は（1）の点 P の軌跡を y 軸方向に $1 (\text{\textcircled{0}})$ だけ平行移動したものと一致する。◀◀答

2円 C_1，C_3 と互いに外接する円 C_4 の半径を r' とすると

$$\text{RB} = 1 + r', \quad \text{RC} = 2 + r'$$

$$\text{RB} = \text{RC} - 1 (\text{\textcircled{3}}) \quad ◀◀答$$

より，点 R は 2 定点 B，C からの距離の差がつねに 1 の点である。よって，その軌跡 A は双曲線（②）の一部である。◀◀答

また，C_1 と C_5，C_3 と C_5 はそれぞれ内接するので，C_5 の中心を S，半径を r'' とすると

$$\text{SB} = r'' - 1, \quad \text{SC} = r'' - 2$$

$$\text{SB} - \text{SC} = 1$$

より，点 S は 2 定点 B，C からの距離の差がつねに 1 の点である。よって，その軌跡 A' も双曲線の一部である。

R が y 軸上にあるとき，R$(0, 1)$

S が y 軸上にあるとき，S$(0, 0)$

したがって，A と A' は直線 $y = \dfrac{1}{2}$ に関して対称であるから，A と A' を合わせた双曲線の中心は $\left(0, \dfrac{1}{2}\right)$ で

点 B$(0, 3)$ と直線 $y = -1$ が，それぞれ（1）の点 A$(0, 2)$ と直線 $y = -2$ を y 軸方向に 1 だけ平行移動したものであることから判断できる。

C_1 と C_3 はともに C_5 の内部にあって C_5 と接している。

双曲線

$$\frac{x^2}{6} - \frac{\left(y - \dfrac{1}{2}\right)^2}{\dfrac{1}{4}} = -1$$

を H とすると，A は H の $y > \dfrac{1}{2}$ の部分であり，A' は H の $y < \dfrac{1}{2}$ の部分である。

あり，焦点はy軸上にある。

　以上より，A'はAをy軸（⓪）方向に -1（③）だけ平行移動し，x軸（⓪）に関して対称移動したものと一致する。◀◀(答)

2点B，Cがこの双曲線の焦点である。

演習2　　　　　　　　　　　　問題は284ページ

（1）（ⅰ）　$y=1$ をCの方程式に代入すると
$$\frac{x^2}{4}=1$$
$$x=\pm2$$
であるから
$$\mathbf{A}(2,\ 1),\ \mathbf{B}(-2,\ 1)\quad ◀◀(答)$$
また，PはA，Bを除くC上の点であるから，$\triangle\mathrm{PAB}$の面積が最大になるのは，PとABの距離が最大になるときで

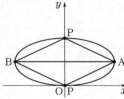

$$\mathrm{P}(0,\ 2)\ または\ \mathrm{P}(0,\ 0)$$
において，$\triangle\mathrm{PAB}$の面積は最大値
$$\frac{1}{2}\cdot4\cdot1=2\quad ◀◀(答)$$
をとる。

（ⅱ）Cの接線で直線 $y=x$ と平行なものの方程式を$y=x+k$ とおくと
$$\frac{x^2}{4}+(x+k-1)^2=1$$
$$x^2+4\{x^2+2(k-1)x+(k-1)^2\}=4$$
$$5x^2+8(k-1)x+4(k-1)^2-4=0\quad\cdots\cdots①$$
この2次方程式が重解をもてばよいので，判別式をDとすると
$$\frac{D}{4}=16(k-1)^2-5\{4(k-1)^2-4\}$$
$$=0$$

C は楕円 $\dfrac{x^2}{4}+y^2=1$ をy軸方向に 1 だけ平行移動したものである。よって，長軸の長さが 4 であることからA，Bの座標を求めてもよい。

図を用いて考えるとわかりやすい。

$y=x+k$ をCの方程式に代入した。

すなわち

$$-4(k-1)^2 + 20 = 0$$
$$k - 1 = \pm\sqrt{5}$$
$$k = \pm\sqrt{5} + 1$$

よって，二つの接線の方程
式は

$$\boldsymbol{y = x + \sqrt{5} + 1}$$ ◀◀(答)
$$y = x - \sqrt{5} + 1$$

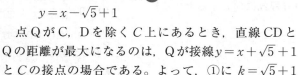

$(k-1)^2$ を展開せずに処理すると効率的である。

点 Q が C，D を除く C 上にあるとき，直線 CD と Q の距離が最大になるのは，Q が接線 $y = x + \sqrt{5} + 1$ と C の接点の場合である。よって，① に $k = \sqrt{5} + 1$ を代入すると

$$5x^2 + 8\sqrt{5}x + 16 = 0$$
$$x = -\frac{4\sqrt{5}}{5}$$

Q は $y = x + \sqrt{5} + 1$ 上の点であるから

$$Q\left(-\frac{4\sqrt{5}}{5},\ \frac{\sqrt{5}}{5} + 1\right)$$

であり，このときの直線 $CD : x - y = 0$ と点 Q の距離は

$$\frac{\left|-\dfrac{4\sqrt{5}}{5} - \dfrac{\sqrt{5}}{5} - 1\right|}{\sqrt{1^2 + (-1)^2}} = \frac{\sqrt{5} + 1}{\sqrt{2}}$$

C，D の x 座標は

$$\frac{x^2}{4} + (x-1)^2 = 1$$
$$x^2 + 4(x-1)^2 = 4$$
$$5x^2 - 8x = 0$$
$$x = 0,\ \frac{8}{5}$$

であるから

$$CD = \sqrt{1 + 1^2}\left|\frac{8}{5} - 0\right| = \frac{8\sqrt{2}}{5}$$

以上より，△QCD の面積の最大値は

$$\frac{1}{2} \cdot \frac{8\sqrt{2}}{5} \cdot \frac{\sqrt{5} + 1}{\sqrt{2}} = \frac{4(\sqrt{5} + 1)}{5}$$ ◀◀(答)

点 (x_0, y_0) と直線 $ax + by + c = 0$ の距離は

$$\frac{|ax_0 + by_0 + c|}{\sqrt{a^2 + b^2}}$$

また，点 Q と直線 CD の距離が，点 C と直線 $y = x + \sqrt{5} + 1$ の距離に等しいことから

$$\frac{|0 - 0 + \sqrt{5} + 1|}{\sqrt{1^2 + (-1)^2}}$$
$$= \frac{\sqrt{5} + 1}{\sqrt{2}}$$

と求めてもよい。

一般に，直線 $y = mx + n$ 上の x 座標が x_1，x_2 となる 2 点間の距離は

$$\sqrt{1 + m^2}\,|x_1 - x_2|$$

で求めることができる。

（2）C'と直線 $y=x$ の交点 E，F の x 座標について

$$\frac{x^2}{4} - (x-2)^2 = 1$$

$$3x^2 - 16x + 20 = 0$$

$$(3x-10)(x-2) = 0$$

であり，F の x 座標は E

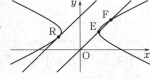

の x 座標より大きいので，

F の x 座標は

$$x = \frac{10}{3} \quad \blacktriangleleft \text{答}$$

また，直線 $y=x$ に平行な接線で，C'の $x<0$ の部分で接するものの方程式を $y=x+\ell$ とおくと

$$\frac{x^2}{4} - (x+\ell-2)^2 = 1$$

$$x^2 - 4\{x^2 + 2(\ell-2)x + (\ell-2)^2\} = 4$$

$$3x^2 + 8(\ell-2)x + 4(\ell-2)^2 + 4 = 0$$

が $x<0$ の範囲に重解をもつ条件を考えればよく，

判別式を D' とすると

$$\frac{D'}{4} = 16(\ell-2)^2 - 3\{4(\ell-2)^2 + 4\} = 0$$

かつ $\ell-2>0$

$$4(\ell-2)^2 - 12 = 0 \text{ かつ } \ell-2>0$$

$$\ell-2 = \pm\sqrt{3} \text{ かつ } \ell-2>0$$

すなわち

$$\ell = 2+\sqrt{3}$$

このとき，接点の座標は

$$\left(-\frac{4\sqrt{3}}{3},\ 2-\frac{\sqrt{3}}{3}\right)$$

であり，R がこの点と一致するとき $\triangle$REF の面積は

最小になる。

直線 $y=x$ と R$\left(-\dfrac{4\sqrt{3}}{3},\ 2-\dfrac{\sqrt{3}}{3}\right)$の距離は

$$\frac{\left|-\dfrac{4\sqrt{3}}{3} - 2 + \dfrac{\sqrt{3}}{3}\right|}{\sqrt{1^2 + (-1)^2}} = \frac{\sqrt{3}+2}{\sqrt{2}}$$

線分 EF の長さは

重解は

$$x = -\frac{8(\ell-2)}{2 \cdot 3}$$

となるので，この値が負になる条件を加える。

接線の方程式は

$$y = x + 2 + \sqrt{3}$$

$$\sqrt{1+1^2}\left|\frac{10}{3}-2\right|=\frac{4\sqrt{2}}{3}$$

であるから，△REFの面積の最小値は

$$\frac{1}{2}\cdot\frac{\sqrt{3}+2}{\sqrt{2}}\cdot\frac{4\sqrt{2}}{3}=\frac{2(\sqrt{3}+2)}{3}$$ ◀◀答

演習3

問題は285ページ

（1）線分 QR の長さは，円盤 D における中心角 θ の
おうぎ形の弧 PR の長さに等しいので

$$\mathbf{QR}=\mathrm{OP}\cdot\theta=\theta\ (②)\quad ◀◀答$$

また，円盤 D の周である円の方程式は $x^2+y^2=1$ な
ので，直線 QR の方程式は

$$x\cos\theta+y\sin\theta=1$$

よって，$\mathrm{Q}(x(\theta),\ y(\theta))$ とおくと，$\theta\neq 0,\ \pi$ のとき

$$y=-\frac{\cos\theta}{\sin\theta}x+\frac{1}{\sin\theta}$$

より

$$\mathrm{QR}=\sqrt{1+\left(-\frac{\cos\theta}{\sin\theta}\right)^2}\,|x(\theta)-\cos\theta|$$

$$=\sqrt{\frac{\sin^2\theta+\cos^2\theta}{\sin^2\theta}}\,|x(\theta)-\cos\theta|$$

$$=\left|\frac{x(\theta)-\cos\theta}{\sin\theta}\right|$$

また，右下の図より，$\theta=\pi$ のとき $x(\theta)=\cos\theta$
であり，$\theta=\pi$ の前後で $x(\theta)$ と $\cos\theta$ の大小関係が
入れ換わることがわかる。

つまり，$0<\theta<\pi$ のとき

$$x(\theta)>\cos\theta$$

$$\text{かつ } \sin\theta>0$$

であり，$\pi<\theta<2\pi$ のとき

$$x(\theta)<\cos\theta$$

$$\text{かつ } \sin\theta<0$$

中心角が θ ラジアンのお
うぎ形の弧の長さは

　（半径）$\times\theta$

円 $x^2+y^2=r^2$ 上の点
$(x_0,\ y_0)$ を接点とする接線
の方程式は

　　$x_0x+y_0y=r^2$

一般に，直線 $y=mx+n$
上の x 座標が $x_1,\ x_2$ とな
る 2 点間の距離は

　　$\sqrt{1+m^2}\,|x_1-x_2|$

で求めることができる。

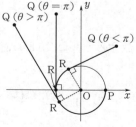

70

より

$$\frac{x(\theta) - \cos\theta}{\sin\theta} = \mathrm{QR}$$

$$x(\theta) = \cos\theta + \mathrm{QR}\sin\theta$$

であり，これは $\theta = 0$，π のときも成り立つ。

よって

$$\boldsymbol{x(\theta) = \cos\theta + \mathrm{QR}\sin\theta} \quad (⓪) \quad ◀◀\text{答}$$

（2）$\mathrm{QR} = \theta$ であるから，（1）の結果より

$$x(\theta) = \cos\theta + \theta\sin\theta$$

であり，$\mathrm{Q}(x(\theta),\ y(\theta))$ は接線 $x\cos\theta + y\sin\theta = 1$ 上の点なので

$$(\cos\theta + \theta\sin\theta)\cos\theta + y(\theta)\sin\theta = 1$$

$$y(\theta)\sin\theta = 1 - \cos^2\theta - \theta\sin\theta\cos\theta$$

$$y(\theta)\sin\theta = \sin^2\theta - \theta\sin\theta\cos\theta$$

$\theta \neq 0$，π のとき，$\sin\theta \neq 0$ より

$$y(\theta) = \sin\theta - \theta\cos\theta$$

であり，これは $\theta = 0$，π のときも成り立つ。

以上より

$$\mathrm{Q}(\cos\theta + \theta\sin\theta,\ \sin\theta - \theta\cos\theta) \quad (④,\ ②)$$

$$◀◀\text{答}$$

$\dfrac{x(\theta) - \cos\theta}{\sin\theta}$ の分母と分子は同符号になるので，分数全体としてはつねに正の数である。

$\mathrm{QR} = \theta$ に関係なく

$$\sin 0 = \sin\pi = 0$$

より，$x(\theta) = \cos\theta$ で R の x 座標と一致する。

$$y(0) = 0,\ y(\pi) = \pi$$

（1）（ i ） $\dfrac{\gamma-\beta}{\alpha-\beta}$ の偏角を ϕ $(0\leqq\phi<2\pi)$ とする。
$\alpha=5+5i$, $\beta=-4+2i$,
$\gamma=-2-2i$ を複素数平面上
に図示すると，ϕ は BA を始
線とする動径 BC の表す角で
あるから

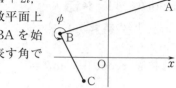

$$\theta=2\pi-\phi$$

であり，$\phi\neq\theta$ であるから，(a)に誤りがある。また

$$\frac{\gamma-\beta}{\alpha-\beta}=\frac{2-4i}{9+3i}=\frac{(2-4i)(9-3i)}{(9+3i)(9-3i)}=\frac{1-7i}{15}$$

より

$$\left|\frac{\gamma-\beta}{\alpha-\beta}\right|=\sqrt{\left(\frac{1}{15}\right)^2+\left(-\frac{7}{15}\right)^2}=\frac{\sqrt{2}}{3}$$

であるから，(b)，(c)はどちらも正しい。

よって，太郎さんの答案の(a)に誤りがある。(⓪)　◀◀答

この場合，θ は BC を始線
とする動径 BA の表す角
とみることができるから

$$\frac{\alpha-\beta}{\gamma-\beta}$$
$$=\left|\frac{\alpha-\beta}{\gamma-\beta}\right|(\cos\theta+i\sin\theta)$$

とすれば正しい式になる。

（ ii ） 4 点 A，B，C，D が
この順で反時計回りに並ぶ
とき，右の図のようになり，
$\angle\text{CDA}=\varphi$ とおくと

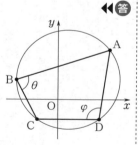

$$\theta+\varphi=\pi$$

よって

$$(\cos\theta+i\sin\theta)$$
$$\cdot(\cos\varphi+i\sin\varphi)$$
$$=\cos(\theta+\varphi)+i\sin(\theta+\varphi)=\cos\pi+i\sin\pi$$
$$=-1\quad◀◀答$$

このとき，$\theta=\arg\dfrac{\alpha-\beta}{\gamma-\beta}$，$\varphi=\arg\dfrac{\gamma-\delta}{\alpha-\delta}$ であるから

$$\frac{\alpha-\beta}{\gamma-\beta}\cdot\frac{\gamma-\delta}{\alpha-\delta}\ \text{は 0 でない実数}$$

したがって，$\dfrac{\gamma-\beta}{\alpha-\beta}\cdot\dfrac{\alpha-\delta}{\gamma-\delta}$ は実数 (⓪) である。◀◀答

円に内接する四角形の向
かい合う内角の和は π で
ある。

θ は BC を始線とする動径
BA の表す角，φ は DA を
始線とする動径 DC の表
す角とみることができる。

0 でない実数の逆数は実数
である。

（2）（ⅰ）（ⅱ）の考察より，$\dfrac{\gamma-\beta}{\alpha-\beta}\cdot\dfrac{\alpha-\delta}{\gamma-\delta}$ が実数ならば，4点A，B，C，D は一つの円周上にある。

$$\frac{\alpha-\delta}{\gamma-\delta}=\frac{5+5i-(4+ki)}{-2-2i-(4+ki)}$$

$$=\frac{1-(k-5)i}{-6-(k+2)i}$$

$$=\frac{\{1-(k-5)i\}\{-6+(k+2)i\}}{\{-6-(k+2)i\}\{-6+(k+2)i\}}$$

$$=\frac{k^2-3k-16+7(k-4)i}{36+(k+2)^2}$$

より

$$\frac{\gamma-\beta}{\alpha-\beta}\cdot\frac{\alpha-\delta}{\gamma-\delta}$$

$$=\frac{1-7i}{15}\cdot\frac{k^2-3k-16+7(k-4)i}{36+(k+2)^2}$$

15，$36+(k+2)^2$ は実数であるから，$\dfrac{\gamma-\beta}{\alpha-\beta}\cdot\dfrac{\alpha-\delta}{\gamma-\delta}$ が実数であることより，分子の虚部を考えて

$$1\cdot7(k-4)-7(k^2-3k-16)=0$$

$$7(k^2-4k-12)=0$$

$$(k-6)(k+2)=0$$

よって，4点 A，B，C，D が一つの円周上にあるとき，**k = 6，−2** である。◀◀答

また，右の図のように，3点A，B，C を通る円と，実部が4である点の集合である直線の交点がD(δ) である。k は δ の虚部なので，$k=6$ のとき，4点は反時計回りに

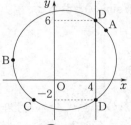

$$A \longrightarrow D \longrightarrow B \longrightarrow C \,(④) ◀◀答$$

の順に並び，$k=-2$ のとき，4点は反時計回りに

$$A \longrightarrow B \longrightarrow C \longrightarrow D \,(⓪) ◀◀答$$

の順に並ぶ。

4点 A, B, C, D が一つの円周上にあるとき

$$\arg\frac{\alpha-\beta}{\gamma-\beta}+\arg\frac{\gamma-\delta}{\alpha-\delta}$$
$$=\pi$$

または

$$\arg\frac{\alpha-\beta}{\gamma-\beta}+\arg\frac{\gamma-\delta}{\alpha-\delta}$$
$$=2\pi$$

であり

$$\arg\frac{\alpha-\beta}{\gamma-\beta}+\arg\frac{\gamma-\delta}{\alpha-\delta}$$
$$=2\pi$$

のときも

$$(\cos\theta+i\sin\theta)$$
$$\cdot(\cos\varphi+i\sin\varphi)$$
$$=\cos2\pi+i\sin2\pi$$
$$=1$$

より，$\dfrac{\gamma-\beta}{\alpha-\beta}\cdot\dfrac{\alpha-\delta}{\gamma-\delta}$ は実数である。

複素数 $a+bi$ が実数であるとき，$b=0$ である。

（1）（ i ）A′($α_1$) は，C($γ$)を中心として，B($β$)を $\dfrac{π}{3}$ だけ回転した点であるから，

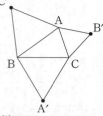

$w = \cos\dfrac{π}{3} + i\sin\dfrac{π}{3}$ とおくと

$$α_1 - γ = w(β - γ)$$
$$\boldsymbol{α_1 = w(β-γ) + γ}\,（②）$$

◀◀答 ………… ①

（ ii ）$β_1$，$γ_1$ についても（ i ）と同様にして

$$β_1 = w(γ-α) + α \quad\cdots\cdots\cdots\cdots② $$
$$γ_1 = w(α-β) + β \quad\cdots\cdots\cdots\cdots③ $$

であるから，①〜③を辺々足すと

$$\boldsymbol{α_1 + β_1 + γ_1} = w(β-γ) + γ + w(γ-α) + α$$
$$+ w(α-β) + β$$
$$= α + β + γ\,（⑦）\quad◀◀答$$

また，このとき

$$\dfrac{α_1 + β_1 + γ_1}{3} = \dfrac{α + β + γ}{3}$$

が成り立つから，任意の △ABC とそれに対応する △A′B′C′ について，△ABC と △A′B′C′ はつねに重心が一致する（⓪）。◀◀答

（2）P($α_2$)，Q($β_2$)，R($γ_2$)，S($δ_2$)とする。(1)(i)と同様に，$w = \cos\dfrac{π}{3} + i\sin\dfrac{π}{3}$ とおくと

$$α_2 = w(α-β) + β$$
$$β_2 = w(β-γ) + γ$$
$$γ_2 = w(γ-δ) + δ$$
$$δ_2 = w(δ-α) + α$$

四角形 PQRS が正方形のとき，二つの対角線 PR，QS はそれぞれの中点で交わるので

$$\dfrac{α_2 + γ_2}{2} = \dfrac{β_2 + δ_2}{2}$$

よって

$$α_2 + γ_2 - (β_2 + δ_2)$$
$$= w(α - β + γ - δ) + β + δ$$
$$- w(β - γ + δ - α) - γ - α$$

複素数平面上で，点 z を，点 z_0 を中心として角 $θ$ だけ回転した点を $z′$ とすると

$$z′$$
$$= (\cos θ + i\sin θ)(z - z_0)$$
$$+ z_0$$

B′($β_1$) は，A($α$) を中心に，C($γ$) を $\dfrac{π}{3}$ だけ回転した点であり，C′($γ_1$) は，B($β$) を中心に，A($α$) を $\dfrac{π}{3}$ だけ回転した点である。

正方形は平行四辺形の特別な場合であるから，平行四辺形の性質をもつ。ただし，この逆は必ずしも成り立たないことに注意する。

$$= 2w(\alpha - \beta + \gamma - \delta) - (\alpha - \beta + \gamma - \delta)$$
$$= (2w - 1)(\alpha - \beta + \gamma - \delta) = 0$$

$w \neq \dfrac{1}{2}$ より，$2w - 1 \neq 0$ であるから

$$\alpha - \beta + \gamma - \delta = 0 \quad \cdots\cdots\cdots\cdots\cdots ④$$
$$\frac{\alpha + \gamma}{2} = \frac{\beta + \delta}{2}$$

よって，二つの対角線 AC，BD がそれぞれの中点で交わるので，四角形 ABCD は平行四辺形である。

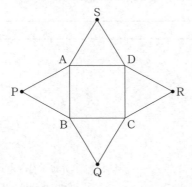

また，P は，Q を中心として，R を $\dfrac{\pi}{2}$ だけ回転した点であるから

$$\alpha_2 - \beta_2 = \left(\cos\frac{\pi}{2} + i\sin\frac{\pi}{2}\right)(\gamma_2 - \beta_2)$$
$$w(\alpha - \beta) - w(\beta - \gamma) + \beta - \gamma$$
$$= i\{w(\gamma - \delta) - w(\beta - \gamma) + \delta - \gamma\}$$

④より，$\delta - \gamma = \alpha - \beta$ であるから

$$w(\alpha - \beta) - w(\beta - \gamma) + \beta - \gamma$$
$$= i\{-w(\alpha - \beta) - w(\beta - \gamma) + \alpha - \beta\}$$

よって

$$(\alpha - \beta)(w + iw - i) = (\beta - \gamma)(w - iw - 1)$$
$$= (\gamma - \beta)(-w + iw + 1)$$
$$= i(\gamma - \beta)(iw + w - i)$$

$w = \cos\dfrac{\pi}{3} + i\sin\dfrac{\pi}{3} = \dfrac{1}{2} + \dfrac{\sqrt{3}}{2}i$ より

$$w + iw - i = \frac{1}{2} + \frac{\sqrt{3}}{2}i + \frac{i}{2} - \frac{\sqrt{3}}{2} - i$$

二つの対角線 PR，QS がそれぞれの中点で交わることに，この条件を合わせることで，四角形 PQRS が正方形となる必要十分条件となる。

2 辺 AB，BC の関係を調べるために，δ を消去した式を考える。

$\alpha - \beta$ と $\beta - \gamma$ の関係を調べるために，これらを含む項をまとめる。

$i^2 = -1$

75

$$= \frac{1-\sqrt{3}}{2}(1-i) \neq 0$$

であるから

$$\alpha - \beta = i(\gamma - \beta)$$

すなわち，A は B を中心として，C を $\dfrac{\pi}{2}$ だけ回転 $\quad \cos\dfrac{\pi}{2}+i\sin\dfrac{\pi}{2}=i$

した点である。

　　以上より，四角形 **ABCD** は必ず正方形になる。

（⓪）◀◀**答**

演習3

問題は308ページ

（**1**）$z\overline{w}=1$ より

$$\overline{\overline{z}w} = \overline{1}$$

$$\overline{z}w = 1$$

$$w = \frac{1}{\overline{z}}$$

（**i**）$z = 1+i$ のとき

$$\boldsymbol{w} = \frac{1}{1-i} = \frac{1+i}{(1-i)(1+i)}$$

$$= \frac{1}{2} + \frac{1}{2}i \quad ◀◀\text{答}$$

分母・分子に $1+i$ をか
けて，分母を実数にする。

$z = 2i$ のとき

$$\boldsymbol{w} = \frac{1}{-2i} = \frac{i}{-2i \cdot i}$$

$$= \frac{1}{2}i \quad ◀◀\text{答}$$

$z = -1+i$ のとき

$$\boldsymbol{w} = \frac{1}{-1-i} = \frac{-1+i}{(-1-i)(-1+i)}$$

$$= \frac{-1}{2} + \frac{1}{2}i \quad ◀◀\text{答}$$

分母・分子に $-1+i$ をか
けて，分母を実数にする。

（**ii**）点 z は i を中心とする半径 1 の円周上を動くの
で，z は

$$|z-i| = 1 \,(\text{③}) \quad ◀◀\text{答}$$

を満たす。$z = \dfrac{1}{\overline{w}}$ および $\overline{w} \neq 0$ より

$z\overline{w}=1$ より。

$$\left|\frac{1}{\overline{w}}-i\right|=1 \qquad |1-i\overline{w}|=|\overline{w}|$$

両辺を2乗して

$$(1-i\overline{w})(1+iw)=w\overline{w}$$
$$1+i(w-\overline{w})=0$$

よって

$$\boldsymbol{w-\overline{w}}=\frac{-1}{i}=i \quad (②) \quad \blacktriangleleft\text{答}$$

複素数 Z について
$$|Z|^2=Z\overline{Z}$$

（2）α を0でない複素数とし，点 z が $|z-\alpha|=|\alpha|$ を満たしながら動くとき

$$\left|\frac{1}{\overline{w}}-\alpha\right|=|\alpha|$$

$$|1-\alpha\overline{w}|=|\alpha||\overline{w}|$$

両辺を2乗して

$$(1-\alpha\overline{w})(1-\overline{\alpha}w)=\alpha\overline{\alpha}w\overline{w}$$
$$\alpha\overline{w}+\overline{\alpha}w=1$$

$\alpha\neq0$ より，両辺を $\alpha\overline{\alpha}$ で割ると

$$\frac{\overline{w}}{\overline{\alpha}}+\frac{w}{\alpha}=\frac{1}{\alpha\overline{\alpha}}$$

よって，$\dfrac{w}{\alpha}$ は実数 k を用いて

$$\frac{w}{\alpha}=\frac{1}{2\alpha\overline{\alpha}}+ki \quad \cdots\cdots\cdots\cdots\cdots ①$$

（1）（ii）では
$$|z-i|=|i|$$
について考えているので，i を α に変えて同様に処理していく。

で表される。ここで，$\alpha=r(\cos\theta+i\sin\theta)$ $(r>0,$ $0\leqq\theta<2\pi)$ とすると

$$w=\left(\frac{1}{2\alpha\overline{\alpha}}+ki\right)\alpha$$

$$=\left(\frac{1}{2r^2}+ki\right)\cdot r(\cos\theta+i\sin\theta)$$

$\alpha\neq0$ より。

$\alpha\overline{\alpha}=|\alpha|^2=r^2$

よって，w は，点 $\dfrac{1}{2r^2}$ を通り虚軸に平行な直線上の点を，原点を中心として θ だけ回転し，原点からの距離を r 倍に拡大した点とみることができる。つまり，点 w が描く図形は，右の図のような原点を通らない直線（⓪）である。 $\blacktriangleleft$答

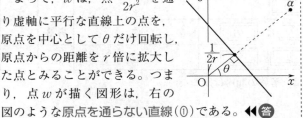

直線と原点の距離は
$$\frac{1}{2r^2}\cdot r=\frac{1}{2r}$$

解 答

問 題番 号（配点）	解 答 記 号	正 解	配点	自己採点
第1問（15）	アイ	21	2	
	ウエ	20	2	
	オ	④	3	
	カ√キ（√ク + ケ）	$5\sqrt{2}(\sqrt{3}+1)$	2	
	コ√サ（√シ + ス）	$5\sqrt{2}(\sqrt{3}+1)$	2	
	セ	②	4	
第2問（15）	$\log_3 \dfrac{\boxed{ア}}{\boxed{イ}}$	$\log_3 \dfrac{3}{2}$	1	
	$1 - \log_3 \boxed{ウ}$	$1 - \log_3 2$	1	
	$\log_3\left(\boxed{エ} + \dfrac{\boxed{オ}}{a}\right)$	$\log_3\left(1 + \dfrac{1}{a}\right)$	2	
	カ	①	2	
	キ, ク, ケ	①, ③, ⑦	各2	
	コ, サ, シ	④, ⑥, ⑧※	3	

正解欄に※があるものは，解答の順序は問わない。

問題番号 （配点）	解答記号	正解	配点	自己採点
第3問 （22）	$x-\boxed{\text{ア}}$	$x-2$	1	
	$\boxed{\text{イ}}\,x+\boxed{\text{ウ}},\ x+\boxed{\text{エ}}$	$-x+5,\ x+1$	各1	
	$(\boxed{\text{オ}},\boxed{\text{カ}}),\ (\boxed{\text{キ}},\boxed{\text{ク}})$	$(1,\ 4),\ (3,\ 4)$	2	
	$\boxed{\text{ケコ}}^\circ$	90°	1	
	$\dfrac{\boxed{\text{サ}}}{\boxed{\text{シ}}}$	$\dfrac{1}{3}$	2	
	$\boxed{\text{ス}}$	⓪	1	
	$-\dfrac{1}{\boxed{\text{セ}}\,a},\ \boxed{\text{ソ}}$	$-\dfrac{1}{4a},\ $ ⓪	各2	
	$\dfrac{a}{\boxed{\text{タチ}}}(\beta-\alpha)^{\boxed{\text{ツ}}}$	$\dfrac{a}{12}(\beta-\alpha)^3$	2	
	$\boxed{\text{テ}}$	①	1	
	$\dfrac{1}{2}u^2-\boxed{\text{ト}}\,u+\dfrac{\boxed{\text{ナニ}}}{\boxed{\text{ヌ}}}$	$\dfrac{1}{2}u^2-2u+\dfrac{11}{2}$	2	
	$\boxed{\text{ネ}},\ \dfrac{\boxed{\text{ノ}}}{\boxed{\text{ハ}}}$	$2,\ \dfrac{7}{2}$	1	
	$\boxed{\text{ヒ}}$	3	3	
第4問 （16）	$\boxed{\text{ア}},\ \boxed{\text{イ}}$	②, ⑤	各2	
	$\boxed{\text{ウ}}^{\,n}-\boxed{\text{エ}}^{\,n}$	3^n-2^n	2	
	$\dfrac{\boxed{\text{オ}}}{\boxed{\text{カ}}^{\,n}}+\dfrac{\boxed{\text{キ}}}{\boxed{\text{カ}}\cdot\boxed{\text{ク}}^{\,n-1}}$	$\dfrac{5}{2^n}+\dfrac{3}{2\cdot5^{n-1}}$	3	
	$\boxed{\text{ケ}},\ \dfrac{\boxed{\text{コ}}}{n(n+\boxed{\text{サ}})}$	②, $\dfrac{2}{n(n+1)}$	各2	
	$\dfrac{n(n+\boxed{\text{シ}})(n+\boxed{\text{ス}})}{\boxed{\text{セ}}}$	$\dfrac{n(n+1)(n+2)}{6}$	3	

問題番号 （配点）	解答記号	正解	配点	自己採点
第5問 （16）	ア ， イ	③， ①	各1	
	$\dfrac{\text{ウエオ}}{\text{カ}}\sigma$	$\dfrac{500}{3}\sigma$	2	
	キクケコ ， サシスセ	1902， 2098	各2	
	ソ ， タ	②， ③	3	
	チ ， ツ	②， ⓪	各1	
	テ	①	3	
第6問 （16）	ア	1	1	
	$\dfrac{\text{イウ}}{\text{エオ}}$ ， $\dfrac{\text{カ}}{\text{キク}}$ ， $\dfrac{\text{ケ}}{\text{コサ}}$	$\dfrac{36}{49}$ ， $\dfrac{9}{49}$ ， $\dfrac{4}{49}$	3	
	シ ， $\dfrac{\text{ス}}{\text{セ}}$	1， $\dfrac{6}{7}$	各1	
	ソ ， $\dfrac{\text{タチ}}{\text{ツテ}}$	⓪， $\dfrac{13}{36}$	各2	
	ト ， ナ ， ニ	②， ④， ⓪	各2	
第7問 （16）	$\dfrac{t^2+\boxed{\text{ア}}}{\boxed{\text{イ}}}$ ， $\dfrac{t^2+\boxed{\text{ア}}}{\boxed{\text{ウ}}}$	$\dfrac{t^2+1}{2}$ ， $\dfrac{t^2+1}{2}$	各1	
	エ	③	2	
	オ ， カ	②， ④	2	
	キ	①	2	
	$-\dfrac{\boxed{\text{ク}}}{\boxed{\text{ケ}}}x^2+\dfrac{\boxed{\text{コ}}}{\boxed{\text{サ}}}$	$-\dfrac{1}{2}x^2+\dfrac{1}{2}$	3	
	シ	⓪	2	
	$\dfrac{\boxed{\text{ス}}\sqrt{\boxed{\text{セ}}}}{\boxed{\text{ソ}}}$	$\dfrac{4\sqrt{2}}{3}$	3	

合計点

第1問

（1）観覧車が回転する円の中心の地面からの高さ
は，$20+1=21$（m）であるから，乗降場を出発して
から3分後のゴンドラの地面からの高さは

$$21-20\cos\left(\frac{\pi}{6}\cdot3\right)=21-20\cos\frac{\pi}{2}$$
$$=21\,(\text{m}) \quad \blacktriangleleft\text{答}$$

ゴンドラは1分間に
$$\frac{2\pi}{12}=\frac{\pi}{6}$$
だけ回転する。

　右の図のように，観覧車
の回転の中心を O，ゴンド
ラを動点 P として，乗降場
を出発してから t 分後のゴ
ンドラの地面からの高さを
h とすると

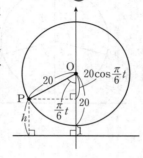

$$h=21-20\cos\frac{\pi}{6}t \quad (④)$$

である。 $\blacktriangleleft$ 答

（2）1番のゴンドラと3番のゴンドラが同じ高さに
なるときの高さを

$$h_1,\ h_2 \quad (h_1<h_2)$$

とする。右の図のように，
1番のゴンドラについて

$$\frac{\pi}{6}t=\frac{\pi}{12}\ \text{のときの}$$
　　高さが h_1

$$\frac{\pi}{6}t=\frac{13}{12}\pi\ \text{のときの}$$
　　高さが h_2

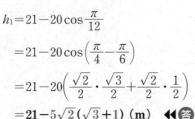

1番のゴンドラを①，
3番のゴンドラを③として
図示した。

であるから

$$h_1=21-20\cos\frac{\pi}{12}$$

$$=21-20\cos\left(\frac{\pi}{4}-\frac{\pi}{6}\right)$$

$$=21-20\left(\frac{\sqrt{2}}{2}\cdot\frac{\sqrt{3}}{2}+\frac{\sqrt{2}}{2}\cdot\frac{1}{2}\right)$$

$$=21-5\sqrt{2}(\sqrt{3}+1)\,(\text{m}) \quad \blacktriangleleft\text{答}$$

加法定理より。

であり

$$h_2 = 21 - 20\cos\frac{13}{12}\pi$$

$$= 21 + 20\cos\frac{\pi}{12}$$

$$= 21 + 5\sqrt{2}\,(\sqrt{3}+1)\ (\mathrm{m})\ \text{◀◀答}$$

である。

　また，ゴンドラが乗降場を出発してから t_1 分後に $16\,\mathrm{m}$ より高くなるとすると，ゴンドラは $(12-t_1)$ 分後に $16\,\mathrm{m}$ より低くなるので

$$T = (12-t_1) - t_1$$
$$= 12 - 2t_1$$

である。ここで

$$16 = 21 - 20\cos\frac{\pi}{6}t_1$$

$$\cos\frac{\pi}{6}t_1 = \frac{1}{4}$$

であり

$$\cos\frac{5}{12}\pi = \cos\left(\frac{\pi}{4}+\frac{\pi}{6}\right)$$

$$= \frac{\sqrt{2}}{2}\cdot\frac{\sqrt{3}}{2} - \frac{\sqrt{2}}{2}\cdot\frac{1}{2}$$

$$= \frac{\sqrt{6}-\sqrt{2}}{4} > \frac{1}{4}$$

であるから

$$\cos\frac{5}{12}\pi > \cos\frac{\pi}{6}t_1 > \cos\frac{\pi}{2}$$

$$\frac{5}{12}\pi < \frac{\pi}{6}t_1 < \frac{\pi}{2}$$

$$5 < 2t_1 < 6$$

であり

$$6 < 12 - 2t_1 < 7$$

ゆえに

$$6 < T < 7\ (\text{②})\ \text{◀◀答}$$

右側：

$$\cos(\theta+\pi) = -\cos\theta$$

$\cos\dfrac{6}{12}\pi = 0,\ \cos\dfrac{4}{12}\pi = \dfrac{1}{2},$

$0 < \dfrac{1}{4} < \dfrac{1}{2}$ より $\cos\dfrac{5}{12}\pi$ の値を調べる。

加法定理より。

$(\sqrt{6}-\sqrt{2})^2 = 8-4\sqrt{3}$ と $(4\sqrt{3})^2 = 48$ より，$4\sqrt{3} < 7$ であるから

$$\sqrt{6}-\sqrt{2} > 1$$

$$\frac{\pi}{2} = \frac{5}{12}\pi + \frac{\pi}{12}$$

図中：$\dfrac{\pi}{6}T$，$\dfrac{\pi}{6}t_1$，O，P，16m，16m

第2問

（1）$x_1 = 2$, $x_2 = 3$ のとき

$$\frac{f(3) - f(2)}{3 - 2} = \log_3 3 - \log_3 2$$

$$= \log_3 \frac{3}{2} \quad \blacktriangleleft \text{答}$$

$$= 1 - \log_3 2 \quad \blacktriangleleft \text{答}$$

> $f(x) = \log_3 x$

であり，x が a から $a+1$ まで変化したときの y の平均変化率は

$$\frac{\log_3(a+1) - \log_3 a}{a+1-a} = \log_3 \frac{a+1}{a}$$

$$= \log_3\left(1 + \frac{1}{a}\right) \quad \blacktriangleleft \text{答}$$

であり，a の値が大きくなると，$1 + \dfrac{1}{a}$ は 1 より大きい値から 1 に近づくから，$\log_3\left(1 + \dfrac{1}{a}\right)$ は 0 より大きい値から 0 に近づく。

> $\dfrac{1}{a}$ は 0 より大きい値から 0 に近づく。
>
> $\log_3 1 = 0$

　よって，a の値が大きくなると，y の平均変化率は小さくなる。（⓪）　$\blacktriangleleft \text{答}$

（2）(i) の $y = \log_3 9x$ のグラフは

$$y = \log_3 9x$$

$$= \log_3 9 + \log_3 x$$

$$= \log_3 x + 2$$

より，$y = \log_3 x$ のグラフを y 軸方向に 2 だけ平行移動したものである。よって，$y = \log_3 x$ のグラフ上の点 $(1, 0)$，$(3, 1)$ がそれぞれ $(1, 2)$，$(3, 3)$ に平行移動しているものを探せばよく，正しくかかれているものは①である。$\blacktriangleleft \text{答}$

> x 座標が 1，3 の点に着目すると選びやすい。

　(ii) の $y = \log_3 x^2$ のグラフは

$$y = \log_3 x^2 = 2\log_3 x$$

より，$y = \log_3 x$ のグラフを y 軸方向に 2 倍に拡大したものである。よって，$y = \log_3 x$ のグラフ上の点 $(1, 0)$，$(3, 1)$ はそれぞれ $(1, 0)$，$(3, 2)$ に移るので，正しくかかれているものは⑨である。$\blacktriangleleft \text{答}$

(iii)の $x = \log_3 y$ のグラフは，対数の定義より

$$y = 3^x$$

であり，$y = 3^x$ のグラフは点 $(0,\ 1)$，$(1,\ 3)$ を通るので，正しくかかれているものは⑦である。◀◀答

（**3**）問題で与えられているグラフは2点 $(1,\ 2)$，$(3,\ 4)$ を通り，（1）(ii)の $y = \log_3 x^2$ のグラフは2点 $(1,\ 0)$，$(3,\ 2)$ を通るので，問題で与えられているグラフは

$y = \log_3 x^2$ のグラフを，

y 軸方向に2だけ平行移動したグラフ

だとわかる。よって，求める関数の式は

$$y = \log_3 x^2 + 2$$

であるから，⑧が正しいことがわかる。

⓪～⑨の残りの式から⑧と同値な式を探すと

④：$\log_3 x^2 + 2 = 2\log_3 x + 2$

⑥：$2\log_3 3x = 2(\log_3 x + 1) = 2\log_3 x + 2$

であり，これ以外の式は同値でないため，正しいものは

④，⑥，⑧ ◀◀答

第3問

（**1**）$f(x) = \dfrac{1}{2}x^2 - 2x + \dfrac{11}{2}$ より

$$\boldsymbol{f'(x) = x - 2} \quad ◀◀答$$

C 上の点 $\left(t,\ \dfrac{1}{2}t^2 - 2t + \dfrac{11}{2}\right)$ における接線の方程式は

$$y = (t-2)(x-t) + \left(\dfrac{1}{2}t^2 - 2t + \dfrac{11}{2}\right)$$

ゆえに

$$y = (t-2)x - \dfrac{1}{2}t^2 + \dfrac{11}{2} \quad \cdots\cdots\cdots① $$

①が $\mathrm{P}(2,\ 3)$ を通るとき

$$3 = (t-2)\cdot 2 - \dfrac{1}{2}t^2 + \dfrac{11}{2}$$

$$\dfrac{1}{2}t^2 - 2t + \dfrac{3}{2} = 0$$

$$t^2 - 4t + 3 = 0$$

右段：

$y = \log_3 x$ のグラフを直線 $y = x$ に関して対称移動させたグラフとみてもよい。

それぞれのグラフにおいて，この2点間での x 座標の増加量と y 座標の増加量がどちらも等しいことから，平行移動によって対応する点であることがわかる。

曲線 $y = f(x)$ 上の点 $(t,\ f(t))$ における接線の方程式は
$y = f'(t)(x-t) + f(t)$

$$(t-1)(t-3) = 0$$

ゆえに

$$t = 1,\ 3$$

であるから，2本の接線の方程式は

$$y = (1-2)x - \frac{1}{2} \cdot 1^2 + \frac{11}{2}$$

$$\boldsymbol{y = -x + 5} \quad \blacktriangleleft 答$$

と

$$y = (3-2)x - \frac{1}{2} \cdot 3^2 + \frac{11}{2}$$

$$\boldsymbol{y = x + 1} \quad \blacktriangleleft 答$$

であり，接点の座標は

$$\boldsymbol{(1,\ 4)} \ と \ \boldsymbol{(3,\ 4)} \quad \blacktriangleleft 答$$

である。

よって，2本の接線のなす角 θ は，2本の接線の傾きの積が -1 であるから

$$\boldsymbol{\theta = 90°} \quad \blacktriangleleft 答$$

であり，C と2本の接線によって囲まれてできる図形の面積は

$$\int_1^2 \{f(x) - (-x+5)\}\,dx + \int_2^3 \{f(x) - (x+1)\}\,dx$$
$$= \int_1^2 \frac{1}{2}(x-1)^2\,dx + \int_2^3 \frac{1}{2}(x-3)^2\,dx$$
$$= \frac{1}{6}\Big[(x-1)^3\Big]_1^2 + \frac{1}{6}\Big[(x-3)^3\Big]_2^3$$
$$= \frac{1}{3} \quad \blacktriangleleft 答$$

である。

（2）$f(x) = ax^2$ より

$$f'(x) = 2ax$$

C 上の点 $(u,\ au^2)$ における接線の方程式は

$$y = 2au(x-u) + au^2$$

ゆえに

$$y = 2aux - au^2 \quad \cdots\cdots\cdots\cdots\cdots② $$

②が $P(s,\ t)$ を通るとき

$$t = 2aus - au^2$$

---

①に $t=1$ を代入した。

①に $t=3$ を代入した。

$C : y = f(x)$

求めた接線の方程式に $x = 1,\ 3$ をそれぞれ代入した。

$(1,\ 4)$　$(3,\ 4)$

$P(2,\ 3)$

$y = x+1$　$y = -x+5$

$-1 \cdot 1 = -1$ より。

図形が直線 $x = 2$ に関して対称であることを利用して

$$2\int_1^2 \frac{1}{2}(x-1)^2\,dx$$

としてもよい。

$$\int (x-a)^n\,dx$$
$$= \frac{1}{n+1}(x-a)^{n+1} + C$$

（C は積分定数）

ゆえに
$$au^2 - 2sau + t = 0 \quad\cdots\cdots\cdots\cdots ③$$
であり，P から 2 本の接線が引けるとき，u について
の方程式③は異なる 2 つの実数解をもつので，③の判
別式を D とすると
$$\frac{D}{4} = s^2a^2 - at > 0$$
すなわち
$$a(as^2 - t) > 0$$
であり，$a > 0$ より
$$as^2 - t > 0$$
$$t < as^2 \ (⓪) \ ◀◀\text{答}$$
である。

　また，Q，R の x 座標をそれぞれ α，β $(\alpha < \beta)$ とす
ると，②より，ある点 P から引いた 2 本の接線の傾
きは $2a\alpha$，$2a\beta$ である。よって，2 本の接線のなす角
が 90° であるとき
$$2a\alpha \cdot 2a\beta = -1$$
ゆえに
$$\alpha\beta = -\frac{1}{4a^2} \quad\cdots\cdots\cdots\cdots ④$$
α，β は③の解でもあるから，解と係数の関係より
$$\alpha\beta = \frac{t}{a} \quad\cdots\cdots\cdots\cdots ⑤$$
④，⑤より
$$t = -\frac{1}{4a}$$
であるから，t は s の値に関係なく $-\dfrac{1}{4a}$ である。

　よって，点 P は，直線
$$y = -\frac{1}{4a} \ ◀◀\text{答}$$

P は放物線 $y = ax^2$ の下側
にあることがわかる。

2 本の接線が直交するの
で，その傾きの積は -1 で
ある。

2 次方程式 $ax^2 + bx + c = 0$
の 2 解を α，β とおくと
$$\alpha + \beta = -\frac{b}{a}, \ \alpha\beta = \frac{c}{a}$$

上にあり，③の解と係数
の関係より

$$\alpha + \beta = -\frac{-2sa}{a}$$

ゆえに

$$s = \frac{\alpha + \beta}{2}$$

であるから，点 P の x 座標は線分 QR の中点（⓪）の x 座標と等しい ◀◀答

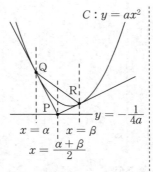

$C : y = ax^2$

$y = -\dfrac{1}{4a}$

$x = \alpha$　$x = \beta$

$x = \dfrac{\alpha + \beta}{2}$

また，C と 2 本の接線によってできてできる図形の面積 S は

$$S = \int_\alpha^{\frac{\alpha+\beta}{2}} a(x-\alpha)^2 dx + \int_{\frac{\alpha+\beta}{2}}^\beta a(x-\beta)^2 dx$$

$$= \frac{a}{3}\Big[(x-\alpha)^3\Big]_\alpha^{\frac{\alpha+\beta}{2}} + \frac{a}{3}\Big[(x-\beta)^3\Big]_{\frac{\alpha+\beta}{2}}^\beta$$

$$= \frac{a}{3}\Big(\frac{\beta-\alpha}{2}\Big)^3 + \frac{a}{3}\Big\{-\Big(\frac{\alpha-\beta}{2}\Big)^3\Big\}$$

$$= \frac{a}{12}(\beta-\alpha)^3 \quad ◀◀\text{答}$$

C と線分 QR によって囲まれてできる図形の面積 T は

$$T = -a\int_\alpha^\beta (x-\alpha)(x-\beta)dx$$

$$= \frac{a}{6}(\beta-\alpha)^3$$

であるから

$$S : T = \frac{a}{12}(\beta-\alpha)^3 : \frac{a}{6}(\beta-\alpha)^3$$

$$= 1 : 2 \ (⓪) \quad ◀◀\text{答}$$

である。

（3）（2）の考察より，下に凸の放物線に対して，P が放物線の下側にあれば 2 本の接線が引けるので

$$v < \frac{1}{2}u^2 - 2u + \frac{11}{2} \quad ◀◀\text{答}$$

である。

②より接線 PQ の方程式は

$$y = 2a\alpha x - a\alpha^2$$

であるから

$$ax^2 - (2a\alpha x - a\alpha^2)$$
$$= a(x-\alpha)^2$$

として立式してもよいが，$C : y = ax^2$ の式と接点の x 座標が α であることから，$a(x-\alpha)^2$ を立式できるようにしておきたい。

$$\int_\alpha^\beta (x-\alpha)(x-\beta)dx$$
$$= -\frac{1}{6}(\beta-\alpha)^3$$

$a > 0$, $\beta - \alpha > 0$

放物線 $y = ax^2 + bx + c$ は放物線 $y = ax^2$ を平行移動したものである。

また

$$y = \frac{1}{2}x^2 - 2x + \frac{11}{2}$$

$$= \frac{1}{2}(x^2 - 4x) + \frac{11}{2}$$

$$= \frac{1}{2}(x-2)^2 + \frac{7}{2}$$

より，C は放物線 $y = \frac{1}{2}x^2$ を

x 軸方向に 2，y 軸方向に $\frac{7}{2}$ ◀◀答

だけ平行移動させた放物線である。

（2）の考察より，放物線 $y = ax^2$ に対して，直線 $y = -\frac{1}{4a}$ 上にある点から引いた 2 本の接線のなす角は x 座標の値に関係なく $90°$ である。また，（1）の考察より，放物線を y 軸方向に k だけ平行移動させると，2 本の接線のなす角が $90°$ となる点の y 座標も k だけ平行移動することがわかる。

ここで，C' について

$$y = -\frac{1}{4}x^2 + x + 1$$

$$= -\frac{1}{4}(x-2)^2 + 2$$

であり，C' は，放物線 $y = -\frac{1}{4}x^2$ を x 軸方向に 2，y 軸方向に 2 だけ平行移動させた放物線である。

$a = -\frac{1}{4}$ のとき $-\frac{1}{4a} = 1$ であり，直線 $y = 1$ を y 軸方向に 2 だけ平行移動させると

直線 $y = 3$

になるから，$\mathrm{P'}$ から引いた 2 本の接線のなす角が $90°$ になるのは，$\mathrm{P'}$ の y 座標が 3 のときである。 ◀◀答

$C : y = \frac{1}{2}x^2$ における

直線 $y = -\frac{1}{2}$ と，

$C : y = \frac{1}{2}x^2 - 2x + \frac{11}{2}$ における直線 $y = 3$ を比べると，放物線と直線のどちらも y 軸方向に $\frac{7}{2}$ だけ平行移動していることが確かめられる。

$a < 0$ のときも，$a > 0$ のときと同様に考えることができる。

第4問

（1）$a_{n+1} = 2a_n + 3^n$ の両辺を 2^{n+1} で割ると

$$\frac{a_{n+1}}{2^{n+1}} = \frac{a_n}{2^n} + \frac{1}{2} \cdot \left(\frac{3}{2}\right)^n$$

であり，$b_n = \frac{a_n}{2^n}$ とおくと

$$b_{n+1} = b_n + \frac{1}{2} \cdot \left(\frac{3}{2}\right)^n \quad \cdots\cdots\cdots\cdots\cdots\cdots① $$

となる。

よって，$b_{n+1} = b_n + f(n)$ の形になるのは，両辺を 2^{n+1} で割ったときである。（②） ◀◀答

また，$a_{n+1} = 2a_n + 3^n$ の両辺を 3^{n+1} で割ると

$$\frac{a_{n+1}}{3^{n+1}} = \frac{2}{3} \cdot \frac{a_n}{3^n} + \frac{1}{3}$$

であり，$c_n = \frac{a_n}{3^n}$ とおくと

$$c_{n+1} = \frac{2}{3} c_n + \frac{1}{3} \quad \cdots\cdots\cdots\cdots\cdots\cdots② $$

となる。

よって，$c_{n+1} = pc_n + q$（p, q は実数）の形になるのは，両辺を 3^{n+1} で割ったときである。（⑤） ◀◀答

そして，②から数列 $\{a_n\}$ の一般項を求めると

$$x = \frac{2}{3} x + \frac{1}{3} \quad \text{すなわち} \quad x = 1$$

より

$$c_{n+1} - 1 = \frac{2}{3}(c_n - 1)$$

であり

$$c_1 = \frac{a_1}{3^1} = \frac{1}{3}$$

より，数列 $\{c_n - 1\}$ は初項 $c_1 - 1 = -\frac{2}{3}$，公比 $\frac{2}{3}$ の等比数列であるから

$$c_n - 1 = -\frac{2}{3} \cdot \left(\frac{2}{3}\right)^{n-1}$$

ゆえに

$$c_n = 1 - \left(\frac{2}{3}\right)^n$$

①から数列 $\{a_n\}$ の一般項を求めてもよい。

$n \geq 2$ のとき

$$b_n = b_1 + \sum_{k=1}^{n-1} \left\{ \frac{1}{2} \cdot \left(\frac{3}{2}\right)^k \right\}$$

となることから b_n を求めて，$n = 1$ のときも成り立つことを確認すればよい。

よって
$$a_n = 3^n \left\{ 1 - \left(\frac{2}{3} \right)^n \right\}$$
ゆえに
$$\boldsymbol{a_n = 3^n - 2^n} \quad \blacktriangleleft\text{答}$$
である。

（2）$d_{n+1} = \dfrac{1}{5} d_n + \dfrac{3}{2^{n+1}}$ の両辺を 2^{n+1} 倍すると
$$2^{n+1} d_{n+1} = \frac{2}{5} \cdot 2^n d_n + 3$$
であり，$p_n = 2^n d_n$ とおくと
$$p_{n+1} = \frac{2}{5} p_n + 3$$
である。よって
$$x = \frac{2}{5} x + 3 \quad \text{すなわち} \quad x = 5$$
より
$$p_{n+1} - 5 = \frac{2}{5}(p_n - 5)$$
であり
$$p_1 = 2^1 \cdot d_1 = 2 \cdot 4 = 8$$
より，数列 $\{p_n - 5\}$ は，初項 $p_1 - 5 = 8 - 5 = 3$，公比 $\dfrac{2}{5}$ の等比数列であるから
$$p_n - 5 = 3 \cdot \left(\frac{2}{5} \right)^{n-1}$$
ゆえに
$$p_n = 5 + 3 \cdot \left(\frac{2}{5} \right)^{n-1}$$
である。したがって
$$\boldsymbol{d_n = \dfrac{5}{2^n} + \dfrac{3}{2 \cdot 5^{n-1}}} \quad \blacktriangleleft\text{答}$$

（3）$(n+2) e_{n+1} = n e_n$ の両辺に $n+1$ をかけると
$$(n+2)(n+1) e_{n+1} = (n+1) n e_n$$
であり，$f_n = (n+1) n e_n$ とおくと
$$f_{n+1} = f_n$$
となる。

$a_n = 3^n c_n$

$d_{n+1} = \dfrac{1}{5} d_n + \dfrac{3}{2^{n+1}}$ の両辺を 5^{n+1} 倍すると
$$5^{n+1} d_{n+1}$$
$$= 5^n d_n + 3 \left(\frac{5}{2} \right)^{n+1}$$
であり，$q_n = 5^n d_n$ とおくと，$n \geqq 2$ のとき
$$q_n$$
$$= q_1 + \frac{75}{4} \sum_{k=1}^{n-1} \left(\frac{5}{2} \right)^{k-1}$$
となることから q_n を求めて，$n = 1$ のときも成り立つことを確認してもよい。

$d_n = \dfrac{p_n}{2^n}$

　よって，$f_{n+1}=f_n$ の形になるのは，両辺に $n+1$ をかけたときである。（②）◀◀答

　そして，$f_1=(1+1)\cdot 1\cdot 1=2$ であるから

$$f_n=(n+1)ne_n=2$$

$f_1=f_2=\cdots=f_n=2$

ゆえに

$$e_n=\frac{2}{n(n+1)} \quad ◀◀答$$

である。

（4）$ng_{n+1}=(n+3)g_n$ の両辺に

$$\frac{1}{n(n+1)(n+2)(n+3)}$$

をかけると

$$\frac{ng_{n+1}}{n(n+1)(n+2)(n+3)}=\frac{(n+3)g_n}{n(n+1)(n+2)(n+3)}$$

$$\frac{g_{n+1}}{(n+1)(n+2)(n+3)}=\frac{g_n}{n(n+1)(n+2)}$$

であり，$h_n=\dfrac{g_n}{n(n+1)(n+2)}$ とおくと

$$h_{n+1}=h_n$$

である。そして

$$h_1=\frac{g_1}{1\cdot(1+1)\cdot(1+2)}=\frac{1}{6}$$

であるから

$$h_n=\frac{g_n}{n(n+1)(n+2)}=\frac{1}{6}$$

$h_1=h_2=\cdots=h_n=\dfrac{1}{6}$

ゆえに

$$g_n=\frac{n(n+1)(n+2)}{6} \quad ◀◀答$$

第5問

（1）2500本の木になっているリンゴの個数をそれ
ぞれ m_k $(k = 1, 2, \cdots, 2500)$ とすると

$$m_1 + m_2 + \cdots + m_{2500} = M$$

であり，無作為に1本の木を選ぶと，それぞれの木は
$\dfrac{1}{2500}$ の確率で選ばれるので

$$m = \frac{1}{2500}m_1 + \frac{1}{2500}m_2 + \cdots + \frac{1}{2500}m_{2500}$$

$$= \frac{1}{2500}(m_1 + m_2 + \cdots + m_{2500})$$

$$= \frac{M}{2500} \ (\text{③}) \quad \blacktriangleleft \text{答}$$

である。

また，無作為に選んだ225本の木からなる標本にお
いて，それぞれの木になっているリンゴの個数 $(X_1,$
$X_2, \cdots, X_{225})$ について，その標本平均を $\overline{X}$ とすると，
$\overline{X}$ の平均(期待値) $E(\overline{X})$ は

$$E(\overline{X}) = E\left(\frac{X_1 + X_2 + \cdots + X_{225}}{225}\right)$$

$$= \frac{1}{225}\{E(X_1) + E(X_2) + \cdots + E(X_{225})\}$$

$$= \frac{1}{225} \cdot \frac{225}{2500}M$$

$$= \frac{M}{2500}$$

$\overline{X}$ の標準偏差 $\sigma(\overline{X})$ は

$$\sigma(\overline{X})^2 = \sigma\left(\frac{X_1 + X_2 + \cdots + X_{225}}{225}\right)^2$$

$$= \frac{1}{225^2}\{\sigma(X_1)^2 + \sigma(X_2)^2 + \cdots + \sigma(X_{225})^2\}$$

$$= \frac{1}{225^2} \cdot 225\sigma^2$$

$$= \frac{\sigma^2}{225}$$

より

$$\sigma(\overline{X}) = \frac{\sigma}{15} \ (\text{⓪}) \quad \blacktriangleleft \text{答}$$

---

m_k は定数。

無作為に抽出したので X_k
は確率変数である。

$E(X_1) = E(X_2) = \cdots$
$= E(X_{225}) = \dfrac{M}{2500}$

$X_1, X_2, \cdots, X_{225}$ は独立
であり，$\sigma(X_1), \sigma(X_2), \cdots,$
$\sigma(X_{225})$ の値は σ である。

である。

$\overline{X}$ は近似的に正規分布に従うと考えられる。ここで，$W = 2500\overline{X}$ とすると，W は平均（期待値）

$$2500 \cdot E(\overline{X}) = 2500 \cdot \frac{M}{2500} = M$$

標準偏差

$$2500 \cdot \sigma(\overline{X}) = 2500 \cdot \frac{\sigma}{15} = \frac{500}{3}\sigma \quad ◀◀答$$

の正規分布に近似的に従う。よって，M に対する信頼度95％の信頼区間は

$$W - 1.96 \cdot \frac{500}{3}\sigma \leqq M \leqq W + 1.96 \cdot \frac{500}{3}\sigma$$

$$\cdots\cdots(*)$$

である。標本における $\overline{X}$ の値は80であるから，標本における W の値は

$$W = 2500 \cdot 80 = 200000$$

であり，$\sigma = 30$ としたので

$$1.96 \cdot \frac{500}{3}\sigma = 1.96 \cdot \frac{500}{3} \cdot 30$$

$$= 9800$$

である。これらを $(*)$ に代入すると

$$200000 - 9800 \leqq M \leqq 200000 + 9800$$

$$190200 \leqq M \leqq 209800$$

ゆえに

$$1902 \times 10^2 \leqq M \leqq 2098 \times 10^2 \quad ◀◀答$$

となる。

（2）「今年の母平均 m は77と異なる」といえるかを仮説検定するので，帰無仮説は「今年の母平均 m は77である（②）」であり，対立仮説は「今年の母平均 m は77ではない（⓪）」である。 ◀◀答

帰無仮説が正しいとすると，（1）で設定した標本平均 $\overline{X}$ は

$$平均77 （②），標準偏差 \frac{\sigma}{15} = 2 （⓪） \quad ◀◀答$$

の正規分布に近似的に従うので，確率変数

正規分布表で0.4750のときの z_0 の値を調べると

$$z_0 = 1.96$$

正しいかどうかを判断したい主張に反する仮定として立てた仮説が帰無仮説，もとの主張が対立仮説である。

$$Z = \frac{\overline{X} - 77}{2}$$

は標準正規分布に近似的に従う。

　よって，太郎さんが得た $\overline{X}$ の値に対応する Z の値を z とすると

$$z = \frac{80 - 77}{2} = 1.5$$

$\overline{X} = 80$

であり，帰無仮説のもとで

$$P(Z \leqq -1.5 \text{ または } Z \geqq 1.5)$$
$$= 1 - P(-1.5 \leqq Z \leqq 1.5)$$
$$= 1 - 2P(0 \leqq Z \leqq 1.5)$$
$$= 1 - 2 \cdot 0.4332$$
$$= 0.1336 \ (> 0.05)$$

両側検定で考える。

正規分布表で $z_0 = 1.50$ のときの値を調べる。

である。よって，$Z \leqq -|z|$ または $Z \geqq |z|$ が成り立つ確率は 0.05 よりも大きいので，有意水準 5% で今年の母平均 m は昨年と異なるとはいえない。（⓪）

 答

第6問

（1）（ ⅰ ）**方針1について**
$$\overrightarrow{OH} = \alpha \overrightarrow{OA} + \beta \overrightarrow{OB} + \gamma \overrightarrow{OC}$$
とおくと，点 H が平面 ABC 上にあるとき

$$\alpha + \beta + \gamma = 1 \quad \blacktriangleleft\blacktriangleleft 答 \quad \cdots\cdots\text{①}$$

4点が同一平面上にある条件。

であり，$\overrightarrow{OH} \perp \overrightarrow{AB}$ かつ $\overrightarrow{OH} \perp \overrightarrow{AC}$ より

$$\overrightarrow{OH} \cdot \overrightarrow{AB} = 0 \quad \text{かつ} \quad \overrightarrow{OH} \cdot \overrightarrow{AC} = 0$$

であるから

$$\overrightarrow{OH} \cdot \overrightarrow{AB} = (\alpha \overrightarrow{OA} + \beta \overrightarrow{OB} + \gamma \overrightarrow{OC}) \cdot (\overrightarrow{OB} - \overrightarrow{OA})$$
$$= -\alpha |\overrightarrow{OA}|^2 + \beta |\overrightarrow{OB}|^2$$
$$\overrightarrow{OH} \cdot \overrightarrow{AC} = (\alpha \overrightarrow{OA} + \beta \overrightarrow{OB} + \gamma \overrightarrow{OC}) \cdot (\overrightarrow{OC} - \overrightarrow{OA})$$
$$= -\alpha |\overrightarrow{OA}|^2 + \gamma |\overrightarrow{OC}|^2$$

$\overrightarrow{OA} \cdot \overrightarrow{OB} = \overrightarrow{OB} \cdot \overrightarrow{OC}$
$\qquad = \overrightarrow{OC} \cdot \overrightarrow{OA} = 0$

より

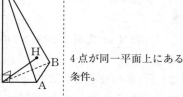

$-\alpha+4\beta=0$ ・・・・・・・・・・・・・・・② $\qquad$ $|\overrightarrow{OA}|^2=1^2=1$

$-\alpha+9\gamma=0$ ・・・・・・・・・・・・・・・③ $\qquad$ $|\overrightarrow{OB}|^2=2^2=4$

である。よって，①～③ より $\qquad$ $|\overrightarrow{OC}|^2=3^2=9$

$$\alpha=\frac{36}{49}, \quad \beta=\frac{9}{49}, \quad \gamma=\frac{4}{49} \quad \blacktriangleleft 答$$

である。

方針2 について，四面体 OABC の体積は，△OAB を底面とみると，線分 OC が高さにあたるので

$$V=\frac{1}{3}\cdot\left(\frac{1}{2}\cdot1\cdot2\right)\cdot3=1 \quad \blacktriangleleft 答$$

である。そして

$$\begin{aligned}|\overrightarrow{AB}|^2&=|\overrightarrow{OA}|^2+|\overrightarrow{OB}|^2\\&=1^2+2^2=5\\|\overrightarrow{AC}|^2&=|\overrightarrow{OA}|^2+|\overrightarrow{OC}|^2\\&=1^2+3^2=10\\\overrightarrow{AB}\cdot\overrightarrow{AC}&=(\overrightarrow{OB}-\overrightarrow{OA})\cdot(\overrightarrow{OC}-\overrightarrow{OA})\\&=|\overrightarrow{OA}|^2=1\end{aligned}$$

より，△ABC の面積 S は

$$\begin{aligned}S&=\frac{1}{2}\sqrt{|\overrightarrow{AB}|^2|\overrightarrow{AC}|^2-(\overrightarrow{AB}\cdot\overrightarrow{AC})^2}\\&=\frac{1}{2}\sqrt{5\cdot10-1^2}\\&=\frac{7}{2}\end{aligned}$$

であるから

$$V=\frac{1}{3}\cdot\frac{7}{2}\cdot|\overrightarrow{OH}|=1$$

より

$$|\overrightarrow{OH}|=\frac{6}{7} \quad \blacktriangleleft 答$$

である。

（ ii ）$\overrightarrow{OP}=k\overrightarrow{OH}$ $(k\geqq0)$ より

$$\begin{aligned}\overrightarrow{OP}=k\Bigl(&\frac{36}{49}\overrightarrow{OA}+\frac{9}{49}\overrightarrow{OB}\\&+\frac{4}{49}\overrightarrow{OC}\Bigr)\end{aligned}$$

であり，$\overrightarrow{OA}$, $\overrightarrow{OB}$, $\overrightarrow{OC}$ のいずれ

$\triangle OAB=\frac{1}{2}\cdot OA\cdot OB$

解答では**方針2** で $|\overrightarrow{OH}|$ を求めたが，**方針1** で 求めると次のようになる。

$$\begin{aligned}&|\alpha\overrightarrow{OA}+\beta\overrightarrow{OB}+\gamma\overrightarrow{OC}|^2\\&=\alpha^2|\overrightarrow{OA}|^2+\beta^2|\overrightarrow{OB}|^2\\&\qquad\qquad+\gamma^2|\overrightarrow{OC}|^2\\&=1\cdot\left(\frac{36}{49}\right)^2+4\cdot\left(\frac{9}{49}\right)^2\\&\qquad\qquad+9\cdot\left(\frac{4}{49}\right)^2\end{aligned}$$

より

$$\begin{aligned}&|\overrightarrow{OH}|\\&=\frac{1}{49}\sqrt{6^2\cdot(6^2+3^2+2^2)}\\&=\frac{6}{7}\end{aligned}$$

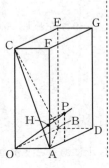

かの係数が1になるのは

$$k=\frac{49}{36}, \ \frac{49}{9}, \ \frac{49}{4}$$

のときであり，$k=\frac{49}{36}$ のとき

$$\overrightarrow{\mathrm{OP}}=\overrightarrow{\mathrm{OA}}+\frac{1}{4}\overrightarrow{\mathrm{OB}}+\frac{1}{9}\overrightarrow{\mathrm{OC}}$$

となり，点 P が直方体 OADB–CFGE の

面 ADGF（⓪） ◀◀答

を通過することがわかる。

また，$k=\frac{49}{36}$ のとき

$$|\overrightarrow{\mathrm{OI}}|=\frac{49}{36}|\overrightarrow{\mathrm{OH}}|=\frac{49}{36}\cdot\frac{6}{7}=\frac{7}{6}$$

より，四面体 IABC の体積は

$$\frac{1}{3}\cdot\left(\frac{7}{6}-\frac{6}{7}\right)\cdot\triangle\mathrm{ABC}=\frac{1}{3}\cdot\frac{13}{42}\cdot\frac{7}{2}$$

$$=\frac{13}{36} \quad ◀◀答$$

(2)（I）は，（1）で扱った

$$|\overrightarrow{\mathrm{OA}}|=1, \quad |\overrightarrow{\mathrm{OB}}|=2, \quad |\overrightarrow{\mathrm{OC}}|=3$$

において，点 A と点 C を入れ替えたものであり，点
A と点 C を入れ替えることで，点 D と点 E も入れ替
わるので，面 ADGF において A → C，D → E に替
えた面 CEGF すなわち

面 CFGE 上にある。（②） ◀◀答

（II）は，$\overrightarrow{\mathrm{OH}}\cdot\overrightarrow{\mathrm{AB}}=0$ より

$$-\alpha|\overrightarrow{\mathrm{OA}}|^2+\beta|\overrightarrow{\mathrm{OB}}|^2=0 \ \text{すなわち} \ -\alpha+\beta=0$$

$\overrightarrow{\mathrm{OH}}\cdot\overrightarrow{\mathrm{AC}}=0$ より

$$-\alpha|\overrightarrow{\mathrm{OA}}|^2+\gamma|\overrightarrow{\mathrm{OC}}|^2=0 \ \text{すなわち} \ -\alpha+\gamma=0$$

であるから

$$\alpha=\beta=\gamma=\frac{1}{3}$$

であり

$$\overrightarrow{\mathrm{OH}}=\frac{1}{3}(\overrightarrow{\mathrm{OA}}+\overrightarrow{\mathrm{OB}}+\overrightarrow{\mathrm{OC}})$$

より，点 H が半直線 OG 上にあることがわかるので

$k=\frac{49}{9}$ のとき

$$\overrightarrow{\mathrm{OP}}=4\overrightarrow{\mathrm{OA}}+\overrightarrow{\mathrm{OB}}+\frac{4}{9}\overrightarrow{\mathrm{OC}}$$

$k=\frac{49}{4}$ のとき

$$\overrightarrow{\mathrm{OP}}=9\overrightarrow{\mathrm{OA}}+\frac{9}{4}\overrightarrow{\mathrm{OB}}+\overrightarrow{\mathrm{OC}}$$

より，いずれも点 P が通
過するのは，面 BDGE，
面 CFGE の外部である。

底面を △ABC としたと
きの四面体 IABC の高
さは

$$\frac{7}{6}-\frac{6}{7}=\frac{13}{42}$$

3 辺の長さの組 1，2，3
は（1）と同じなので，
点の名前を入れ替えて考
察する。

$\overrightarrow{\mathrm{OP}}=k\overrightarrow{\mathrm{OH}}$ とおくと，
$k=3$ のとき点 P と点 G
が一致する。

頂点 G と一致する。(④) ◀◀ 答

(Ⅲ)は，$\overrightarrow{OH} \cdot \overrightarrow{AB} = 0$ より

$-\alpha |\overrightarrow{OA}|^2 + \beta |\overrightarrow{OB}|^2 = 0$ すなわち $-9\alpha + 16\beta = 0$

$\overrightarrow{OH} \cdot \overrightarrow{AC} = 0$ より

$-\alpha |\overrightarrow{OA}|^2 + \gamma |\overrightarrow{OC}|^2 = 0$ すなわち $-9\alpha + 25\gamma = 0$

であり，$\alpha > 0$，$\beta > 0$，$\gamma > 0$ と

$9\alpha = 16\beta$，$9\alpha = 25\gamma$

より

$\alpha > \beta > \gamma$

であるから，(1)の直方体と同様に

面 ADGF 上にある。(⓪) ◀◀ 答

α，β，γ のうち，どれが最大かがわかれば，直方体のどの面で交わるのかがわかる。

第7問

(1) 曲線 C 上の点 $\mathrm{P}(x, y)$ について

$$x = \frac{1}{2\sqrt{2}}t^2 + \frac{1}{\sqrt{2}}t - \frac{1}{2\sqrt{2}}$$

$$= \frac{1}{2\sqrt{2}}(t^2 + 2t - 1)$$

$$y = -\frac{1}{2\sqrt{2}}t^2 + \frac{1}{\sqrt{2}}t + \frac{1}{2\sqrt{2}}$$

$$= \frac{1}{2\sqrt{2}}(-t^2 + 2t + 1)$$

より，原点 O と P の距離 d_1 は

$$d_1 = \frac{1}{2\sqrt{2}}\sqrt{(t^2 + 2t - 1)^2 + (-t^2 + 2t + 1)^2}$$

$$= \frac{1}{2\sqrt{2}}\sqrt{\{2t + (t^2 - 1)\}^2 + \{2t - (t^2 - 1)\}^2}$$

$$= \frac{1}{2\sqrt{2}}\sqrt{2\{4t^2 + (t^2 - 1)^2\}}$$

$$= \frac{1}{2}\sqrt{t^4 + 2t^2 + 1}$$

$$= \frac{1}{2}\sqrt{(t^2 + 1)^2}$$

共通項があることに着目すると，工夫して計算できる。

$(a+b)^2 + (a-b)^2$
$= 2(a^2 + b^2)$

$t^2 + 1 > 0$ より

$$d_1 = \frac{t^2+1}{2} \quad \blacktriangleleft 答$$

また，直線 $x-y+\sqrt{2}=0$ と P の距離 d_2 は

$$d_2 = \frac{\left| \frac{1}{2\sqrt{2}}(t^2+2t-1) - \frac{1}{2\sqrt{2}}(-t^2+2t+1) + \sqrt{2} \right|}{\sqrt{1^2+(-1)^2}}$$

$$= \frac{\frac{1}{2\sqrt{2}}|t^2+2t-1+t^2-2t-1+4|}{\sqrt{2}}$$

$$= \frac{|t^2+1|}{2}$$

$t^2+1>0$ より

$$d_2 = \frac{t^2+1}{2} \quad \blacktriangleleft 答$$

よって，任意の実数 t に対して $d_1=d_2$ となるので，P が描く図形は，焦点 O，準線 $y=x+\sqrt{2}$ の放物線である。この放物線は，焦点 $\left(0, -\frac{1}{2}\right)$，準線 $y=\frac{1}{2}$ の放物線を，y 軸方向に $\frac{1}{2}$ だけ平行移動したあと，原点を中心として $\frac{\pi}{4}$ だけ回転したものである。よって，C の概形として適当なものは ③ である。 $\blacktriangleleft 答$

（2）（ⅰ） 実数 p, q に対して

$$\left(\frac{1}{\sqrt{2}} - \frac{1}{\sqrt{2}}i\right)(p+qi)$$

$$= \frac{1}{\sqrt{2}}(1-i)(p+qi)$$

$$= \frac{1}{\sqrt{2}}\{p+q+(-p+q)i\}$$

$$= \frac{p+q}{\sqrt{2}} + \frac{q-p}{\sqrt{2}}i \quad (②, ④) \quad \blacktriangleleft 答$$

であり

$$\frac{1}{\sqrt{2}} - \frac{1}{\sqrt{2}}i = \cos\left(-\frac{\pi}{4}\right) + i\sin\left(-\frac{\pi}{4}\right)$$

より，複素数平面上の点 $\frac{p+q}{\sqrt{2}} + \frac{q-p}{\sqrt{2}}$ は，点 $p+qi$ を，原点を中心として $-\frac{\pi}{4}$ だけ回転（⓪）した点である。 $\blacktriangleleft 答$

$y=x+\sqrt{2}$ より。

点 (x_0, y_0) と直線 $ax+by+c=0$ の距離は

$$\frac{|ax_0+by_0+c|}{\sqrt{a^2+b^2}}$$

放物線は，平面上のある定点と，その定点を通らない定直線からの距離が等しい点の軌跡である。

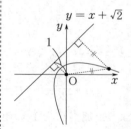

複素数 z と複素数 $\alpha = r(\cos\theta + i\sin\theta)$ について，点 αz は，点 z を，原点を中心として θ だけ回転し，原点からの距離を r 倍した点である。

（ii）（i）より，$P(x, y)$ を，原点を中心として $-\dfrac{\pi}{4}$ だけ回転した点を (X, Y) とすると

$$X = \frac{x+y}{\sqrt{2}}$$

$$= \frac{\dfrac{1}{2\sqrt{2}}(t^2+2t-1)+\dfrac{1}{2\sqrt{2}}(-t^2+2t+1)}{\sqrt{2}}$$

$$= \frac{1}{\sqrt{2}} \cdot \frac{4t}{2\sqrt{2}}$$

$$= t$$

$$Y = \frac{y-x}{\sqrt{2}}$$

$$= \frac{\dfrac{1}{2\sqrt{2}}(-t^2+2t+1)-\dfrac{1}{2\sqrt{2}}(t^2+2t-1)}{\sqrt{2}}$$

$$= \frac{1}{\sqrt{2}} \cdot \frac{-2t^2+2}{2\sqrt{2}}$$

$$= -\frac{1}{2}t^2 + \frac{1}{2}$$

と表せるから，曲線 C を，原点を中心として $-\dfrac{\pi}{4}$ だけ回転した曲線の方程式は

$$\boldsymbol{y = -\frac{1}{2}x^2 + \frac{1}{2}} \quad \blacktriangleleft 答$$

（3）x 軸を，原点を中心として $-\dfrac{\pi}{4}$ だけ回転すると，直線 $y=-x$ となる。すなわち，C と x 軸で囲まれた図形の面積は，放物線 $y=-\dfrac{1}{2}x^2+\dfrac{1}{2}$ と直線 $\boldsymbol{y=-x}$（◎）で囲まれた図形の面積に等しい。$\blacktriangleleft 答$

ここがポイント。回転移動によって2次関数の定積分の計算に帰着できる。

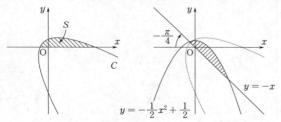

放物線 $y = -\dfrac{1}{2}x^2 + \dfrac{1}{2}$ と直線 $y = -x$ の交点の

x 座標は

$$-\dfrac{1}{2}x^2 + \dfrac{1}{2} = -x$$

$$x^2 - 2x - 1 = 0$$

すなわち

$$x = 1 \pm \sqrt{2}$$

であるから

$$S = \int_{1-\sqrt{2}}^{1+\sqrt{2}} \left\{ -\dfrac{1}{2}x^2 + \dfrac{1}{2} - (-x) \right\} dx$$

$$= -\dfrac{1}{2} \int_{1-\sqrt{2}}^{1+\sqrt{2}} (x^2 - 2x - 1) dx$$

$$= -\dfrac{1}{2} \int_{1-\sqrt{2}}^{1+\sqrt{2}} \{x - (1-\sqrt{2})\}\{x - (1+\sqrt{2})\} dx$$

$$= -\dfrac{1}{2} \cdot \left(-\dfrac{1}{6} \right) \{1+\sqrt{2} - (1-\sqrt{2})\}^3$$

$$= \dfrac{4\sqrt{2}}{3} \quad \text{◀◀答}$$

$$\int_{\alpha}^{\beta} (x-\alpha)(x-\beta) dx$$
$$= -\dfrac{1}{6}(\beta-\alpha)^3$$

【MEMO】

【MEMO】

【MEMO】

【MEMO】

Z-KAI